Dieses Buch ist meinen drei Söhnen
James Karel Trefil, Cpl. Stefan James Trefil und
Tomas Jaroslav Waples-Trefil gewidmet.

Inhalt

Einleitung

Und dies ist eines der bestgehüteten Geheimnisse der Physik: Will man etwas über Naturwissenschaft erfahren, muß man nicht in ein Labor oder einen Vorlesungsraum gehen. Die ganze Welt ist, in einem sehr wirklichen Sinne, ein Physiklabor. Denn das beste, was in einer sterilen Experimentierarena durchgeführt werden kann, verblaßt beim Vergleich mit dem, was jeder sehen kann, wenn er nur genau hinsehen will. Alles auf der Welt – der Strand, ein großes Feld, ein schneebedeckter Berg – kann zum Ausgangspunkt für eine Untersuchung über die Natur des Universums werden.

Tatsächlich verhält sich alles, was wir in der Welt um uns herum sehen, gemäß einer sehr kleinen Anzahl von grundlegenden Prinzipien oder Naturgesetzen. Da gibt es die drei Grundgesetze der Mechanik, mit denen Newton die Bewegung der Körper beschrieben hat, die drei Hauptsätze der Thermodynamik, welche die bewegte Wärme beschreiben, die vier Maxwellschen Gleichungen, aus welchen sich die Erscheinungen von Elektrizität und Magnetismus herleiten lassen, das eine Prinzip der allgemeinen Relativität, das die Schwerkraft definiert, und – je nachdem, welchem Wissenschaftsphilosophen man Glauben schenkt – noch einige andere Gesetze für die Quantenmechanik, die Physik der subatomaren Welt. Insgesamt betrachtet also ist alles, was wir sehen, schließlich von nicht mehr als etwa fünfzehn Naturgesetzen abhängig.

Aus dieser Tatsache darf man folgern, daß das Universum dem Physiker wie ein riesiges verwobenes Netz erscheint. Da jede Erscheinung, die wir beobachten, mit wenigen allgemeinen Gesetzen verbunden werden muß, folgt daraus, daß viele Erscheinungen untereinander zusammenhängen müssen. Manchmal sind diese Zusammenhänge prosaischer Natur, doch oft auch überraschen sie. So gibt es zum Beispiel keinen erkennbaren Grund dafür, weshalb das wirbelnde Wasser eines Wildbaches etwas mit der Fluktuation innerhalb einer Insektenpopulation oder mit dem Begriff vom

Gleichgewicht in der Natur zu tun haben sollte, doch im drei-
zehnten Kapitel wird genau dieser Zusammenhang im Detail aufge-
klärt.

Die Allgemeingültigkeit der Naturgesetze ist uns publizierenden
Naturwissenschaftlern durch die Ausbildung so einverleibt und so
vertraut, daß wir nur sehr selten einen Gedanken daran verschwen-
den. Einer der großen Vorteile des Bücherschreibens besteht darin,
bei dieser Gelegenheit jene erregende Wahrheit wiederzuentdecken
und zu erkennen, wie sie sich in einem neuen Zusammenhang aus-
wirkt. Schließlich gehört die Zurückführung der komplizierten Zusammenhänge in der materiellen Welt auf einige grundlegende Ge-
setzmäßigkeiten sicherlich zu den herausragendsten Leistungen des
menschlichen Geistes. Hin und wieder ist es wichtig, innezuhalten,
diese Fähigkeit aus dem prosaischen Alltag herauszuheben und sie
zu bewundern.

Für den Leser dieses Buches zieht die Existenz von Naturgesetzen eine andere wichtige Folgerung nach sich. Wenn allen Erscheinungen dieselben allgemeinen Prinzipien zugrunde liegen, dann
kann man ebensogut von irgendeinem dieser Phänomene ausgehen
und der Fährte in umgekehrter Richtung folgen. Hat man sich vorgenommen, das Universum zu ergründen, so ist eine Wanderung in
den Bergen ein ebenso guter Ausgangspunkt wie ein Tag im Elek-
tronenbeschleuniger, und anhand eines Gebirgsbaches kann man
ebensoviel erfahren wie durch ein Teleskop. Dies ist – in aller
Kürze – meine Behauptung. In jedem Kapitel berichte ich zuerst
über etwas, das mir bei einer Bergwanderung aufgefallen ist, und
benutze es als Anknüpfungspunkt ans universelle Netz. Wohin uns
dieses Netz führt, darüber darf jeder selbst spekulieren, und mir
fällt es nicht im Traum ein, Ihnen das Vergnügen zu nehmen, indem ich jedes Detail skizziere. Aber wundern Sie sich nicht, wenn
Sie zu Beginn der Überlegungen über Felsen nachdenken und
schließlich zur Betrachtung des Universums drei Minuten nach dem
Urknall gelangen. Auch sollte es Sie nicht überraschen, wenn Sie
zuerst die Strudel eines Baches in Augenschein nehmen und
schließlich Überlegungen über neue Möglichkeiten der Beförderung ins All anstellen. Das Universum ist tatsächlich eng vernetzt,
und dieses Buch enthält nur einige Beispiele, die dies unterstrei-
chen.

Lassen Sie mich diese Einleitung mit einer Bemerkung über ein Verhalten beenden, das ich oft antreffe. Manche Menschen fühlen sich nicht wohl bei dem Gedanken, etwas so Großes und Majestätisches wie einen Berg zum Gegenstand einer Untersuchung zu machen. Ergründet man den inneren Zusammenhang einer Sache, so glauben sie, zerstört man deren eigentliche Schönheit und das Geheimnis, das sie umgibt.

Meiner Meinung nach kann nichts weiter von der Wahrheit entfernt sein als eine solche Annahme. Höre ich einer Oper zu, so weiß ich, daß es mehrere Ebenen gibt, auf denen ich sie genießen kann. Man kann sich einfach von der Musik entführen lassen oder passiv dem Verlauf der Handlung folgen. Weiß man etwas über den geschichtlichen Hintergrund des Werks, um so besser – der Genuß kann vertieft werden. Versteht man genug von der Musik, um sich an einigen der feineren Details der Partitur oder der Aufführung zu erfreuen, noch besser. Nichts von diesem zusätzlichen Wissen hindert einen daran, die Oper zu genießen – ganz im Gegenteil. Der Genuß kann sogar gesteigert und vertieft werden.

Ich behaupte, daß für die Naturphänomene dasselbe gilt. Ein Regenbogen ist ebenso schön für jemanden, der weiß, wie er entsteht, wie für alle anderen. Das Schauspiel einer Bergkette bei Sonnenuntergang ist genauso beeindruckend für jemanden, der weiß, wie die Berge dort hingelangten, wo sie sich befinden, wie für jeden anderen Beobachter.

Manchmal trifft es sogar zu, daß eine tiefere Kenntnis Dinge zu sehen erlaubt, die andernfalls unbemerkt geblieben wären. Ein Großteil meiner Kenntnis von den Bergen habe ich mir in jenen Sommern angeeignet, die ich in den Beartooth Mountains in Montana (USA) verbracht habe. Vor einigen Jahren, als ich mit einer Gruppe von Freunden unterwegs war, beobachtete ich eine ziemlich seltene Naturerscheinung: einen dreifachen Regenbogen. Schnell rief ich alle Freunde zusammen und erklärte ihnen, was wir da sahen. Jeder dieser Freunde hat mir irgendwann später einmal gesagt, wie dankbar er dafür gewesen sei, daß ich ihn auf jene Naturerscheinung aufmerksam gemacht hätte. Sie wenigstens hatten nicht den Eindruck gehabt, daß durch ihr zusätzliches Wissen der Reiz des Naturschauspiels auch nur im geringsten gemindert worden war.

Darum lade ich Sie ein, in diesem Sinne Ihre Stiefel zu schnüren, Verpflegung einzupacken und mit mir einige Bergpfade hochzusteigen. Vielleicht gelingt es mir ja, Sie auf einige Einzelheiten hinzuweisen, die bis dahin Ihrer Aufmerksamkeit entgangen waren.

James Trefil
Charlottesville, Virginia

1 Meditationen in 3000 Meter Höhe

«Hier ist nicht Wasser, sondern nur Fels
Fels und kein Wasser und sandige Straße»

T. S. Eliot,
Das wüste Land

Es war ein langer, ermüdender Anstieg. Unseren Wagen hatten wir unten am Ausgangspunkt des Bergpfades geparkt, als der Morgentau noch auf den Gräsern lag, und nun, einige Stunden später und etwa 1500 Meter höher, näherten wir uns dem Ziel unserer Bergwanderung durch die Beartooth-Kette in den Montana Rockies. Der Anstieg war nicht ereignislos geblieben. Auf halber Höhe hatten wir uns für eine wenig betretene Abzweigung des Pfads entschieden, um etwas abseits von den anderen Bergwanderern voranzukommen. Weil wir einen angeschwollenen Gebirgsbach umgehen mußten, kamen wir vollständig vom Pfad ab. Dadurch stießen wir zufällig auf einen herrlichen Bergsee, hoch zwischen den Gipfeln. Indem wir zum Pfad zurückzugehen versuchten, näherten wir uns dem Gipfel über eine Bergflanke. Auf unserem Weg genossen wir, was nur das Bergwandern erlaubt: wir konnten auf die Falken hinunterblicken, die im Tal unter uns geruhsam ihre Kreise zogen.

Inzwischen lag die letzte Serpentine hinter uns, und wir stiegen an einem relativ sanften Abhang unserem eigentlichen Ziel entgegen – einem Hochplateau oberhalb der Baumgrenze.

Dieser letzte Streckenabschnitt war weniger zerklüftet, aber wegen der dünner werdenden Luft erreichten wir den Gipfel etwas außer Atem. Von dort oben bot sich uns ein herrliches Panorama. Im Norden und im Osten fielen die Berge zu den ausgedörrten Ebenen des östlichen Montana ab. Genau im Osten konnten wir die Gipfel der Big-Horn-Berge in Wyoming ausmachen. Im Süden dehnten sich die Gipfel bis hin zum Yellowstone Park aus, sicherlich eine der schönsten Gegenden Amerikas. Alles in allem war dies eine Naturszenerie, die von selbst zum Verweilen und Betrachten einlud. Nachdem wir unsere Rucksäcke abgelegt und uns hingesetzt hatten, um im fahlen Sonnenlicht der Berge auszuruhen, dachte ich an die Orte, die wir schon hinter uns gelassen hatten, und an den Ort, an dem wir uns befanden.

Was bedeutet es, sich in 3000 Meter Höhe aufzuhalten? Natürlich heißt dies, daß irgendein Berganstieg hinter einem liegt, aber meine Frage zielt tiefer. Weshalb gibt es überhaupt Berge? Weshalb sieht die Erdoberfläche, die alle möglichen Formen hätte annehmen können und deren weitaus größter Teil unterhalb 3000 Meter liegt, gerade so aus, wie wir sie heute wahrnehmen?

Ich möchte meine Frage anders formulieren. Jeder, der bereits in den Vereinigten Staaten geflogen oder mit dem Wagen gereist ist, weiß, daß der größte Teil des Landes aus einer Ebene besteht, deren durchschnittliche Höhe lediglich ein paar hundert Meter über dem Meeresspiegel beträgt. Nur gelegentlich, wie im Gebiet unserer Bergwanderung an jenem Morgen, steigt das Land über eine Höhe von 3000 Metern an. Dieser Sachverhalt trifft nicht nur auf Nordamerika, sondern auf die ganze Erde zu. Für die meisten Leute ist es deshalb ein besonderes Erlebnis, in den Bergen zu wandern.

Dies ist eine so einleuchtende Behauptung, daß wir sie als selbstverständlich hinnehmen. Sie enthält jedoch eine sehr tiefgehende Erkenntnis über die Art, in der die Erde zusammengesetzt ist. Es gibt keinen offensichtlichen Grund dafür, warum die Dinge so sind und nicht anders. Im Prinzip könnte die Erde eine glatte Kugel ohne einen einzigen Berg sein – immerhin besitzen einige unserer Bruderplaneten eine solche Struktur. Die Erde könnte ebenso aus einer Reihe von Kontinenten bestehen, deren durchschnittliche Erhebung über 3000 Meter liegt und die mit Ozeanen durchsetzt sind. In diesem Fall wäre es nichts Außergewöhnliches, sich in einer größeren Höhe zu befinden.

Doch aus irgendeinem Grund ist die Erde ein Planet, auf dem es zu einem besonderen Erlebnis wird, sich in über 3000 Meter Höhe aufzuhalten. Die Geologen stellen diese Tatsache gewöhnlich durch eine sogenannte hypsometrische Kurve dar. Dabei handelt es sich um eine graphische Darstellung, die den prozentualen Anteil der einzelnen Höhenstufen am Relief der Erde (einschließlich der Meeresböden)

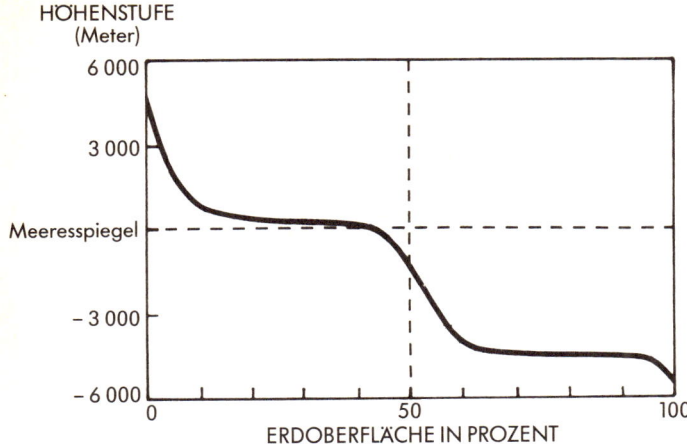

Abbildung 1-1

veranschaulicht. Die hypsometrische Kurve der Erde wird in Abbildung 1-1 dargestellt.

Unser allgemeiner Eindruck, daß es recht wenige Berggipfel gibt, wird durch die Tatsache erhärtet, daß laut graphischer Darstellung weniger als fünf Prozent der Erdoberfläche eine Höhe von 3000 Metern oder mehr erreichen. Spiegelbildlich zu dieser Struktur ist die Situation am Meeresgrund, der nur an wenigen Stellen tiefer als 4500 Meter ist. Diese Angaben zeigen, daß sich die Landmasse der Erdoberfläche in zwei getrennte Typen unterteilen läßt: die ebenen Kontinente ein paar hundert Meter über dem Meeresspiegel und den tiefen Meeresgrund mit 4500 Meter Tiefe. Sowohl Berggipfel wie Tiefseegräben sind ungewöhnliche Erscheinungen und fallen aus dem Rahmen.

Dies führt uns zu unserer Ausgangsüberlegung zurück. Die Möglichkeit, in 3000 Meter Höhe auszuruhen und von dort aus die Landschaft zu betrachten, wäre ohne die Existenz von Bergen nicht vorhanden. Doch warum überhaupt gibt es Berge?

Bei der Beantwortung dieser Frage muß man zwei Aspekte berücksichtigen. Weshalb haben sich Berge herausgebildet? Und weshalb haben die Berge Bestand? Im längsten Zeitraum der Menschheitsgeschichte haben die meisten Leute die Berge als selbstverständlich hingenommen. Sie scheinen ewig zu bestehen, und es ist nur natürlich, anzunehmen, daß sie sich bereits seit Entstehung der Erde an ihrem Standort befinden. Die Antwort auf die erste Frage lautete dann, daß die Berge einfach immer schon dagewesen seien. Stimmt man dieser Ansicht zu, stellt sich die zweite Frage überhaupt nicht.

Doch jeder, der jemals einige Zeit in den Bergen verbracht hat, ist auf Phänomene gestoßen, die darauf hindeuten, daß die Berge nicht von ewigem Bestand sind. Während ich oben am Gipfel in der Sonne sitze, denke ich daran, mit welcher Selbstverständlichkeit Geologen davon sprechen, daß die Berge sich erst vor kurzem gebildet haben. Meiner Gruppe gehörte jedoch weder ein Geologe an, noch hatte ich ein Buch über Geologie dabei. Ich hatte während der morgendlichen Wanderung einfach viele Dinge beobachtet, die darauf hinwiesen, daß die Berge weder in Zukunft so sein werden wie an diesem Morgen noch daß sie in der Vergangenheit dieselben gewesen waren.

Am auffälligsten erschien mir ein reißender Bergbach, der etwa zwei Kilometer lang parallel zum Pfad verlief. Der Bach hatte den geschmolzenen Schnee aufgenommen und führte daher viel Wasser. Steine, so groß wie Felsbrocken, wurden vom Wasser mitgerissen, und ihr Poltern konnte man meilenweit hören. Nehmen wir nun einmal an, daß die Leistung dieses Bergbachs darin besteht, zehn solcher Brocken pro Tag von den Bergen ins Tal hinunterzurollen. Natürlich schafft kein Brocken diese Strecke an einem einzigen Tag; doch stellt man sich den Bach als Fließband vor, bei dem die Steinbrocken an einem Ende an den Bergseen aufgeladen und am anderen Ende im Tal abgelegt werden, ist diese Annahme nicht einmal so weit hergeholt. Der Bach befördert dann also Tag für Tag etwa ein Drittel Kubikmeter Gestein den Berg hinunter. Zählen wir noch das Schmelzwasser in den Monaten Mai und Juni dazu, so befördert er in dieser Zeitspanne rund 17 Kubikmeter Material. Nehmen wir noch einmal an, daß in der übrigen Jahreszeit mehr als 11 Kubikmeter Geröll und Kiesel bewegt werden. Alles in allem also befördert ein einzelner Gebirgsbach im Laufe eines Jahres mehr als 28 Kubikmeter Gestein den Berg hinunter – eine Menge, die ausreicht, einen mittelgroßen Kipplaster zu beladen.

Aus wieviel Kubikmeter Gestein besteht ein Berg? Nehmen wir

einen etwa 1500 Meter hohen Berg mit einer Seitenlänge von 3 Kilometern. Dann besteht der Berg aus rund $3000 \times 3000 \times 1500$, also aus etwa 13,5 Milliarden Kubikmeter Gestein. Dies bedeutet, daß ein einzelner Gebirgsbach, der jahrein, jahraus Gestein befördert, das gesamte Gestein eines Berges im Verlauf von etwa 500 Millionen Jahren abtransportiert. Die Lebensdauer eines einmal entstandenen Berges kann sicherlich nicht sehr weit darüber hinausgehen. Berücksichtigen wir die Tatsache, daß mehrere Bäche an einem Berg hinunterströmen und auch noch andere Vorgänge wie Steinschläge, Gletscher, Lawinen usw., die ebenfalls den Berg abtragen, aktiv werden, so ist es gerechtfertigt, anzunehmen, daß ein Berg, der gleich nach seiner Entstehung dem Verwitterungsprozeß ausgesetzt ist, nur ein paar hundert Jahrmillionen überleben wird.

Dies ist ein hübsches Rechenexempel, denn es illustriert einen wichtigen Aspekt der Physik. Oft genug reicht es nämlich aus, mit ungefähren Schätzungen über Mengenangaben zu hantieren und ein paar einfache Beobachtungen anzustellen und einige Berechnungen anzuschließen. Natürlich habe ich vorsichtigerweise bei mir zu Hause diese Resultate mit den Angaben in einem Geologiebuch verglichen, doch ich lag gar nicht mal so weit daneben. Berge scheinen eine Lebenserwartung zu besitzen, die sich in Hunderten von Jahrmillionen ausdrücken läßt.

Mit der menschlichen Lebenserwartung verglichen, ist diese Zeitspanne von der Ewigkeit kaum zu unterscheiden. 400 Millionen Jahre sind nicht mehr als zehn Prozent des gesamten Erdalters. Daher sind alle Berge, die am Anfang entstanden waren, längst von Winden und Wasser abgetragen worden. Diese Feststellung ist wichtig, da sie besagt, daß die Oberfläche der Erde einem ständigen Wechsel unterliegt und die Berge, die wir sehen, lediglich die neuesten Exemplare einer langen Serie von Vorfahren sind, die im Laufe des Erdalters erst entstanden und dann abgetragen worden sind.

Wenn wir daher bei unserer Bergwanderung die Augen offenhalten, geht uns auf, daß es in der Vergangenheit Vorgänge gegeben haben muß, bei denen Berge entstanden sind, und es ist nicht irrig anzunehmen, daß solche Vorgänge auch heutzutage ablaufen. Das Problem, diese Kräfte zu erklären, hat in der Geschichte der Geologie eine wesentliche Rolle gespielt. Die Entstehung von Gebirgen (oder die Orogenese, wie dieser Vorgang heutzutage in der Fachsprache der

Durch Salztektonik emporgehobene Buntsandsteinschichten der Helgoländer Kliffküste. Das Foto zeigt die Nordspitze der Insel mit dem Einzelfelsen «Lange Anna».

Ein weiteres Beispiel für horizontales Sedimentgestein, hier am Grund eines alten Sees. Die Umrisse dieser Berge sind von den Winden konturiert worden. Badlands National Monument (Süd-Dakota, USA).

Liegende Falte im Kalkstein.

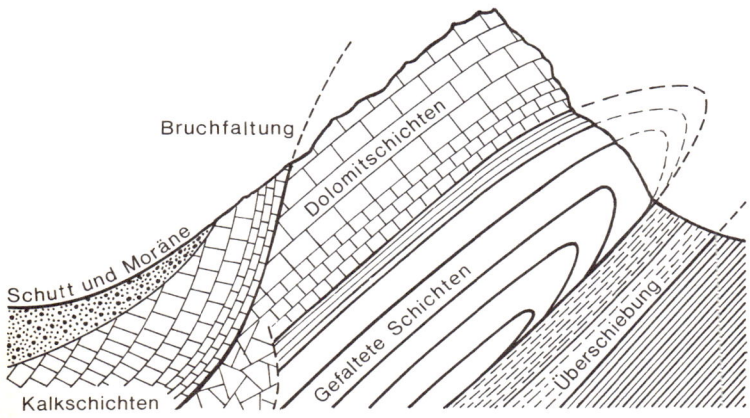

Bruchfaltung

Dolomitschichten

Schutt und Moräne

Gefaltete Schichten

Überschiebung

Kalkschichten

Durch tektonische Prozesse gefaltete und übergeschobene Sedimentschichten.

Geologen heißt) wurde von einer Gruppe französischer Geologen im 19. Jahrhundert, welche die sogenannte Theorie der Schubdecke *(nappe)* prägte, mit Hilfe sehr einfacher Begriffe erklärt. Unter *nappe* versteht man im Französischen eine Tischdecke, und die Theorie erhielt diesen Namen, weil diese Geologen davon ausgingen, daß die Entstehung der Berge auf der Erde dem Verschieben einer Tischdecke vergleichbar ist. Sie können zu Hause dieses Experiment selber durchführen – Sie werden beobachten, daß die Tischdecke, wenn Sie sie vorwärts schieben, sofort Falten wirft. Auf genau dieselbe Weise, so folgerten diese Geologen, würde die Erdkruste unter dem Einfluß einer Schubkraft Falten werfen, was zur Entstehung von Bergketten führe. Tatsächlich sind die größten Bergketten der Erde auf diese Weise entstanden. Die Alpen, den Himalaya und die Appalachen nennen die Geologen «Faltengebirge», und ein Teil der Rocky Mountains gehört ebenfalls zu diesem Gebirgstyp.

Eine Tischdecke wirft die Falten selbstverständlich nicht von allein; dazu muß sie geschoben werden.

Aus dem gleichen Grund müssen enorme Kräfte auf die Erdkruste wirken, um das feste Gestein zu falten. Der Beweis für das Vorhandensein solcher Kräfte kann bei fast jeder Gebirgskette beobachtet werden, besonders an jenen Stellen, an denen Straßen in den Berg geschnitten worden sind und die Gesteinslagen, ursprünglich horizontal, nunmehr in jedem erdenklichen Winkel verlaufend freigelegt werden. Es stellt sich die Frage, wie solche Kräfte überhaupt gewirkt haben.

Es hat nie an Erklärungen dafür gemangelt, wie waagerecht wirkende Kräfte – Kräfte, die entlang der Erdoberfläche wirken – entstanden sein könnten. Eine beliebte Theorie im 19. Jahrhundert besagte, daß die Erde während des Abkühlens zusammengeschrumpft sei. Laut dieser Darstellung sei die Oberfläche der Erde runzlig geworden wie die Schale eines Apfels, der zu lange an der Luft gelegen hat. Diese Theorie wurde zu Anfang des 20. Jahrhunderts von den Geologen verworfen, konnte sich aber doch hartnäckig behaupten. Ich kann mich noch gut daran erinnern, daß ich in den fünfziger Jahren in der Grundschule Bilder eines runzligen Apfels in meinem naturwissenschaftlichen Lehrbuch gesehen habe.

Es gibt heutzutage viele Gegenargumente zur Theorie der schrumpfenden Erdoberfläche. Eines leuchtet jedem sofort ein, der

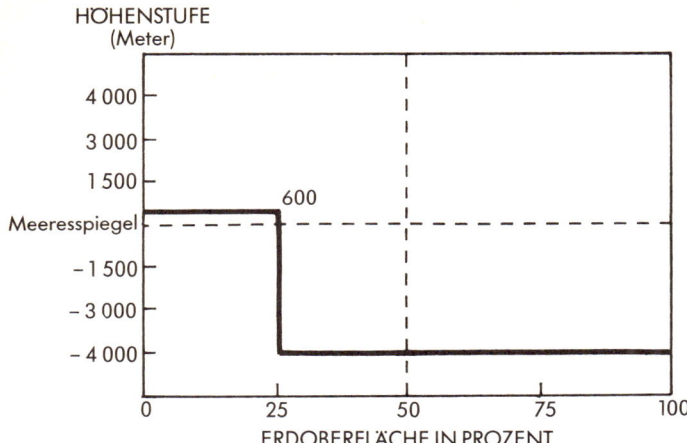

Abbildung 1-2

einmal durch die Vereinigten Staaten gereist ist oder sie überflogen hat. Es gibt in Nordamerika nur zwei größere Bergketten: die Appalachen an der Ostküste und die Rockies und die Sierra Nevada im Westen. Dazwischen liegen mehrere tausend Kilometer Prärie und Hochebene. Nach viereinhalb Milliarden Jahren wären die Runzeln eines Apfels sicher gleichmäßiger verteilt.

Ein weiteres, gewichtigeres Argument gegen die Theorie vom schrumpfenden Apfel ist der Einwand, daß die Erde in Wirklichkeit gar nicht abkühlt. Es trifft zu, daß es an der Erdoberfläche einen Wärmeverlust gibt und daß das Erdinnere wärmer ist als die Erdkruste. Gäbe es keine Möglichkeit, diesen Wärmeverlust auszugleichen, müßte die Erde tatsächlich abkühlen. Ihr erginge es dann nicht anders als der Glut in einem Lagerfeuer – wird kein neues Holz nachgelegt, so kühlt die Glut schließlich ab und erlischt.

Doch wird im Innern der Erde die ganze Zeit über neues «Holz» nachgelegt. Der Zerfall radioaktiver Substanzen in der Erde gleicht die Wärmeverluste an der Oberfläche ohne weiteres aus, so daß kaum ein oder gar kein Ungleichgewicht entsteht. Die Erde ähnelt also eher einem Ofen, dessen verbrauchter Brennstoff ständig erneuert wird, als einer ersterbenden Glut. Die Entdeckung dieser natürlichen radioaktiven Heizung zu Beginn unseres Jahrhunderts entzog der Theorie der schrumpfenden Erde die Grundlage, so daß wir nun anderswo nach jenen Kräften, welche die Bergketten aufwerfen, Ausschau halten müssen.

Ein Hinweis zur Lösung des Problems liegt in der Tatsache, daß sich jemand, der 3000 Meter erklommen hat, in einer Höhe aufhält, die auf der Erdoberfläche nur selten vorkommt. Betrachtet man die hypsometrische Kurve in Abbildung 1-2 genau, so stellt man fest, daß es zwei relativ ebene Flächen gibt. Eine dieser Ebenen ist die Höhe der Kontinente etwa 600 Meter über dem Meeresspiegel; die andere liegt in der Tiefe des Meeresgrunds, etwa 4000 Meter unter dem Wasserspiegel. Berggipfel und Tiefseegräben machen also, wie erwähnt, nur einen kleinen Teil der Erdoberfläche aus.

Der Kurve in Abbildung 1-2 kann man entnehmen, daß wir im Grunde so tun können, als besäße die Erdoberfläche nur zwei Höhenpegel. Lassen Sie die geringfügigen Abweichungen von dieser Darstellung außer acht, so beginnen Sie schon, wie ein Physiker zu denken. Dieser Betrachtungsweise entsprechend sieht unsere neue «hypsometrische Kurve» dann wie jene in Abbildung 1-2 aus. (In Wirklichkeit ist diese Näherung nicht einmal so schlecht, wie Sie vermuten könnten. Wenn Sie sich daran erinnern, daß die Kontinentalschelfgebiete im wesentlichen aus Schlamm bestehen, der von den Flüssen aus den Küstenebenen herausgewaschen wird, erkennen Sie, daß das allmähliche Fallen der tatsächlichen Kurve im Bereich des Meeresspiegels in Wahrheit schärfer ausfallen müßte.)

Wie läßt sich diese Doppelnatur der Erdoberfläche erklären? Eine Möglichkeit, sich diesem Problem zu nähern, bietet der Versuch, an andere Systeme zu denken, die diese besondere Erscheinungsform aufweisen. Hier ein Beispiel: Nehmen wir einmal an, Sie lassen mehrere Holzklötze in Ihrer Badewanne schwimmen. Würden Sie eine «hypsometrische Kurve» für dieses System erstellen, so sähe sie jener in Abbildung 1-2 sehr ähnlich. Es gäbe nur zwei wesentliche Höhenspiegel: die der Holzklötze und die des Wassers. Übrigens zeigt jedes System, in dem leichtes Material auf schwerem schwimmt, dasselbe Verhalten. Die Doppelnatur der Erdoberfläche kann also erklärt werden, wenn wir solch kleine Haufen leichten Materials untersuchen, die auf irgendeinem schwereren Material schwimmen.

Nun zeigt sich, daß gerade dies das Wesentliche an der modernen Vorstellung über die Erdstruktur ist, der Theorie der Großschollen- oder Plattentektonik. In den folgenden Kapiteln komme ich ausführlicher auf diese Theorie zu sprechen. Für die jetzige Erläuterung reicht der Hinweis, daß eines der zentralen Merkmale darin besteht, daß die Kontinente aus verhältnismäßig leichtem Gestein auf einer Lage schwereren Gesteins in der Erdkruste schwimmen.

Es gibt also eine deutliche Entsprechung zwischen den in der Badewanne schwimmenden Holzklötzen und den Kontinenten, die auf einer schwereren Grundlage schwimmen. Bei dieser Analogie entsprechen die Kontinente, die sich aus relativ leichtem Granitgestein zusammensetzen, den Holzklötzen, wogegen das Wasser, auf dem die Holzklötze schwimmen, dem schwereren Untergrund (Basalt genannt) entspricht, den wir auf dem Meeresgrund vorfinden.

Ursprünglich wurde die Vorstellung, daß die Kontinente nicht fest sind, sondern sich frei bewegen, «Kontinentalverschiebung oder -drift» genannt – eine Bezeichnung, der man hin und wieder auch heute noch begegnet. Wie wir später noch erkennen werden, liefert die moderne Theorie der Plattentektonik ein höherentwickeltes und umfassenderes Bild von unserer Erde. Aus diesem Grunde verwende ich den Begriff «Kontinentalverschiebung» ausschließlich für die historische Theorie und sonst den Begriff «Plattentektonik».

Haben wir uns einmal mit der Vorstellung von den beweglichen Kontinenten angefreundet, so haben wir einen perfekten Anwärter für die horizontalen Kräfte gefunden, deren es zur Entstehung der Berge bedarf. Manchmal muß sich einfach die Situation ergeben, daß zwei der schwimmenden Kontinente zusammenstoßen. Bei einem solchen Zusammenstoß treten horizontale Kräfte auf – Kräfte, die über genau jene Eigenschaften verfügen, die notwendig sind, um Gestein hochzudrücken und zu verwerfen und Berge zu bilden. Deshalb liefert die Analogie zwischen den auf dem Wasser schwimmenden Holzklötzen und den auf dem Untergrund aus Basalt schwimmenden Kontinenten genau jene Elemente, die wir brauchen, um zu erklären, weshalb es eine solch außergewöhnliche Erfahrung ist, sich in 3000 Meter Höhe zu befinden. Denn Hochgebirge entstehen nur bei solch relativ seltenen Gelegenheiten, wenn die horizontalen Kräfte in Verbindung mit der Bewegung der Kontinente einen massiven Auftrieb von Gesteinsmassen bewirken. Diese einfache Erklärung beweist selbstverständlich nicht, daß die Annahme von den beweglichen Kontinenten richtig ist – darauf komme ich in einem späteren Kapitel zurück. Sie zeigt vielmehr, daß eine solche Annahme plausibel ist. Dies ist keine geringe Leistung, wenn man sich darüber im klaren ist, daß wir uns lediglich auf unsere Beobachtung während einer Bergwanderung und auf wenige geläufige Kenntnisse über die Erdoberfläche stützen.

Die Vorstellung, daß die Kontinentalmassen beweglich sein könnten, geht auf die frühen Jahre unseres Jahrhunderts zurück. Das Problem war nicht, ein Indiz ausfindig zu machen, das diese Vorstellung stützte, sondern vielmehr irgendeinen Vorgang zu finden, der in der Lage war, solch riesige Landmassen zu bewegen. Um dies zu bewirken, muß irgendeine gewaltige Antriebskraft vorhanden sein. Gibt es irgendwelche augenfälligen Mechanismen, die diese Arbeit bewältigen können?

Tatsächlich findet sich in meiner Beschreibung der Bergwanderung ein Hinweis darauf, wie die Kräfte, die die Kontinente bewegen, entstehen könnten. Man muß nicht unbedingt in den Bergen sein, um zu beobachten, wie die Falken in der Luft kreisen – dies ist bei Raubvögeln ein ziemlich universales Verhaltensmuster. Selten sieht man, wie sie ihre Flügel bewegen; ihre Absicht ist es, eine aufsteigende Säule warmer Luft zu finden und sich von ihr auf mehrere hundert Meter Höhe emportragen zu lassen. Dann gleiten sie über lange Strecken, bis sie auf eine andere Warmluftsäule stoßen. Nicht selten kann man Dutzende von Raubvögeln beobachten, die träge in der Luft kreisen und dabei innerhalb eines Kreises von ein paar hundert Metern Durchmesser an Höhe gewinnen.

Daß die Falken fliegen können, ohne mit den Flügeln zu schlagen, liegt in einem Phänomen begründet, das die meisten Geologen als Ursache für die Bewegung der Kontinente ansehen. Beide Mechanismen beruhen auf der Tatsache, daß Körper sich durch Erwärmung ausdehnen. Da ein bestimmtes Volumen erwärmter Materie weniger wiegt als ein entsprechendes Volumen kalter Materie, steigt die warme Substanz auf, bis sie entweder abkühlt oder in ein Gebiet mit derselben Temperatur gelangt. Das physikalische Prinzip, das hinter dieser Aufwärtsbewegung steht, ist der Auftrieb – dasselbe Prinzip, das Holz, Schläuche und – wenn sie es richtig anstellen – Menschen auf dem Wasser schwimmen läßt.

Die wirklichen Mechanismen, die den Flug der Falken und die Bewegung der Kontinente steuern, sind natürlich etwas unterschiedlich. Zum einen verstehen wir den Falkenflug ziemlich gut, während die Kontinentalbewegung unter den Naturwissenschaftlern nach wie vor umstritten bleibt. Zum anderen sind die Details in der Art und Weise, wie die Aufwärtsbewegung vor sich geht, in beiden Fällen verschieden. Beginnen wir mit den Falken.

An sonnigen Tagen erwärmt sich die Luftschicht in Bodennähe. Der Wind trägt diese Luft fort, und wenn sie gegen einen Berg oder eine Baumreihe oder irgendein anderes Hindernis stößt, beginnt sie aufzusteigen. Luft aus der erwärmten Schicht wird in das Gebiet gesaugt, das durch die aufsteigende Luft entstanden ist, so daß die Nettowirkung des Hindernisses darin besteht, daß die Luft aus der erwärmten Schicht zusammengedrückt wird und eine einzelne große Luftblase entsteht. Da die Luft in der Blase erwärmt und deshalb leichter als die sie umgebende Luft ist, steigt sie auf. Wenn sie aufzusteigen beginnt, füllt die sie umgebende Luft die Leere aus, welche die aufsteigende Luft hinterlassen hat. Beim Aufstieg der Warmluft verursacht die Reibung zwischen der aufsteigenden Luft und der stehenden kalten Luft einen Kreislauf innerhalb der Blase, wie er in Abbildung 1-3 dargestellt wird. Ähnliche Wirkungen ergeben die bekannten Muster bei Rauchringen.

Im Zentrum der Blase steigt die Luft schnell genug, um einen Vogel

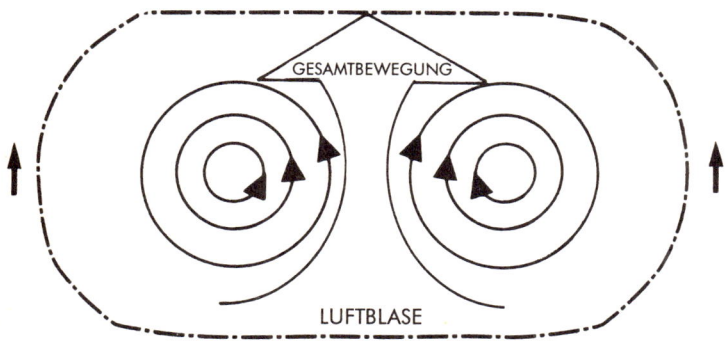

Abbildung 1-3

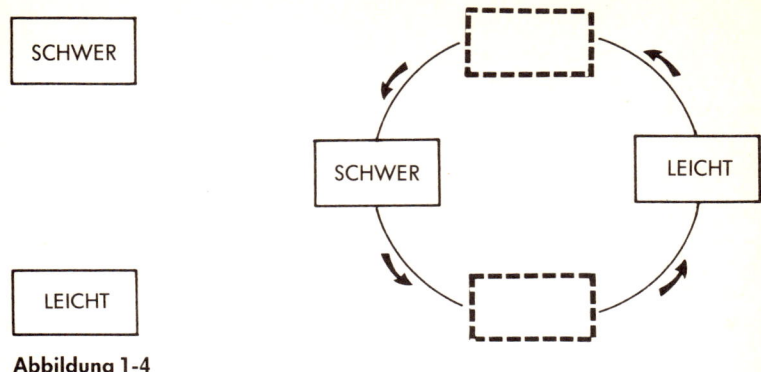

Abbildung 1-4

mit ausgebreiteten Flügeln oder sogar einen Drachenflieger zu tragen. Ein Vogel oder Drachenflieger braucht nur die zentrale Luftsäule zu umkreisen, und schon wird er von der Gesamtbewegung emporgehoben. Dies erklärt, weshalb die Vögel nicht mit den Flügeln zu schlagen brauchen und weshalb sie sich ständig im Kreis bewegen.

Im Zusammenhang mit den aufsteigenden Luftblasen, die die gleitenden Vögel ausnutzen, ist noch interessant anzumerken, daß der Temperaturunterschied zwischen der Warmluft und der sie umgebenden Kaltluft nicht sehr groß sein muß, damit das System funktioniert. Ist die Luft innerhalb der Blase nur etwa ein Tausendstel Grad Celsius wärmer, entsteht bereits eine Auftriebskraft. Selbst in der Wüste, wo die Luftblasen mit einer Geschwindigkeit von fast 40 Stundenkilometern durch die Luft steigen, beträgt der Temperaturunterschied kaum mehr als ein Grad Celsius.

Ist erst einmal eine einzelne Luftblase in Bodennähe entstanden und aufgestiegen, so verursacht das ursprüngliche Hindernis die Bildung einer weiteren. Auf diese Weise bewegt sich ein Strom warmer Luftblasen vom Hindernis an aufwärts. Dieselbe Erscheinung kann man bei kochendem Wasser beobachten, in dem Ströme von Luftblasen von bestimmten Punkten des Kesselbodens aufsteigen.

Beobachtet man die Falken, so stellt man fest, daß der Kreisumfang, auf dem sie sich bewegen, höchstens einen Durchmesser von

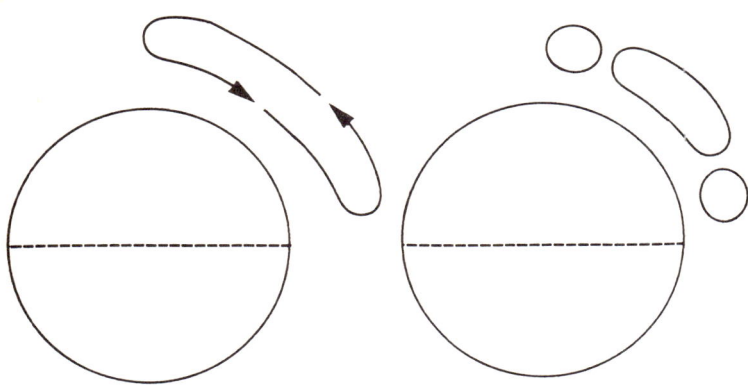

Abbildung 1-5

etwa hundert Metern hat. Daraus kann man auf die Größe des Innen-
kerns der Luftblase schließen, und dies läßt vermuten, daß die Blase
selbst einen Durchmesser von etwa tausend Metern hat. Diese Schätzung wird durch die Messungen von Meteorologen bestätigt. Die aufsteigende Luftblase ist also im kleinen Maßstab, was die Erwärmung
und der Auftrieb in der Atmosphäre im großen Maßstab ist.

Im größeren Maßstab findet man dieses Prinzip mit denselben An-
triebskräften unter dem Namen «Konvektionszellen». Konvektion
tritt auf, wenn sich eine Situation ergibt, wie sie in Abbildung 1-4
dargestellt ist. Die Luft in Bodennähe wird beim Kontakt mit dem
Boden erwärmt, während die Luft darüber kalt bleibt. In dieser Situation bewirken die Auftriebskräfte, daß die vergleichsweise leichte
Warmluft aufsteigt und die vergleichsweise kalte Luft sinkt (siehe
rechte Darstellung). Erreicht die Warmluft die obere Position, so gibt
sie ihre überschüssige Wärme an die Umgebung ab. Ebenso erwärmt
sich die kalte Luft, wenn sie mit dem Boden in Berührung kommt.
Nun befindet sich die warme Luft wieder unten: die ursprüngliche
Situation ist wiederhergestellt, und der Kreislauf kann erneut beginnen. Es ist leicht zu erkennen, daß die Erwärmung und der Auftrieb
eine stete Luftzirkulation in Gang halten, wobei die Nettowirkung im
Transport der Wärme vom Boden an die obere Atmosphäre besteht.
Von dort aus strahlt die Wärme schließlich ins All ab.

Konvektionszellen können in jeder Größenordnung entstehen.

Man kann sie in der Nähe von Städten und Inseln sehen, wo sie durch die Warmluft erzeugt werden, die vom erwärmten Boden oder – wie im Fall der Städte – vom Asphalt oder Beton aufsteigen. Ich bin einmal auf eine Untersuchung von Konvektionszellen gestoßen, die vom geteerten Parkdeck eines Einkaufszentrums ausgingen. In einem größeren Maßstab wird unser Erdklima von Konvektionszellen bestimmt, die deshalb entstehen, weil die Gegend am Polarkreis kälter ist als die am Äquator. Würde sich die Erde nicht drehen, dann verhielte sich der Hauptstrom der Atmosphäre so wie links in Abbildung 1-5 dargestellt, wobei die warme Luft am Äquator aufsteigen und am Pol sinken würde. In diesem Fall würde der Wind von Norden nach Süden wehen.

Da sich aber die Erde dreht, neigt die einfache einzelne Konvektionszelle dazu, sich auszudehnen. Dadurch verwandelt sie sich in eine Gruppe aus drei Zellen (siehe rechte Darstellung). Die mittlere Zelle, die die gemäßigten Klimazonen bedeckt, erzeugt Winde, die aus westlicher Richtung wehen – die sogenannten vorherrschenden Westwinde. In der Nähe des Äquators hingegen wehen die Winde aus Osten, wodurch sie die Passatwinde erzeugen. Zwischen den beiden Zonen, in denen sich die Luft überwiegend senkrecht bewegt, gibt es wenig Wind, der die Schiffe vorwärts treiben könnte. Im Zeitalter der Segelschiffe waren die Breitengrade dieser Gegend als die «Roßbreiten» bekannt, da die Schiffe hier wochenlang festsitzen konnten, die Mannschaften ihre Vorräte aufzehrten und gezwungen waren, die lebende Viehfracht über Bord zu werfen. Die Matrosen sahen daher häufig Pferdegerippe im Wasser schwimmen. (Zumindest hat man mir die Geschichte so erzählt.) Eine ähnlich windstille Gegend am Äquator wurde Kalmengürtel genannt.

Mit dieser Abschweifung vom Thema wollte ich darauf hinweisen, daß Konvektionszellen in der Luft eine Ausdehnungsfläche erreichen können, die mit der Größe der Erdoberfläche vergleichbar ist. Die Auftriebskraft, die durch unterschiedliche Erwärmung entsteht, kann Formen erzeugen, die nur tausend Meter (aufsteigende Luftblasen), aber auch viele tausend Kilometer groß sind. Konvektionszellen dürfen deshalb unsere ganze Aufmerksamkeit beanspruchen, wenn wir versuchen zu begreifen, wie es kommt, daß sich die Berge und die Erde unter unseren Füßen bewegen können.

Die allgemein akzeptierte Hypothese über die Ursprünge der Kontinentalverschiebung wird in Abbildung 1-6 dargestellt. Dabei geht man davon aus, daß die Wärme tief im Erdinnern mit Hilfe von Konvektionszellen vom heißen Kern nach außen befördert wird. Diese Zellen befinden sich im harten Gesteinsboden und nicht etwa in den flüssigen Teilen der Erde. Daher geht die Bewegung sehr langsam vonstatten, und die Zellen benötigen Hunderte von Jahrmillionen, um einen einzigen Kreislauf zu vollenden.

Dies mag unwahrscheinlich klingen, doch ist dieser Verlauf für die Erde der effektivste Weg, um ihre innere Wärme zu befördern. Überdies wissen wir, daß durch Kräfte, die über lange Zeitperioden wirken, das «feste Gestein» bewegt und verformt werden kann. Deshalb ist es nicht unsinnig anzunehmen, daß es solche Konvektionszellen auch tief im Erdinnern gibt. Dieser Mechanismus läuft auf dieselbe Art ab wie bei den früher erwähnten Konvektionszellen in der Atmosphäre. Das Gestein zuunterst ist wärmer als Gestein nahe an der Oberfläche, also wird die Auftriebskraft das untere Gestein nach oben drücken, während das kalte Gestein sinkt. Es stellt sich die bekannte Kreislaufbewegung der Konvektionszellen ein.

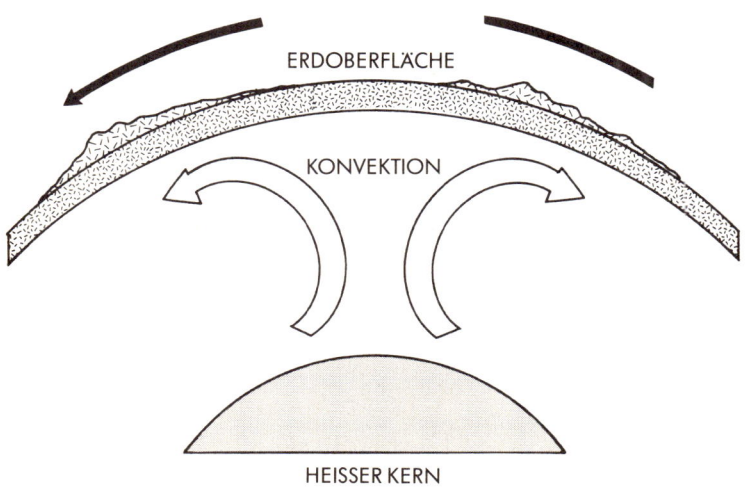

ERDOBERFLÄCHE

KONVEKTION

HEISSER KERN

Abbildung 1-6

Der Zusammenhang zwischen der inneren Konvektionszelle und der Bewegung der Kontinente ist einfach. Die horizontale Bewegung oben an den Zellen schleppt die Oberfläche mit sich, und die Kontinente schwimmen wie kleine Stücke Treibholz auf einem Strom. In diesem Bild ist das gesamte Antlitz der Erde, die in unseren Augen so felsenfest und unverrückbar erscheint, nichts anderes als ein beiläufiges Nebenprodukt des Vorgangs der Wärmeübertragung im Innern unseres blauen Planeten.

Dies ist eine ernüchternde Vorstellung. Fast so ernüchternd wie der Gedanke, daß wir erst Mitte der sechziger Jahre unseres Jahrhunderts begriffen haben, welch unbedeutende Rolle wir, unsere Länder und unsere Berge im Plan der Dinge auf der Erde spielen.

2 Einführung in die Plattentektonik

«Stein' ohne Preis, unschätzbare Juwelen
Zerstreuet alles auf dem Grund der See...»

William Shakespeare,
König Richard III., 1. Akt, 4. Szene

Etwa um das Jahr 1965 wurde unsere Sicht der Welt, auf der wir leben, revolutioniert. Eine neue Theorie, die der sogenannten Plattentektonik, beschrieb die Erdoberfläche als einen unruhigen und dynamischen Ort, der seit Entstehung des Planeten einer ständigen Veränderung unterlag, sich heutzutage verändert und sich auch in ferner Zukunft weiterhin verändern wird.

Einige Autoren haben diese neue geologische Sehweise mit den von Kopernikus und Darwin bewirkten Revolutionen verglichen. Dieser Meinung bin ich nicht. Kopernikus wie auch Darwin haben fundamentale Veränderungen unserer Auffassung von der Stellung der Menschheit im Universum ausgelöst, und die Plattentektonik kann nicht annähernd dieselbe Wirkung beanspruchen. Es ist allerdings eine jener großen Entdeckungen – wie die Entdeckung der Struktur der DNS oder des Atoms –, die in einigen wichtigen Forschungsbereichen einen Aufschwung der Wissenschaft nach sich gezogen hat.

Vielleicht beginne ich unsere Diskussion am besten mit einer Begriffsdefinition. Der Begriff «Tektonik» ist den meisten Lesern unbekannt. Er stammt aus dem Griechischen (*tektonikos* = die Baukunst betreffend) und hat dieselbe Wurzel wie unser Wort «Architekt». Der Begriff «Platte» bezieht sich auf die Tatsache, daß die Erdoberfläche unserem heutigen Verständnis zufolge in mindestens ein Dutzend großer, unabhängiger Platten und viele kleinere aufgebrochen ist. Der Begriff «Plattentektonik» verweist also darauf, daß sich die Erdoberfläche aus Platten zusammensetzt.

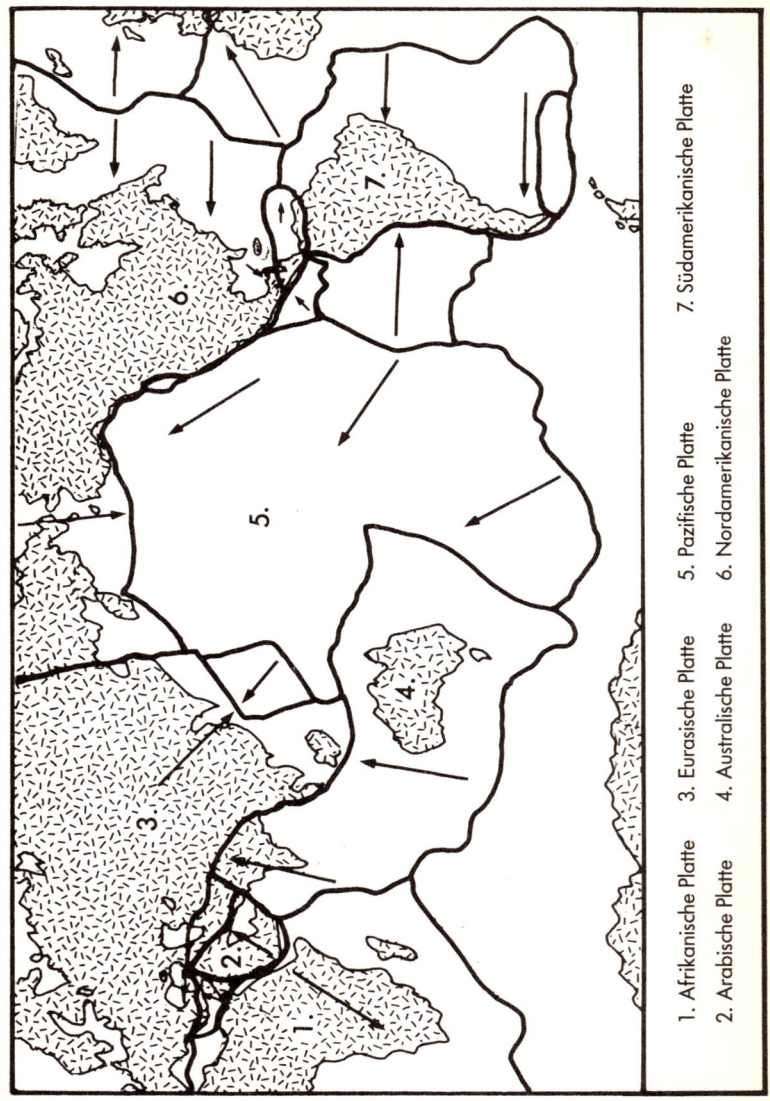

Abbildung 2-1

Die Ausmaße dieser Platten werden in Abbildung 2-1 dargestellt: Fast der gesamte nordamerikanische Kontinent zum Beispiel befindet sich auf einer einzigen Platte, die von der Mitte des Atlantiks bis an die pazifische Küste reicht. Die Platten selber sind etwa 160 Kilometer dick und machen die sogenannte Lithosphäre aus. Sie wird von einer weiteren Zone unterlagert, der Asthenosphäre, die eine sehr geringe Materialfestigkeit (Viskosität) besitzt, so daß sie zähflüssig ist. Die Platten schwimmen daher auf der Asthenosphäre wie ein Stück Treibholz auf dem Wasser. Die Asthenosphäre ist zwischen 100 und 240 Kilometer dick. Sowohl ihre Existenz als auch ihre extrem niedrige Viskosität sind durch Messungen von Erdbebenwellen, die durch sie hindurch verliefen, gut dokumentiert worden – eine Bestätigung dafür, daß es sowohl die Platten als auch das fließfähige Material gibt, auf dem sie treiben.

Alle diese Platten bewegen sich relativ zueinander horizontal entlang der Erdoberfläche. Immer bedecken sie vollständig die Oberfläche, doch findet ein sich ständig veränderndes Zusammenspiel untereinander statt. Zwischen den Platten gibt es viele Arten von Rändern. Zwei Platten, die sich aufeinander zubewegen, stoßen an ihren Rändern zusammen. Zwei Platten, die sich voneinander fortbewegen, treiben auseinander und hinterlassen eine sogenannte Riftzone. Schließlich können sich Platten an einem neutralen Rand berühren und sich einfach parallel zueinander fortbewegen. Jeder dieser möglichen Plattenränder erzeugt unterschiedliche geologische Wirkungen.

Es ist wichtig, sich vor Augen zu halten, daß die Plattenränder nicht mit den Grenzen der Kontinente identisch sind. Die Pazifische Platte zum Beispiel besteht fast nur aus ozeanischer Kruste, wogegen die Nordamerikanische und die Südamerikanische Platte jeweils sowohl aus ozeanischer als auch aus kontinentaler Kruste bestehen. Die allgemeine Struktur einer Platte ist in Abbildung 2-2 dargestellt. Der untere Teil der Platte besteht aus relativ hartem Material wie Basalt, der eine fünfmal höhere Dichte als Wasser besitzt. Auf dieser Schicht befindet sich das leichtere Material der Kontinente.

Kontinente sind deshalb «leicht», weil sie weitgehend aus Gestein wie Granit bestehen, das nur eine dreimal höhere Dichte als Wasser besitzt. Erscheint es auch ein wenig seltsam, wenn ich davon spreche, daß ein Material wie Granit «schwimmt», so verhält es sich dennoch

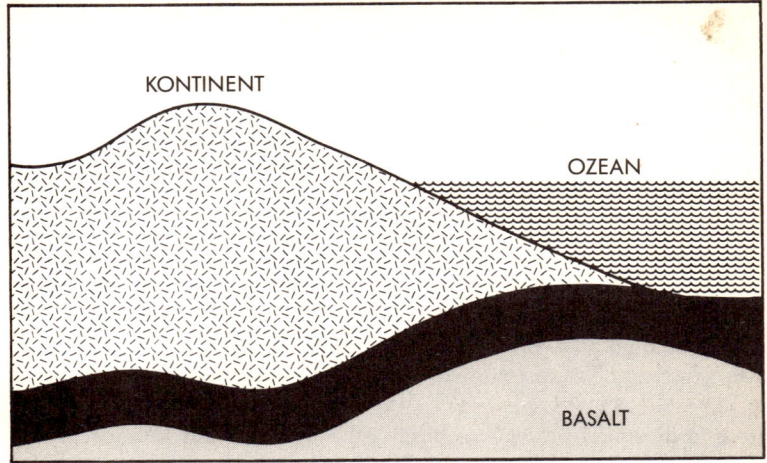

Abbildung 2-2

immer dann so, wenn das Material darunter wie im Fall der oben dargestellten Platte schwerer ist.

Am besten stellt man sich daher die Kontinente als Trümmer vor, die von einer sich bewegenden Platte getragen werden. Bei dieser Vorstellung ist die Bewegung eines Kontinents lediglich eine Folge der Bewegung jener Platte, auf der er sich befindet. Wenn zwei Platten zusammenstoßen und jede Platte über kontinentales Material an ihrem Rand verfügt, werden die Kontinente miteinander verschweißt. Der Himalaya zum Beispiel bezeichnet den Punkt, an dem die Australische und die Eurasische Platte zusammenstießen. Falls zwei Platten auseinandertreibende Ränder unterhalb eines Kontinents aufweisen, so wird dieser auseinandergerissen, wenn die Platten sich voneinander entfernen. Dies geschieht im östlichen Afrika, wo die Arabische Platte sich von der Afrikanischen Platte entfernt. Das Rote Meer markiert den Ort, wo dieser Vorgang abläuft. Wenn zwei Platten schließlich eine neutrale Grenze haben und sich horizontal aneinander vorbei bewegen, so ergeben sich in der Grenzzone sogenannte Scherungsränder. Die berühmteste neutrale Grenze ist vermutlich das San Andreas Fault in Kalifornien. Diese tektonische

Verwerfungszone, die Ausgangspunkt vieler Erdbeben, unter anderem jenes aus dem Jahre 1906, bei dem San Francisco zerstört wurde, kennzeichnet die Grenze zwischen der Nordamerikanischen und der Pazifischen Platte.

Natürlich stellt sich die Frage, wie die Zweischichtenstruktur der tektonischen Platten entstanden ist. Die einleuchtendste Erklärung setzt einiges Wissen über die Entstehung der Erde vor etwa viereinhalb Milliarden Jahren voraus. Fundierte Untersuchungsergebnisse deuten darauf hin, daß die Erde, die anderen Planeten und die Sonne zur selben Zeit aus einer sich zusammenziehenden Wolke interstellaren Staubs entstanden sind. In der Umgebung der heutigen Erdumlaufbahn begannen sich Materiekörner zu Klumpen zusammenzufinden, die Planetesimale genannt werden, und diese wieder kollidierten und verbanden sich mit weiteren Körpern und bildeten die sogenannten Protoplaneten. Während zahlreicher Umdrehungen auf ihrer

Die Seen im Hintergrund kennzeichnen das San Andreas Fault. Die fernen Berge befinden sich auf der Pazifischen Platte; das Foto wurde von der Nordamerikanischen Platte aus aufgenommen.

Umlaufbahn bewegte sich die neugeborene Erde durch ein Meer von interplanetaren Trümmern hindurch und nahm dabei Materie auf die gleiche Weise auf, wie eine Windschutzscheibe an einem warmen Sommerabend Insekten einfängt. Aus der Sicht eines hypothetischen Beobachters auf der Oberfläche wäre die frühe Periode der Erdgeschichte daher durch einen ständigen Meteorregen gekennzeichnet, der vom Himmel niederprasselt. Dieser Beschuß und der Zerfall radioaktiver Elemente im Innern des Planeten erwärmte die Erde bis zum Schmelzpunkt. Einige hundert Millionen Jahre lang verharrte die Erde im geschmolzenen Zustand. Während dieses Zeitraums setzte ein als Differentiation bezeichneter Vorgang ein – schwere Elemente und Mineralien sanken zum Erdzentrum, wogegen leichtere Substanzen zur Oberfläche aufstiegen. Während dieser Periode bildete die Erde ihren Eisenkern.

Das Material der Kontinente, das zu den leichtesten Bestandteilen der festen Erde gehört, gelangte während der Schmelzperiode an die Oberfläche. Ob das gesamte heutige Material der Kontinente in dieser Phase aufstieg oder ob zusätzliche Bestandteile dank der Wirkung der Konvektion seitdem aufgetaucht sind, bleibt umstritten. Fest steht jedenfalls, daß das leichte Material schon in einer sehr frühen Periode nach außen drang und die Erdkruste bildete.

Die Kontinente hocken daher auf den lithosphärischen Platten wie Menschen auf einem Floß. Sie bewegen sich zugleich mit den Platten und kennen keine eigenständige Bewegung. Im großen Zusammenspiel der Ereignisse sind sie kaum mehr als Treibgut, das an der Oberfläche des Planeten aufgetaucht ist, während die wahrhaft wichtigen Vorgänge im Innern ablaufen.

Die Platten, die eine höhere Dichte als die Kontinente aufweisen, schwimmen auf Material von noch höherer Dichte. Derselbe Vorgang der Differentiation, der den Granit der Kontinente an die Oberfläche brachte, beförderte auch den schwereren Basalt der Lithosphäre in seine derzeitige Lage. Am besten stellt man sich die Platten als einen Ölfilm vor, der in einem Kessel auf Wasser kurz vor dem Siedepunkt schwimmt. Wegen der Konvektion im Wasser bewegt sich dessen Oberfläche, und diese Bewegung ergreift auch den Ölfilm. Er zerreißt in kleinere Stücke. Diese bewegen sich gegeneinander, zerreißen in weitere Stücke, schließen sich zu größeren zusammen und so weiter. Über den Ölfilm in dieser Situation kann man lediglich aussagen, daß er sich in einem ständigen Fluß befindet. Auf genau dieselbe Weise verändern sich die Lithosphärenplatten ständig als Reaktion auf die Konvektion im Erdinnern. Geologen beginnen erst jetzt, die Geschichte der Platten anhand des Gesteins zu rekonstruieren.

Treffen sich zwei Platten an ihren Rändern, so können verschiedene Dinge geschehen. Eine Platte kann sich unter die andere schieben, ein Vorgang, der als Unterschiebung (Subduktion) bezeichnet wird. Dieser Fall wird links in Abbildung 2-3 dargestellt. Die Platte, die sich unter die andere schiebt, kehrt ins Erdinnere zurück, wo sie schmilzt und damit nicht mehr Teil der Erdoberfläche ist. Reist ein Kontinent als Passagier auf einer der beiden aufeinander zulaufenden Platten, so kann er entweder einfach über die Unterschiebungszone hinwegschwimmen (wenn er sich auf einer untergeschobenen Platte befindet) oder zu einer Bergkette zusammengeschoben werden (wenn er sich auf der an der Oberfläche bleibenden Platte befindet). Die Anden an der Westküste Südamerikas zum Beispiel wurden durch jene Kräfte auf dem Kontinent gebildet, die durch die Unterschiebung der Nazca-Platte entstanden. Befinden sich Kontinente auf jeder der aufeinander zulaufenden Platten, dann werden sie zusammengeschweißt, während sie beide über die Unterschiebungszone hinwegschwimmen. Das Uralgebirge in Zentralrußland ist ein Überbleibsel der Narbe, die die Verklammerung von Europa und Asien markiert. Schließlich kommt es manchmal vor, daß ein Teil der untergeschobenen Platte abgetrennt und auf die Oberfläche der oberen Platte gehoben wird. Dieser als Überlagerung bekannte Vorgang wird in der Mitte der Abbildung 2-3 dargestellt.

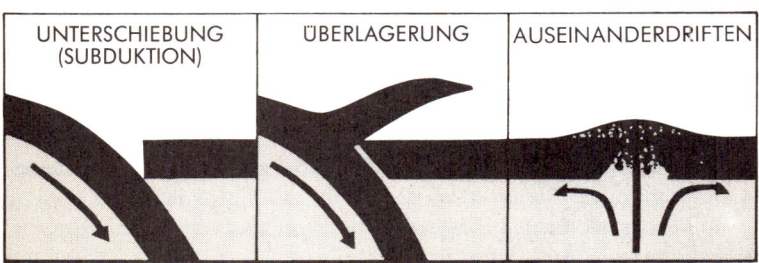

UNTERSCHIEBUNG (SUBDUKTION) ÜBERLAGERUNG AUSEINANDERDRIFTEN

Abbildung 2-3

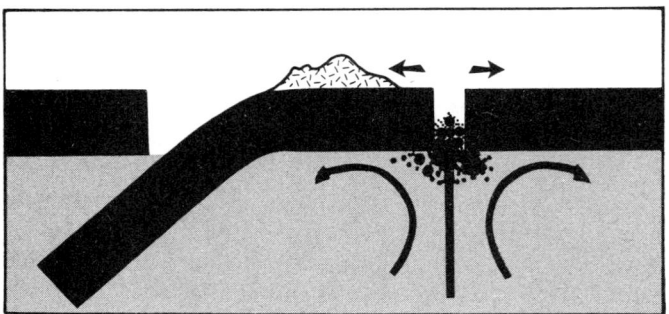

Abbildung 2-4

Wenn zwei Platten auseinanderdriften, wie rechts in der Abbildung 2-3 dargestellt, so ergibt sich ein anderer Vorgang. Die Trennung der Platten hinterläßt eine Dehnungsfuge (Riftzone), und vulkanische Schmelze (Magma) steigt aus dem Erdinnern in den freiwerdenden Zwischenraum auf. Bei der Trennung ozeanischer Kruste entsteht eine submarine Schwelle. Die Bergkette, die mitten durch den Atlantischen Ozean verläuft – der Mittelatlantische Rücken, die längste Bergkette dieser Art auf der Welt –, entstand auf diese Weise. Durch das Auseinanderdriften kontinentaler Kruste bildet sich ein Riftsystem mit junger ozeanischer Kruste, das zum Entstehen eines neuen Ozeans führt. Dieser Prozeß läßt sich in Ostafrika beobachten.

Wie in Abbildung 2-4 dargestellt, entsteht neuer Ozeanboden in jenen Regionen, in denen aufsteigendes Material zwischen zwei Platten auseinanderstrebende Ränder bildet. Bewegen sich die Platten voneinander weg, steigt geschmolzenes Material an den Plattenrändern auf, kühlt ab und verbindet sich mit den auseinanderdriftenden Platten. Durch diesen Vorgang entsteht praktisch ständig neue ozeanische Kruste. Nehmen wir an, daß das andere Ende der Platte, wie dargestellt, subduziert wird. In diesem Fall wird die alte Kruste an einem Ende der Platte zerstört, während gleichzeitig am anderen Ende eine neue Kruste entsteht. Daher können wir uns eine Platte grob als eine Art Fließband vorstellen, das an einem Ende Material für eine neue Kruste zutage fördert und es an der Unterschiebungszone wieder ins Erdinnere zurückbefördert.

Das Bild von der Plattentektonik erklärt viele Erscheinungen, die wir auf unserem Heimatplaneten beobachten. Zum Beispiel deckt es auf, weshalb es Ozeane und Festland gibt und warum ein so großer Anteil der Erdoberfläche mit Wasser bedeckt ist. Gäbe es kein leichtes Material für die Kontinente, wären die Spitzen der Vulkane und die Ozeanrücken, die der tektonischen Aktivität entstammen, das einzige Festland auf der Erde. Es gäbe keine Kontinente, so wie wir sie kennen, und der größte Teil der Erde wäre mit Wasser bedeckt. Wäre ursprünglich genug leichtes Material vorhanden gewesen, um die Platten vollständig zu bedecken, bliebe das Endergebnis dasselbe, nur hätte sich der Ozeanboden hauptsächlich aus Granit statt aus Basalt zusammengesetzt. Das Material für die Kontinente reichte jedoch nur, um etwa ein Viertel der Erdoberfläche zu bedecken. Dies bedeutet, daß die Erdoberfläche aus zwei Schichten besteht, wobei sich ein Viertel des Landes in der oberen Schicht befindet. Die Ozeanbecken (die untere Schicht) füllen sich mit Wasser, und obwohl die Formen wie die Orte sowohl der Becken wie der Kontinente sich im Verlauf der Zeit ständig verändern, bleibt deren Verhältnis von drei zu eins ziemlich konstant.

Es gibt eine weitere Tatsache, die sich mit der Plattentektonik recht elegant erklären läßt. Es ist möglich, auf vielfache Weise das Alter von Gestein zu bestimmen. Führt man diese Art von Messungen durch, ergibt sich ein deutliches Muster. Gestein auf den Kontinenten ist zumeist sehr alt. In den Vereinigten Staaten zum Beispiel ist das Gestein zwischen dem Mississippi und den Rocky Mountains zwischen 1 und 2,5 Milliarden Jahre alt. Dieses Gestein existiert in seiner derzeitigen Gestalt über einen langen Zeitraum des Erdalters hinweg. Gestein an der Ost- und Westküste ist eher jünger, rund 200 bis 500 Millionen Jahre alt. Doch selbst das jüngste dieses Gesteins ist älter als das älteste Gestein des Ozeanbodens. Uns ist kein Ozeangestein bekannt, das älter als 130 Millionen Jahre wäre.

Dieses Schema – alte Kontinente und junger Ozeanboden – läßt sich mit Hilfe der Plattentektonik erklären. Das Ozeangestein entsteht während der Ausbreitung des Ozeanbodens mit einer Geschwindigkeit von wenigen Zentimetern pro Jahr. Bei diesem Tempo könnte ein Gebiet, das dem der gesamten Erdoberfläche entspricht, in etwa 100 Millionen Jahren mit neuem Gestein bedeckt werden. Betrachten wir die Subduktionszonen, in denen Ozeanboden abtaucht, so stellen wir ebenfalls fest, daß ein Gebiet, das der Erdoberfläche entspricht, in etwa 100 Millionen Jahren abgetragen wird.

Anhand einer einfachen Rechenaufgabe kann jeder sich selbst davon überzeugen, daß die durchschnittliche Lebensdauer von Ozeangestein 100 Millionen Jahre beträgt. Wir wissen, daß die Nordamerikanische Platte in der heutigen Zeit am Mittelatlantischen Rücken entsteht. Wie lange wird es von jetzt an dauern, bis Gestein, das durch den sich ausbreitenden Ozeanboden entsteht, bis an die kalifornische Küste gedrückt wird? Die Entfernung beträgt etwa 6500 Kilometer. Bei der derzeitigen Geschwindigkeit von etwa 6 Zentimetern pro Jahr dauert dies etwa 100 Millionen Jahre. Da die Nordamerikanische Platte eine der größten der Erdoberfläche ist und wir wissen, daß durch die Entstehung neuen Ozeanbodens Material über diese Platte in 100 Millionen Jahren hinwegtransportiert werden kann, läßt sich anhand dieser Tatsache die typische Lebensdauer von Ozeangestein nachweisen. Dies stimmt gut mit unseren Beobachtungen überein.

Der Grund für das Alter des kontinentalen Gesteins ist auch leicht zu begreifen, wenn wir uns daran erinnern, daß die Kontinente nicht dem Vorgang der Subduktion unterliegen. Wenn Gestein, das im Mittelatlantischen Rücken entstanden ist, von heute an gerechnet in 100 Millionen Jahren subduziert wird, bliebe das Gestein der Kontinente, auf denen wir uns befinden, noch als Teil derselben erhalten. Da es leichter ist, wird es von einer vorrückenden ozeanischen Platte lediglich unterfahren und daher im Bereich der Subduktionszone nicht eingeschmolzen.

Die Plattentektonik bietet auch eine Erklärung für die Entstehung von Gebirgen. Der Zusammenstoß der kontinentalen Landmassen liefert jene Art von Kräften, die zur Bildung von Bergketten notwendig sind. Dies erklärt zugleich, weshalb Berge gewöhnlich eher am Rand der Kontinente als im Zentrum anzutreffen sind. Die im Prinzip einfachen Mechanismen der Gebirgsbildung können jedoch zu komplexen, schwer analysierbaren Prozessen führen. Nehmen wir als Beispiel die Theorie über die Entstehung der Nördlichen Appalachen im Osten der Vereinigten Staaten.

Bis vor etwa 600 Millionen Jahren waren die Landmassen Europas und Nordamerikas noch eine Einheit. Dann öffneten sich auseinandertreibende Ränder unterhalb des Kontinents und brachen ihn in zwei Teile – vielleicht mit einigen Brocken zwischendrin (Mikrokonti-

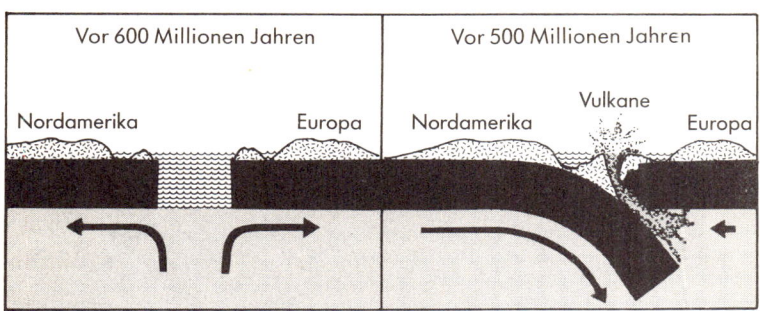

Abbildung 2-5

nente). Etwa 100 Millionen Jahre später kehrten die Platten ihre Richtung um, und der neue Ozean schloß sich langsam. In der Mitte entstand eine Subduktionszone. Wie es bei solchen Situationen oft der Fall ist, brachte die Wärme im Verbund mit der Reibung in der Subduktionszone eine Vulkankette – einen Inselbogen – im Zentrum des Ozeans zum Vorschein. Die Inseln Japans und die Philippinen sind Beispiele für solche Inselbögen in der modernen Welt. In Abbildung 2-5 wird die Bildung des «Atlantischen» Ozeans vor etwa 500 Millionen Jahren angedeutet.

Als der Ozean sich weiterhin schloß, verschmolzen die Mikrokontinente wieder mit dem nordamerikanischen Kontinent, und bei jedem Zusammenschluß entstand eine eigene (kleinere) Phase der Gebirgsbildung. Ein Teil der Ozeankruste wurde während dieses Vorgangs überlagert, wodurch eine Kette ozeanischen Gesteins entstand, das in den Bergen von Georgia bis Neufundland zu finden ist. Vor etwa 230 Millionen Jahren war der Ozean vollständig verschwunden. Die Kontinente Europas und Nordamerikas waren wieder eins, und durch den Aufprall beim Zusammenstoß entstand der größte Teil der heutigen Bergkette, die wir die Appalachen nennen. Zu dem Material, das bei der Entstehung dieser Bergkette aufgeworfen wurde, gehört sowohl Sedimentgestein, das sich an den Kontinentalschelfen gebildet hatte, wie auch vulkanisches Gestein aus den (nunmehr erloschenen) Inselbögen. Die Situation vor 370 und 200 Millionen Jahren wird in Abbildung 2-6 dargestellt.

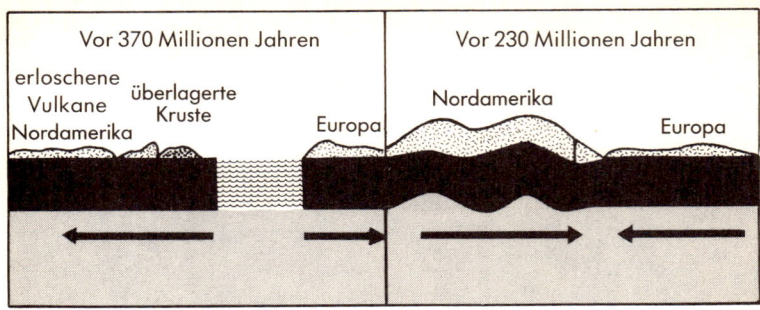

Abbildung 2-6

Die zweite Vereinigung von Europa und Nordamerika währte nicht lange. Vor etwa 165 Millionen Jahren öffneten sich erneut auseinanderstrebende Ränder unter dem Kontinent, doch nicht an derselben Stelle wie beim ersten Mal. Der heutige Atlantische Ozean begann sich zu bilden. Europa und Nordamerika werden im modernen Zeitalter noch immer durch die Ausbreitung des Ozeanbodens am Mittelatlantischen Rücken auseinandergedrückt.*

Dieses Beispiel sollte etwas von der Komplexität vermitteln, mit der man es zu tun bekommt, wenn man die einfachen Vorstellungen der Plattentektonik auf die Verhältnisse der wirklichen Welt anwendet. Die Appalachen sind zugegebenermaßen eine der komplizierteren Bergketten der Erde; doch wegen ihrer Nähe zu so vielen großen Universitäten gehören sie zugleich zu den am besten erforschten. Die detaillierte Geschichte anderer Gebirgszüge wie etwa die des Kaskadengebirges am Nordwestpazifischen Becken ist nicht annähernd so gut bekannt.

Unser Beispiel führt uns auch zu einer wichtigen Schlußfolgerung. Wenn die Theorie der Plattentektonik stimmt, dann folgt daraus, daß *es keine dauerhaften geologischen Erscheinungen auf der Erde gibt.* Über einen Zeitraum von Hunderten von Millionen Jahren hinweg werden Bergketten aufgeworfen und abgetragen, Kontinente ge-

---

* Eine detailliertere Beschreibung der Entstehung des heutigen Atlantischen Ozeans gebe ich in meinem Buch *Physik im Strandkorb.*

trennt und wieder zusammengefügt, die Platten der Lithosphäre bewegt, aufgebrochen und aufgespalten. Die Ausdehnung des Ozeanbodens beginnt an einem Ort, hält inne, beginnt anderswo erneut, und mit den Überschiebungszonen verhält es sich ebenso. Wie Öllachen auf siedendem Wasser, so zeigen die Platten und ihre kontinentalen Passagiere eine sich ständig verändernde Zusammensetzung, während sie auf die durch die Innenwärme der Erde erzeugten Kräfte reagieren.

An der Theorie der Plattentektonik verwundert mich selbst am meisten nicht so sehr ihr Erfolg bei der Erklärung der wesentlichen geologischen Erscheinungen der Erde, sondern vor allem die Tatsache, daß sie sich so sehr von den Ansichten über unseren Planeten unterscheidet, die in der längsten Zeit unserer geschriebenen Geschichte gültig waren. Die Vorstellung, daß anscheinend beständige Gebilde wie Berge und Ozeane wiederholt auftauchen und verschwinden können, steht im Widerspruch zur herkömmlichen Ansicht, die Erde sei dauerhaft und fest und habe sich seit ihrer Entstehung vor mehr als viereinhalb Milliarden Jahren nicht wesentlich verändert. Daß solch ein Wandel in den Ansichten überhaupt möglich ist, ergibt sich aus der Fähigkeit der Naturwissenschaftler, liebgewonnene Vorstellungen aufzugeben, wenn das Datenmaterial sie dazu zwingt. Wie es dazu kam, daß die neue Lehre von der Plattentektonik die alten Ansichten von einer unveränderlichen Erde ablöste, ist eine faszinierende Geschichte, wie wir bald sehen werden.

Probleme mit der Theorie der Plattentektonik

Bevor wir uns jedoch in eine historische Darstellung stürzen, möchte ich kurz innehalten und einige der Probleme ansprechen, die auch die Theorie der Plattentektonik nicht löst. Ihre Erfolge sind zwar beeindruckend, doch wäre es ein Fehler anzunehmen, daß es nun keine Schwierigkeiten mehr gebe. Genaugenommen ist das größte Problem bei der Plattentektonik dasselbe, das auch gegen die Idee der Kontinentalverschiebung vorgebracht wurde, als man sie zum erstenmal einführte. Wir wissen immer noch nicht genau, wie die Platten von den inneren Kräften in der Erde bewegt werden.

Die meisten Wissenschaftler nehmen an, daß die Plattenbewegung etwas mit den Konvektionszellen in der Erdkruste zu tun hat. Im vorigen Kapitel habe ich diese Vorstellung eingeführt. Doch wenn man innehält und die Situation etwas genauer untersucht, so stellt sich heraus, daß es sehr wenige direkte Beweise für das Vorhandensein von Konvektionszellen im harten Gestein der Erdkruste gibt. Bis 1984 lag kein einziger Beweis vor. Untersuchungen über die von fernen Erdbeben durch die Erde übertragenen Wellen ergeben nun allmählich einige Anhaltspunkte dafür, daß die gesamte Kruste – vom oberen Ende des fließfähigen Eisenkerns bis hin zum unteren Ende der Lithosphärenplatten – «kocht». Diese Vorstellung jedoch gilt immer noch als hypothetisch und kann nicht als unveränderlich betrachtet werden.

Wegen dieses Sachverhalts verwundert es nicht, daß viele Details der Plattenbewegung noch nicht erklärt worden sind. In unserer Auseinandersetzung mit der Entstehung der Appalachen zum Beispiel haben wir gesehen, daß die Plattenbewegung erratisch ist, also ruckweise vor sich geht. Wie können Konvektionszellen zu einem solchen Verhalten führen? Wir wissen es nicht. Viele Vorstellungen und Theorien machen die Runde, doch keine davon ist in der Lage, die Mehrheit der Geophysiker davon zu überzeugen, daß sie die endgültige Antwort liefert.

Einen kleinen Eindruck von der theoretischen Debatte unserer Tage erhält man, wenn man sich die drei Modelle in Abbildung 2-7 ansieht. Links ist die konventionelle Vorstellung von der Plattentektonik dargestellt, bei der jede Konvektionszelle eine einzige Platte steuert. Alternativmodelle dazu sind in der Mitte und rechts abgebildet. In Modell B sind kleinere Konvektionszellen unter jeder Platte aktiv. Im rechten Modell wirken die Zellen nur an den Enden der Platten, wobei keine von beiden sich unter dem Hauptteil der Platten befindet. Bei kleineren Zellen muß das erwärmte Material sich nicht so weit bewegen, um einen Kreislauf zu vollenden. Zudem ist die erratische Natur der Plattenbewegung bei vielen untereinander konkurrierenden kleinen Zellen leichter verständlich – sie resultiert aus den Veränderungen in einigen der kleinen Konvektionszellen und erfordert daher nicht die großen Veränderungen, die notwendig wären, um die Bewegung der großen Zellen in der linken Darstellung umzukehren.

Wenn es tatsächlich eine große Anzahl von Konvektionszellen unterhalb der Kontinente gibt, so ist es andererseits nur schwer verständlich, weshalb sie noch zusammenhalten. Weshalb bricht eine Platte nicht in eine größere Anzahl kleinerer Platten auseinander? Ebenso müßten einige wenige kleine Zellen an den Rändern der Platten eine riesige Energiemenge erzeugen, um an der Platte zu zerren. Woher stammt diese Energie? Bis heute gibt es keine befriedigende Antwort auf diese Fragen.

Alles in allem liefert die Theorie der Plattentektonik ein äußerst nützliches und einfaches Bild der geologischen Vorgänge an der Erdoberfläche. Es scheinen wenige Zweifel darüber zu bestehen, daß die Bewegung der auf der Asthenosphäre schwimmenden Platten der grundlegende Vorgang ist. Es bleiben jedoch einige wesentliche Fragen offen, so etwa die nach der Entstehung dieser Plattenbewegung, die beantwortet werden müssen, bevor wir behaupten dürfen, wir besäßen ein umfassendes Verständnis unseres Heimatplaneten.

Die Puddingprobe

Die bedeutendsten Fortschritte in den Naturwissenschaften kommen manchmal von unerwarteter Seite. Müßte man zum Beispiel angeben, woher die wichtigen Beweise stammen, welche die Theorie der Plattentektonik stützen, so wird man zuallererst an die klassische Geologie denken – die Erforschung der Gebirge und anderer großräumiger Erscheinungsformen der Erdkruste. Die entscheidende Beweisgrund-

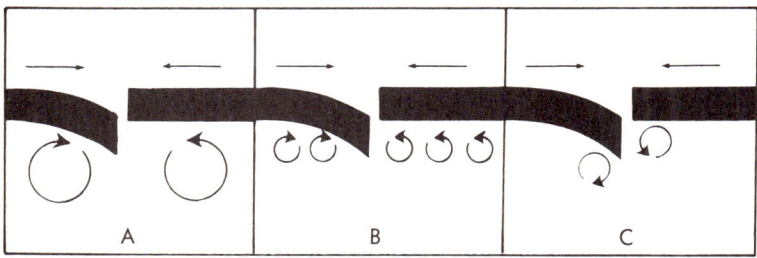

Abbildung 2-7

lage für die Theorie findet sich allerdings keinesfalls im Bereich der klassischen Geologie, sondern im damit anscheinend nicht zusammenhängenden Forschungsgebiet des Magnetismus, insbesondere in der Erforschung der magnetischen Eigenschaften des Gesteins.

Jeder weiß, daß die Erde ein Magnetfeld besitzt. Der Ursprung und die detaillierten Eigenschaften dieses Magnetfelds interessieren in diesem Zusammenhang nicht; wir wollen hier nur berücksichtigen, daß die magnetischen Eigenschaften der Erde kleine Magneten (zum Beispiel eine Kompaßnadel) veranlassen, den magnetischen Nordpol anzuzeigen (der im Augenblick irgendwo in nördlichsten Kanada liegt). Genaugenommen richtet sich jeder Magnet in einer Nord-Süd-Richtung aus, wenn er sich frei bewegen kann.

Um die Beweisführung nachzuvollziehen, die die Theorie der Plattentektonik bestätigt hat, muß man zuallererst wissen, daß Atome und kleine Atomgruppen sich wie Magnete verhalten – ähnlich einer Kompaßnadel.* In einem natürlich vorkommenden Eisenerz wie Magnetit (oder «Magneteisenstein») bewirken die Kräfte zwischen den Atomen im Eisenerz, daß die überwiegende Mehrzahl der atomaren Magnete sich in ein und derselben Richtung ausrichten. Der ganze Erzbrocken verhält sich dann wie ein kleiner Magnet. Die Chinesen machten sich vor etwa zweitausend Jahren dieses Verhalten zunutze, um den ersten Kompaß herzustellen. Sie legten einen Magnetitstein auf ein Stück Korken und ließen den Korken in einer mit Wasser gefüllten Schale schwimmen. Der Stein drehte sich (das Stück Korken mit ihm) und richtete sich in Nord-Süd-Richtung aus.

Die interatomaren Kräfte, die ein Stück Eisenerz in einen Magneten verwandeln, werden wirksam, weil sie einzelne Atome wie Soldaten bei einer Parade ausrichten. Solange die Temperatur des Materials einen bestimmten Wert nicht übersteigt, ist die Kraft groß genug, um die Atome ausgerichtet zu halten, auch wenn die Wärme bewirkt, daß sie etwas herumhüpfen. Übersteigt die Temperatur jedoch den kritischen Wert, so wird die Bewegung der Atome für diese Steuerkräfte zu groß, und die Ausrichtung löst sich auf. Aus diesem Grunde verliert ein Magnet durch Erwärmung seine magnetischen Eigenschaften. Die kritische Temperatur, bei der die ferromagneti-

---

* Eine vollständigere Darstellung des atomaren Magnetismus liefere ich in meinem Buch *Reise in das Innerste der Dinge* (Basel 1984).

sche Substanz sich nicht mehr wie ein Magnet verhält, ist als Curie-Punkt bekannt.

Um die Auswirkungen dieses Sachverhalts auf die Geologie zu erkennen, braucht man nur zu beobachten, was geschieht, wenn heißes Material aus dem Erdinnern an die Oberfläche steigt. Ist das Gestein fließfähig, können sich sämtliche Atome darin frei bewegen. Solches Gestein verhält sich nicht magnetisch. Nehmen wir einmal an, das Gestein enthielte Atome, die sich schließlich zusammenfinden, um Magnetit zu bilden. Kühlt das Material ab, kristallisiert das Gestein, und bei diesem Vorgang entstehen winzige Körner aus Magnetit als Teil der Gesamtstruktur. Dieser Vorgang läuft weit oberhalb des Curie-Punktes ab, so daß die Atome – obwohl sie im Gitter des neugebildeten Gesteins eingeschlossen sind – sich noch immer nicht magnetisch verhalten. Nach weiterer Abkühlung wird der Curie-Punkt erreicht, und die Atome im Magnetit beginnen sich selbständig auszurichten. Da dieser Vorgang im Magnetfeld der Erde abläuft, richten sich die atomaren Magnete zum Nordpol hin aus. Wird das Gestein weder gestört noch erneut erwärmt, «erinnern sich» die Magnetitkörner an die Ausrichtung des Magnetfeldes der Erde, nachdem sie abgekühlt sind. Das Studium der magnetischen «Erinnerung» des Erdgesteins wird Paläomagnetismus genannt.

Während des 19. Jahrhunderts zeigten weltweit durchgeführte Untersuchungen des Restmagnetismus in der jüngeren Lava, daß diese in einem Magnetfeld entstanden war, das im wesentlichen dem heutigen gleicht. Zu Beginn des 20. Jahrhunderts jedoch tauchten verwirrende Daten auf. Man stieß auf große Gebilde, in denen das Gestein magnetisiert war, aber mit einer zum heutigen Magnetfeld *entgegengesetzten* Ausrichtung. Mit anderen Worten: Die Magnete zeigten auf einen «Nordpol», der in der Antarktis lag. Während eines langen Zeitraums versuchten die Geologen, diese Anomalie auf irgendeine chemische oder strukturelle Veränderung im Gestein zurückzuführen, die nach seiner Entstehung auftrat. Tatsächlich besitzen einige wenige Mineralien die Eigenschaft, ihren Magnetpol im Verlauf der Zeit spontan umzukehren. Es gibt jedoch nicht genügend solcher Beispiele, um die zunehmenden Funde entgegengesetzt magnetisierten Gesteins zu erklären. Anfang der sechziger Jahre war es deshalb klargeworden, daß die Messungen des Gesteinsmagnetismus uns etwas sehr Wichtiges über die Erde selber mitteilen.

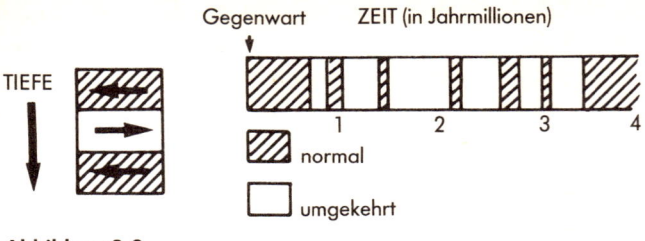

Abbildung 2-8

Nachdem es möglich geworden war, das Gesteinsalter durch die Radiokarbonmethode zu bestimmen (siehe siebtes Kapitel), führten die weltweit gesammelten Daten über normalen und umgekehrten Magnetismus allmählich zu einem einheitlichen Gesamtmuster. Die Daten zeigten eindeutig, daß sich das Magnetfeld der Erde nicht nur einmal, sondern in der Vergangenheit viele Male umgekehrt hatte. Die Meßergebnisse, die diesen Befund stützen, sind links in Abbildung 2-8 dargestellt. An einer bestimmten Stätte, gleich ob am Ozeanboden oder auf einem Kontinent, zeigen die aufeinanderfolgenden Lagen einen Restmagnetismus, der in der Ausrichtung zwischen normal und umgekehrt wechselt. Durch den Vergleich vieler solcher Stätten kann eine Zeitumkehrskala wie die in der Abbildung rechts aufgestellt werden. Wir leben heutzutage in einer Periode, der ein willkürlich als «normal» definiertes Magnetfeld zugeschrieben wird – eine Periode, die bisher 700000 Jahre andauert. Davor gab es eine lange Ära mit einem «umgekehrten» Magnetfeld von ungefähr 2,9 Millionen Jahren Dauer. Diese Ära wurde von kurzen («Ereignisse» genannten) Perioden unterbrochen, in denen das Magnetfeld wieder normal war. Das Magnetfeld scheint eine Umkehrung (das Herbeiführen eines «Ereignisses») innerhalb einer relativ kurzen Zeitspanne von vielleicht nur einigen tausend Jahren vollzogen zu haben.

Obwohl die Suche nach den Ursachen für diese Umkehrungen eines der größten ungelösten Probleme der Geophysik bleibt, kann deren Existenz nicht bestritten werden. Mindestens 150 solcher Umkehrungen in den letzten 70 Millionen Jahren sind bekannt. Das seltsame Verhalten des Magnetfeldes der Erde trägt zum Teil dazu bei, daß die Plattentektonik schließlich akzeptiert wurde.

Um 1965/66, als man die magnetische Umkehrskala erstellte, wurde im Pazifischen Ozean vor der Küste Südamerikas eine Reihe von Messungen durchgeführt, die damit, so schien es zunächst, nicht zusammenhängt. Das Forschungsschiff *Eltanin* der National Science Foundation nahm eine systematische Sichtung des Ozeanbodens vor. Dazu wurde unter anderem ein empfindliches Gerät zur Messung des Magnetfeldes über den Ozeanboden geschleppt. Aus den Meßergebnissen und den bekannten Eigenschaften des Magnetfeldes der Erde ließ sich der remanente Magnetismus (Restmagnetismus) des Gesteins im Ozeanboden bestimmen. Während einer als *Eltanin 19* bekannten Meßfahrt fuhr das Schiff über den Ostpazifischen Rücken, eine submarine Gebirgskette an der Nahtstelle zwischen der Pazifischen und der Nazca-Platte. Das Schiff zeichnete die Messungen zum Magnetismus auf beiden Seiten des Gebirgskamms auf. Die Meßergebnisse werden in Abbildung 2-9 dargestellt.

Wissenschaftlern des Lamont-Doherty Geophysical Observatory an der Columbia University, die die Meßergebnisse Anfang 1966 auswerteten, fiel die offensichtliche Ähnlichkeit zwischen den Umkehrungen des Restmagnetimus im Gestein und den Umkehrungen im Magnetfeld der Erde auf. Dies veranschaulicht die Umkehrzeitskala der *Eltanin-19*-Daten. Die Deutung der Meßdaten, die sich schließlich herauskristallisierten, war ein Kinderspiel. Handelt es sich bei dem Gebirgsrücken in der Ozeanmitte um eine Nahtstelle zwischen zwei auseinanderdriftenden Platten, dann ist das aufsteigende Gestein heiß – und zwar weit oberhalb des Curie-Punktes. Steigt das Gestein an die Oberfläche, kühlt es ab, und die derzeitige Richtung des Magnetfeldes der Erde wird ihm eingeprägt. Der erste «umge-

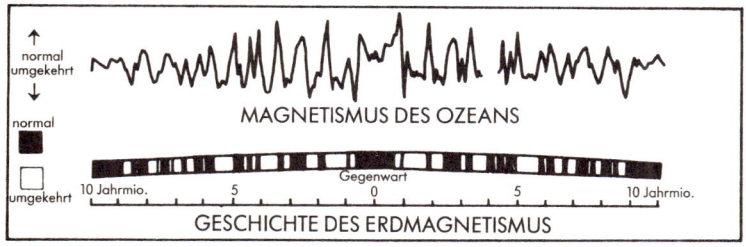

Abbildung 2-9

British Columbia

Vancouver Island

Washington

N

Oregon

PAZIFISCHER OZEAN

Abbildung 2-10

kehrte» Streifen muß daher im Verlauf der jüngsten Periode entgegengesetzter magnetischer Ausrichtung vor über 600 000 Jahren abgelegt worden sein. Er befindet sich jetzt etwa dreißig Kilometer vom Rücken entfernt, weil sich die Platten in der dazwischenliegenden Periode so weit voneinander entfernt haben, und das neue Gestein, das die Zwischenräume ausgefüllt hat, richtet sich entsprechend der gegenwärtigen Orientierung des Magnetfeldes aus. Die symmetrischen Streifen auf dem Ozeanboden sind also einfach die steinernen Niederschläge zweier korrespondierender Vorgänge: der Ausbreitung des Ozeanbodens dank der tektonischen Aktivität und der Umkehrungen des irdischen Magnetfeldes.

Nachdem die Daten von *Eltanin 19* veröffentlicht waren, häuften sich schnell die Beweise für eine Ausbreitung des Ozeans. Streifenmuster wurden auch beim Reykjanes-Gebirgsrücken bei Island, beim Juan-de-Fuca- und Gorda-Gebirgsrücken vor der Küste des Bundesstaates Washington und an vielen anderen Orten im Pazifischen wie im Atlantischen Ozean vorgefunden. Als die Forscher wußten, wonach sie Ausschau halten sollten, tauchten die symmetrischen Muster überall auf. Das Gesamtbild des Juan-de-Fuca-Rückens zum Beispiel ist in Abbildung 2-10 darstellt.

Zur gleichen Zeit entdeckten die Forscher an der Columbia University ein weiteres wichtiges Element im Puzzle der Plattentektonik. Das Lamont-Doherty Geophysical Observatory hatte eine große Anzahl Bohrkerne zusammengetragen – tiefreichende Bodenproben aus Stein und Schlamm in Säulenform, die von den Forschungsschiffen dem Meeresgrund entnommen worden waren. Das Material in diesen Kernen war über lange Zeiträume hinweg auf den Meeresgrund ge-

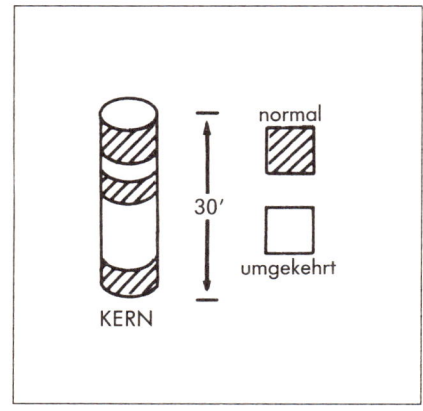

Abbildung 2-11

trieben, so daß sich also das älteste Material zuunterst befindet. Da einige der Ablagerungen auf dem Ozeanboden vom Kontinentalstaub stammen, der ins Meer gespült wurde, waren hin und wieder kleine Magnetitkörner mit dem anderen Material im Kern vermischt. Während diese Körner im Wasser tiefer sanken, waren sie in der Lage, sich in Nord-Süd-Richtung auszurichten, doch sowie sie im Ozeanboden eingeschlossen wurden, waren sie gefesselt. Daher haben die Magnetitkörner in den von den Forschungsschiffen ans Tageslicht geförderten Kernen eine «Erinnerung» an das jeweilige Magnetfeld der Erde.

Ein Musterkern wird in Abbildung 2-11 dargestellt. Die Richtung der Magnetisierung weist eine charakteristische Wechselstruktur auf, und sämtliche Veränderungen im Magnetfeld der Erde können anhand des Materials in den Kernen beobachtet werden. Also liefern die Untersuchungen der Bohrkerne eine dritte, unabhängige Bestätigung für die Veränderungen in den Umkehrungen der magnetischen Erdpole.

Addieren wir dies zu den Daten der remanenten Magnetisierung des Gesteins, dessen Alter mit Hilfe der Radiokarbonmethode bestimmt wurde, und ziehen wir zudem den Beweis für eine Ausbreitung des Ozeanbodens heran, so wie *Eltanin 19* und spätere Arbeiten ihn erbracht haben, so steht außer Zweifel, daß das Magnetfeld der Erde unregelmäßigen Umkehrungen unterworfen ist und daß sich diese Umkehrungen im Gestein an der Oberfläche niedergeschlagen haben. Steht diese Tatsache einmal fest, so liefern die symmetrischen Streifenmuster der Magnetisierung in den Ozeanrücken einen unbestreitbaren Beweis für die Plattenbewegung. Deshalb ist es korrekt zu behaupten, daß die tektonische Bewegung an der Erdoberfläche seit Mitte der sechziger Jahre ein erwiesenes Faktum der Erdgeschichte ist.

3 In Sachen Alfred J. Wegener

«Anschläge macht' ich, schlimme Einleitungen...»

William Shakespeare,
König Richard III., 1. Akt, 1. Szene

Manche Gestalten der Forschungsgeschichte sind legendenumwoben. Von Männern wie Kopernikus, Galilei und Wegener wurde behauptet, sie seien Propheten in der Wüste gewesen, Kollegen hätten sie übersehen, ja vielleicht seien sie sogar wegen ihrer Ideen verfolgt worden. Ihre Lebensläufe werden von Verfechtern exzentrischer Ansichten – von UFO-Enthusiasten, Para-Forschern und «Flat Earthers» – häufig und gern als Beweise für die Engstirnigkeit der Gemeinschaft traditioneller Naturwissenschaftler angeführt.

Wie es bei den meisten Legenden der Fall ist, geht nicht eindeutig daraus hervor, welche Lektionen man aus den Fakten ableiten kann. Die Arbeiten von Kopernikus wurden an europäischen Universitäten sowohl zu seinen Lebzeiten als auch später verbreitet, ohne daß es auch nur den leisesten Hinweis auf eine Verfolgung seitens der Kirche oder seiner Forscherkollegen gäbe. Im Gegenteil, er hatte eine ziemlich angesehene Stellung in Polen inne und war Mitglied mehrerer königlicher Kommissionen. Hätte Galilei sich auch nur etwas mehr an seiner Wissenschaft interessiert gezeigt und sich weniger dafür eingesetzt, eine Konfrontation mit der päpstlichen Obrigkeit zu provozieren, wäre es ihm wahrscheinlich vergönnt gewesen, seine letzten Lebensjahre ohne einen Prozeß wegen Ketzerei zu verbringen.

Der Fall Alfred J. Wegener ist etwas komplizierter. In den Anfangsjahren des 20. Jahrhunderts legte er eine Theorie vor, aus der sich ergab, daß die Kontinente nicht unverrückbar seien, sondern sich bewegten. Sie wurde als Theorie der Kontinentalverschiebung bekannt. Der Legende zufolge, die sich um Wegener bildete, wurde seine Theorie trotz der Beweise, die für deren Richtigkeit sprachen, kurzerhand verworfen, und er wurde von der Gemeinschaft der Wissenschaftler ausgeschlossen, weil er sich den herrschenden Lehren seiner Zeit widersetzt hatte. Da heutzutage die Theorie von der Plattentektonik (die Wegeners Hauptthese bestätigt) als allgemein akzeptiert gilt, scheint es ratsam, genauer zu untersuchen, wie seine Ideen, die ursprünglich auf Widerstand stießen, im Lauf der Zeit dennoch angenommen wurden.

Zuerst ein paar biographische Daten. Alfred J. Wegener, 1880 in Berlin geboren, promovierte in Astronomie. Sein Hauptforschungsgebiet war die Meteorologie, doch entwickelte er auch ein großes Interesse für die Erkundung der Arktis, insbesondere Grönlands. Damit scheint er eine Begeisterung seiner Zeit geteilt zu haben – was mir, ich muß es gestehen, stets ein Rätsel geblieben ist. In meinen Augen ist der Winter eine solch unangenehme Jahreszeit, daß man ihm nicht auch noch unbedingt entgegengehen muß. Jedenfalls nahm Wegener an vier Grönlandexpeditionen teil. Nach seiner Dienstzeit als Offizier im Ersten Weltkrieg leitete er die Abteilung für Theoretische Meteorologie an der Deutschen Seewarte in Hamburg, lehrte an der Universität Graz und starb schließlich Ende November 1930 während einer Grönlandexpedition. Insgesamt betrachtet deutet seine Biographie weder darauf hin, daß er von seinen Kollegen gemieden wurde, noch daß er ein einsamer Rufer in der Wüste gewesen ist. Wegener war in Wahrheit ein Mann, der es zu bedeutenden Leistungen in seinem Arbeitsbereich gebracht hat, und er fand als solcher bei seinen Kollegen große Anerkennung.

Seinen heutigen Ruf verdankt er jedoch nicht seiner Tätigkeit als Meteorologe. Offensichtlich interessierte er sich sehr für Geologie, denn 1915 veröffentlichte er sein Werk *Der Ursprung der Kontinente und Ozeane*. Darin führte er die Beweise für seine Theorie von den Kontinenten an, die einst zu einer großen Landmasse gehörten, die er Pangäa nannte. Wegener zufolge brach sie vor Jahrmillionen in die heutigen Kontinente auf; die Gezeiten in der Erde lieferten die Antriebskraft zur Verschiebung der Kontinente. Zum Zeitpunkt der Veröffentlichung von Wegeners Buch galt als allgemein akzeptierte Theorie der Erdgeschichte, daß der Planet langsam abgekühlt sei und sich zusammengezogen habe und daß alle Erscheinungen an der Erdoberfläche diesem Schrumpfvorgang zuzuschreiben seien.

Obwohl Wegener auf geologischem Gebiet als Außenseiter galt und seine Theorie im Widerspruch zum herkömmlichen Wissen seiner Zeit stand, blieb sie dennoch nicht unbeachtet. In Deutschland wurde sie umfassend diskutiert – in Frankfurt kritisiert, in Marburg freundlich aufgenommen. Im allgemeinen schienen Geologen in Deutschland ihr zu widersprechen, während Geophysiker sie unterstützten. So behauptete Wegener 1921, ihm sei kein einziger Geophysiker bekannt, der seine Idee bekämpfe.

Ein Jahr später jedoch wurde Wegeners Buch ins Englische und andere Sprachen übersetzt, und seine Probleme begannen zu wachsen. Harold Jeffreys, der Doyen des britischen Geophysik, argumentierte, Gezeiten in der Erdkruste, die so stark wären, daß sie Kontinente verschieben könnten, würden Gebirgszüge zusammenstürzen lassen, den Meeresboden vollkommen einebnen und die Rotation der Erde innerhalb eines Jahres abbremsen.

Etwa zur selben Zeit brachten amerikanische Geologen, die später den Hauptkern des Widerstands gegen die Vorstellung von der Kontinentalverschiebung bildeten, gezielte und detaillierte Kritik an vielen geologischen Argumenten Wegeners vor. Angesichts der theoretischen Argumente Jeffreys und der von amerikanischen Feldforschern zusammengetragenen Befunde wurde die Theorie der Kontinentalverschiebung bereits 1930 aufgegeben. In diesem Zusammenhang ist es mir wichtig zu betonen, daß sie weder ignoriert noch kurzerhand verworfen wurde. *Aufgrund der im Jahr 1930 verfügbaren Informationen* war sie lediglich überprüft und als unzureichend befunden worden.

Dies ist eine wichtige Feststellung. Im nachhinein fällt es immer leicht, die Forscher aus den Jahren 1930 bis 1950 dafür zu tadeln, daß sie einer Theorie, deren wichtigste Lehre sich später als richtig herausstellen sollte, nicht die nötige Aufmerksamkeit geschenkt, ja sie sogar verworfen hätten. Die wesentliche Frage, die wir zu stellen haben, ist vielmehr folgende: Haben sie richtig entschieden, wenn wir berücksichtigen, was sie zu jener Zeit wußten? Mit anderen Worten: Stand ihre Ablehnung im Einklang mit den Anforderungen der wissenschaftlichen Methode? Ich bin dafür, diese Frage mit einem Ja zu beantworten, und ich meine, die Gründe, die mich zu dieser Schlußfolgerung geführt haben, stellen eine Lektion über die Art und Weise dar, wie wissenschaftliche Ansichten sich verändern.

Nehmen wir einmal das Beweismaterial, das Wegener zur Erhärtung seiner Hypothese vorlegte, etwas detaillierter unter die Lupe. Im Grunde genommen kann es in fünf Kategorien unterteilt werden: 1. geographische und 2. geologische Anhaltspunkte; 3. Fossilienfunde, 4. Hinweise darauf, daß die Pole der Erde gewandert sind, und 5. geodätische Daten, die zeigen, daß Grönland sich mit meßbarer Geschwindigkeit von Europa entfernt.

Die erste Beweiskategorie leuchtet jedem nach einem Blick auf die Weltkarte ein. Bereits im Jahr 1620 hat Francis Bacon darauf hingewiesen, daß die Küstenlinien von Amerika und von Europa-Afrika wie zwei Stücke eines Puzzles zusammenpassen. Wegener verlieh diesem Befund noch mehr Gewicht, indem er nachwies, daß sich die Ränder der entsprechenden Kontinentalschelfgebiete, die wirklichen Ränder der Kontinente also, noch besser ineinanderfügen ließen als die reinen Küstenlinien für sich allein betrachtet. Unter der Voraussetzung, daß die Kontinente einst verbunden waren, ist dieser Sachverhalt leicht erklärbar; und die moderne Theorie der Plattentektonik erklärt ihn auf eben diese Weise.

Der geologische Beweis stützt sich auf zwei Argumente. Das erste betraf sehr alte Gesteinsformationen, die überwiegend in Afrika, doch zu einem geringen Teil auch in Südamerika anzutreffen sind, und zwar etwa an jenen Punkten, an denen die beiden Kontinente zusammenpaßten, wenn man sie ineinanderfügen würde. Wegener behauptete, diese Formationen hätten einst die Kontinentalränder überbrückt und seien infolge der Kontinentalverschiebung auseinandergerissen worden. Das zweite Argument stützte sich auf die zweischichtige Struktur von Bodenerhebungen auf der Erdoberfläche – ein Indiz, das ich bereits im ersten Kapitel angesprochen habe.

Die fossilen Anhaltspunkte bezogen sich auf einige versteinerte Überreste von Tieren, die lediglich in Brasilien und in Südafrika gefunden wurden und nirgendwo anders – zum Beispiel der Mesosaurier, ein kleines Reptil. Solche Tiere konnten sich, lautete das Argument, nur an einem einzigen Ort entwickelt haben. Wenn man also die gleichen Fossilien auf zwei Kontinenten vorfand, so war der Beweis dafür erbracht, daß diese beiden Kontinente, als jene Spezies dort lebte, eine Einheit gebildet hatten und daß das Auseinanderdriften irgendwann danach erfolgt sein mußte.

Als Meteorologe war Wegener besonders an Beweisen im Zusammenhang mit dem vergangenen Erdklima interessiert. Zum Beispiel deuteten, wie er wußte, die riesigen Kohlevorkommen in Nordamerika und China darauf hin, daß in diesen Gegenden einst ein tropisches Klima geherrscht hatte. Er behauptete, dies zeige, daß beide Regionen einst näher am Äquator lagen als in heutiger Zeit. Auf eine ähnliche Weise versuchte er, den Standort des Südpols zu ermitteln, indem er die Lage der Gesteinssäulen («Geschiebemengen») aufzeichnete, die das weiteste Vordringen der Gletscher anzeigen. Eine ähnliche Berechnung kann man zum Beispiel für die letzte Eiszeit anstellen, indem man jene Gebiete in Amerika, Kanada und Europa abgrenzt, die das weiteste Vordringen der Eiskappen markieren, und dann den Pol in die Mitte des Kreises legt, den man auf diese Weise ermittelt hat. Wegener behauptete, seine Analyse weise nach, daß der Südpol seit frühester Zeit gewandert sei.

Schließlich brachte Wegener einen Teil eines direkten Beweises vor. Es gab Messungen, die darauf hinzudeuten schienen, daß die Entfernung zwischen Grönland und Europa zunimmt. Wegeners Argument stützte sich auf den Vergleich zweier verschiedener Messungen jener Entfernung zu unterschiedlichen Zeiten, und jede dieser Messungen war an sich fragwürdig. Im vorigen Jahrhundert waren die Wissenschaftler noch nicht in der Lage, solche Distanzen auf einige Zentimeter genau zu ermitteln, so daß Vergleiche mit späteren Messungen nicht zulässig sind. Nimmt man die Zahlenangaben jedoch so, wie sie sind, scheinen sie Wegeners These zu untermauern.

Und nun sind Sie an der Reihe. Nehmen Sie einmal an, Sie sind ein Geologe um 1930 und müßten entscheiden, ob Sie die Theorie der Kontinentalverschiebung übernehmen oder lieber bei einer weniger radikalen Theorie bleiben. Was müßten Sie bedenken?

Um zu verstehen, was in Ihrem Kopf vorginge, können Sie einfach meinen Überlegungen folgen, während ich die Indizien unter die Lupe nehme. Von Natur aus bin ich ziemlich konservativ; würde man die Wissenschaftler auf einer Skala von 1 bis 10 einstufen, wobei 10 der konservativste Wert ist, so läge ich vermutlich zwischen 6 und 7. Meine Überlegungen können daher als typisch für einen Wissenschaftler gelten, der einer solchen Situation gegenübersteht.

Beginnen wir mit dem direkten Beweis im Zusammenhang mit Grönland. Um zu überprüfen, ob die Insel sich von Europa fortbewegt, muß man zwei Messungen vornehmen und sie miteinander

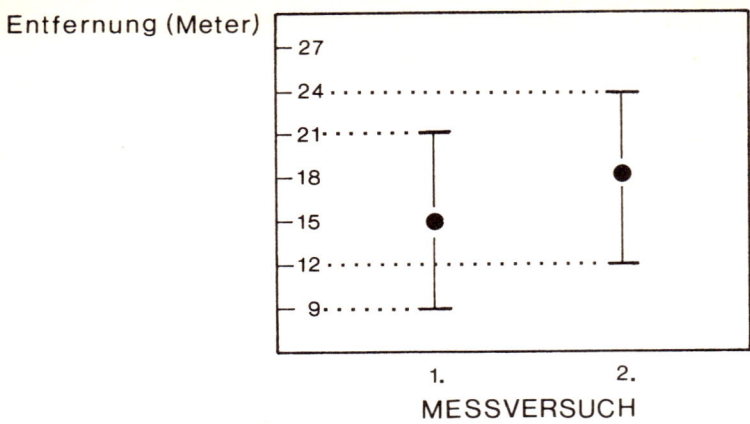

Abbildung 3-1

vergleichen. Jede Messung weist wegen der verwendeten Meßausrü-
stung und -technik eine gewisse Ungenauigkeit auf, und es ist zwingend
erforderlich, daß diese kleiner ist als der Effekt, den man zu messen
versucht. Denn es hätte wenig Sinn, zwei Stangen, deren Längenunterschied nicht einmal ein tausendstel Zentimeter beträgt, mit einem gewöhnlichen Zollstock zu messen. Jeder mögliche Längenunterschied
würde sich in der Ungenauigkeit der Messung selbst auflösen.

Nehmen wir an, Sie glauben, Grönland entferne sich um 3 Meter
pro Jahr vom europäischen Festland (dies ist bedeutend mehr als der
Wert, den wir heutzutage vermuten). Führt man zwei Messungen
durch, die ein Jahr auseinanderliegen, so müßte jede mit einer Genauigkeit von wenigstens 1,5 Metern ausgeführt werden, wenn man
ein aussagekräftiges Meßergebnis erhalten möchte. Um zu verstehen,
was ich damit meine, schauen Sie sich Abbildung 3-1 an. In dieser
Abbildung stelle ich zwei Messungen dar, wobei die senkrechten Linien über und unter jedem Punkt die jeweilige Schwankung der Meß-
genauigkeit angeben. Eine solche Linie besagt nichts anderes als:
«Die wirkliche Entfernung liegt irgendwo zwischen dem oberen und
unteren Ende der Linie.» In der Abbildung wird angenommen, daß
die Abweichung bei der Messung plus/minus 6 Meter beträgt. Die

tatsächliche Zahl, die das Abdriften mißt, ergibt sich aus dem Abstand zwischen den Meßpunkten, die in der Mitte jeder Linie liegen. In der Abbildung beträgt sie 3 Meter (18 minus 15). Aber das heißt nicht etwa, man dürfe daraus schließen, die Messungen ergäben real eine Veränderung der Entfernung von 3 Metern. Die erste Abweichungslinie zeigt an, daß die Entfernung 15 Meter, jedoch ebensogut 21 oder 9 Meter betragen könnte. Vergleichsweise kann die zweite Messung 24 oder auch 12 Meter ergeben. Dieser Abbildung können wir daher lediglich entnehmen, daß die Entfernung sich auf 9 Meter verkürzt (21 minus 12), auf 15 Meter verlängert (24 minus 9) oder um jeden Wert dazwischen, *null eingeschlossen*, verändert haben könnte.

Die Daten, die Wegener benutzte, um die Kontinentalverschiebung zu stützen, lagen in diesem großen Unschärfebereich: die mögliche Ungenauigkeit der Messungen war größer als die angenommene Abweichung durch die Grönlanddrift. Daher neigten die Wissenschaftler dazu, den Beweis mit Vorsicht aufzunehmen, was auch angeraten schien. Ihre Skepsis wurde durch moderne, genauere Messungen befördert, die ergaben, daß keine der von Wegener behaupteten Bewegungen vorlag. Somit hat jeder einigermaßen skeptische Beobachter zu dem Schluß kommen müssen, Wegeners geodätische Beweisführung sei ungültig.

Wie steht es mit den Fossilienfunden? Nun, die beliebteste Theorie jener Zeit, die vom Schrumpfen der Erde, setzte das Vorhandensein von versunkenen Landbrücken voraus, welche die Kontinente miteinander verbanden. Wir wissen, daß mindestens eine Tierspezies – die Menschen – von Asien über die Beringstraße nach Nordamerika wanderte, zu einem Zeitpunkt, als diese noch aus festem Boden bestand. Wenn die ersten Amerikaner dies schafften, weshalb dann nicht auch der Mesosaurier? Die Existenz gleicher Fossilien auf verschiedenen Kontinenten ist mit der Theorie vom Schrumpfen der Erde nicht unvereinbar.

Allerdings fällt es schwer, mittels der Schrumpftheorie das Verschwinden der Landbrücken plausibel zu machen. Bestanden sie aus Kontinentalgestein, so müßte man erklären, wie sie im schwereren Basalt des Ozeanbodens versinken konnten. Bestanden sie ursprünglich aus Basalt, so müßte man fragen: Wie kam das Material dann zuvor über die Höhe des Meeresspiegels?

Wie verhält es sich mit dem geologischen Beweis? Hier trübt sich das Bild etwas. Es ist richtig, daß es wenige Gesteinsformationen gibt, die von Afrika bis Südamerika durchlaufen. Doch wie stark sollte diese Tatsache gewichtet werden? Aus dem Umstand, daß sich heutzutage zwei Formationen ähneln, ist nicht notwendigerweise zu schließen, daß sie zur selben Zeit am selben Ort entstanden sind. Minerale verändern sich ständig in Reaktion auf ihre Umgebung; wenn zwei Minerale in heutiger Zeit dieselben sind, so heißt dies weder, daß sie in der Vergangenheit dieselben gewesen sind, noch daß sie in Zukunft dieselben sein werden.

Bei all den verschiedenen geologischen Formationen zu beiden Seiten des Atlantiks würde es eher überraschen, wenn einige nicht übereinstimmten. Die Kontinuität der wenigen Formationen, auf die Wegener verwiesen hat, sind womöglich nur ein Zufallsergebnis. In gewissem Sinne ist es vergleichbar mit einem Pokerspieler, der ein *Full house* in die Hand bekommt – die Chancen sind gering, doch bei zahlreichen Spielrunden wird es früher oder später einmal eintreten.

Was die Erhebungen auf der Erdoberfläche betrifft, so können diese auch ohne Kontinentalverschiebung erklärt werden. Wenn die Erde tatsächlich eine Schmelzphase durchlaufen hat, so dürfte man annehmen, daß das leichteste Material oben schwimmt. Wie bereits im ersten Kapitel erwähnt, benötigt man nur diese Art schwimmenden Systems, um die hypsometrische Kurve zu erklären. Es gibt keinen Grund für die Annahme, daß es nach dem Erhärten der Erdkruste eine weitere Seitwärtsbewegung der Kontinente gegeben hat. Es muß lediglich das Kontinentalmaterial an die Oberfläche gestiegen sein und sich dort während der ursprünglichen Glutphase angesammelt haben.

Der Hinweis auf die Bewegung der Pole ist etwas schwieriger zu bewerten. Die Debatte darüber versank schnell in einem Sumpf wissenschaftlicher Details. Feldgeologen hinterfragten Wegeners Annahme, daß die von ihm als Geschiebemengen aus Eis identifizierten Formationen überhaupt durch Gletscher zustande gekommen waren. Ebenso bestritten sie seine Behauptung, in den Kohlegebieten von Pennsylvania hätte ursprünglich ein tropisches Klima geherrscht. Angesichts der Forschungsergebnisse, die 1930 zur Verfügung standen, mußte man sich damals wohl eingestehen, daß die Frage der wandernden Pole noch sehr offen war. Es war ein nur schwer zu lösendes Problem, was man an der Tatsache erkennt, daß diese Frage auch in den sechziger Jahren noch diskutiert wurde.

Was das letzte Beweisstück für die Kontinentalverschiebung betrifft, nämlich das Zueinanderpassen der verschiedenen Kontinente, so muß man zugeben, daß Wegeners Hypothese eine Erklärung dafür bereithält. Es kann jedoch auch auf eine andere Weise erklärt werden. Zum Beispiel besagt eine Theorie, die noch bis in die sechziger Jahre hinein in Umlauf war, daß die Erde während des frühen Gravitationskollaps zusammengepreßt worden sei und nun in ihre urspüngliche Form zurückspringe wie ein Gummiball, den man drückt und wieder losläßt. In einer expandierenden Erde kann man sich die Kontinente als eine dicke Schicht aus Paste auf einem Luftballon vorstellen. Bläst man einen solchen Luftballon auf, so bricht diese Schicht auseinander. Untersucht man die Paste zu einem späteren Zeitpunkt, so passen die Teile ebenfalls zusammen, driften jedoch nicht voneinander fort. Daher war es möglich, dieses Phänomen ohne Wegeners stärkstes Argument zu erklären.

Beurteilt man den Wert der Argumente zugunsten der Kontinentalverschiebung, die Wegener in seinem Buch vorträgt, so kommt man zu dem Schluß, daß einer der fünf Beweisteile (die Bewegung Grönlands) kurzerhand verworfen werden kann – die Meßergebnisse sind viel zu fragwürdig. Unter den übrigen vier Teilen können die geologischen Befunde im Rahmen des Modells vom Schrumpfen der Erde erklärt werden, ebenso die Fossilien, falls es gelingt, die angenommenen Landbrücken zum Sinken zu bringen. Die Hypothese vom wandernden Pol war – wie wir gesehen haben – bestenfalls umstritten, und das einzige, was man in dieser Beziehung im Jahr 1930 tun konnte, war auf ein endgültiges Urteil der Experten zu warten. Was das Zueinanderpassen der Kontinente betrifft, so gab es keine einleuchtende Möglichkeit, dies durch Verweis auf das Schrumpfen der Erde zu erklären.

Diese Art Mehrdeutigkeit ist typisch dafür, was Naturwissenschaftler als Grundlage für ihre alltäglichen Entscheidungen benutzen. Vielleicht erklärt dies, weshalb sie eher zögern, sich zu äußern. Wäre jede Entscheidung so einfach, wie es manchmal im nachhinein den Anschein hat, gäbe es für die Naturwissenschaftler kaum die Notwendigkeit, jahrelang zu studieren und zu üben, um ihr Handwerk zu erlernen.

Wenn Sie also ein Geologe von 1930 wären, so müßten Sie sich zwischen Wegeners Theorie, die zwar eine einfache Erklärung für die zueinanderpassenden Kontinente, jedoch keinen plausiblen Mechanismus für deren Bewegung lieferte, und der Theorie vom Schrumpfen der Erde entscheiden. Falls Sie letzterer zustimmten, müßten Sie davon ausgehen, daß das Problem der Landbrücken eines jener Details ist, die später untersucht werden könnten. Und die zueinander passenden Kontinente hätten Sie zu den weniger dringenden Problemen rechnen können, deren Lösung sich von selbst ergibt, sobald die allgemeinen Probleme der Erdstruktur gelöst sind.

Würden Sie sich andererseits für die Kontinentalverschiebung entscheiden, hinge Ihr gesamter Glaube von einer schwachen Hoffnung ab. Im Gegenzug für die Erklärung, weshalb die Kontinente zusammenpassen, hätten Sie eine Theorie zu akzeptieren, die nicht nur alles in Frage stellte, was Sie bis dahin gelernt hätten, sondern auch eine Bewegung von Kontinenten annähme, für die kein einleuchtender Mechanismus angegeben werden kann. Für mich gibt es kaum einen Zweifel darüber, wie ich damals reagiert hätte – ich hätte die Theorie der Kontinentalverschiebung nicht beachtet und mich weiterhin um meine eigenen Aktivitäten gekümmert. Jede andere Entscheidung wäre unklug gewesen.

Vermutlich wäre ich über die Theorie der Kontinentalverschiebung nicht so außer Fassung geraten wie einige orthodoxe Geologen der Zeit, doch könnte dies damit zusammenhängen, daß die Physik und nicht die Geowissenschaften mein Schwerpunkt ist. Ich hatte immer schon den Eindruck, daß die Debatten in der Paläontologie und anderen verwandten Forschungsbereichen erheblich giftiger ablaufen, als dies auf meinem Gebiet der Fall ist. Vor einigen Jahren schimpfte zum Beispiel ein Geologe einen seiner Kollegen einen «Betrüger und Scharlatan», nur weil dieser seriöse Wissenschaftler die Theorie vertrat, die Dinosaurier seien durch die Kollision der Erde mit einem Planetoiden ausgerottet worden. Eine solche öffentliche Zurschaustellung von schlechten Manieren habe ich unter Physikern nie beobachtet. Wie die Mitglieder des britischen Oberhauses kleiden die Physiker ihre tückischsten Vorstöße eher in formvollendet höfliche Formulierungen. Sagt etwa ein Physiker: «Ich verstehe nicht, wie Sie zu einer solchen Schlußfolgerung kommen», so meint er vermutlich in Wirklichkeit etwa: «Mensch, Sie Trottel, die ganze Beweisführung ist pures Geschwafel.»

Jedenfalls hoffe ich, mir ist der Nachweis gelungen, daß die Weigerung der Geologen, Wegener in den zwanziger Jahren ernst zu nehmen, nicht nur völlig gerechtfertigt, sondern tatsächlich die einzige Möglichkeit war, die einer intelligenten Person zu jener Zeit offenstand. Im nachhinein wissen wir, daß Wegener mehr richtig als falsch lag, doch ist uns dies nur deshalb möglich, weil wir heute über mehr Informationen verfügen als er zu seiner Zeit.

Hatte er nicht doch recht?

Was fangen wir mit der Tatsache an, daß die Kontinente sich dennoch bewegen, nachdem wir darüber diskutiert haben, aus welchen Gründen ein Wissenschaftler aus den dreißiger Jahren Wegeners Theorie keinen Glauben hätte schenken sollen? Zeigt dieser Triumph nicht doch, daß meine vorgebrachten Begründungen irgendwie brüchig sind?

Zwei Argumente können in diesem Zusammenhang angeführt werden. Erstens hat Wegener nicht die moderne Theorie der Plattentektonik vorgetragen. Er wußte zum Beispiel überhaupt nichts von den Lithosphärenplatten. Deshalb haben die Wissenschaftler der dreißiger Jahre auch keine korrekte Theorie verworfen, sondern ein Modell, in dem ein Element – die Bewegung der Kontinente – zufällig mit einem Element der Theorie übereinstimmte, die sich später als zutreffend herausstellte. Andere Aspekte der Theorie der Kontinentalverschiebung haben sich als falsch erwiesen. Zum Beispiel vermutete Wegener, die Bewegung der Kontinente habe eine mittlere Erhöhung trockenen Festlandes zur Folge – eine Behauptung, die nicht Teil der modernen Theorie der Plattentektonik ist. Obwohl daher die Theorie der Kontinentalverschiebung womöglich etwas von der modernen Theorie hat ahnen lassen, war sie selbst doch keine annehmbare Lösung für die Probleme der Geologie.

Zudem konnten die Geologen sich nicht den Luxus leisten, die Theorie der Kontinentalverschiebung isoliert zu betrachten. Wie in den vordersten Linien der Forschung üblich, gab es nicht nur eine, sondern eine Vielzahl von Theorien, die auf Zustimmung warteten. In der Rückschau fällt es stets leicht, diejenigen auszuwählen, die einiges mit dem gemeinsam haben, was sich später als die korrekte

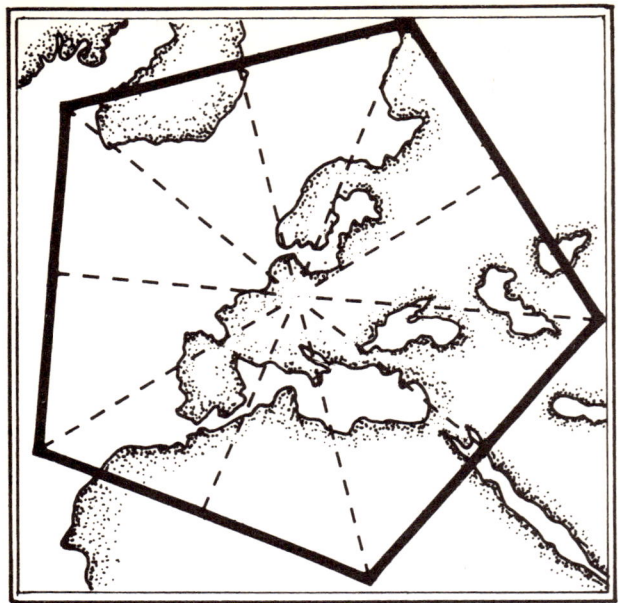

Abbildung 3-2

Ansicht herausschält. Wir erinnern uns an eine einzelne Idee wie die der Kontinentalverschiebung, vergessen aber all die Holzwege. In dieser Haltung ist nichts Schlechtes zu sehen; sie ist Teil der menschlichen Natur. Gäbe es eine solche Haltung nicht, so fänden vermutlich Parapsychologen und Handliniendeuter keine Beschäftigung mehr, da ihr Geschäftskapital darin besteht, so viele Voraussagen zu machen, daß wenigstens eine darunter zutrifft. Vielleicht läßt sich dies am besten dadurch erläutern, daß man die Theorie der Kontinentalverschiebung in ihr Umfeld stellt, in den Kontext einiger anderer Theorien, die vor etwa einem Jahrhundert im Schwange waren.

Eine dieser Theorien, weit exotischer als Wegeners Modell, wurde von dem berühmten französischen Geologen Léonce Elie de Beaumont vorgeschlagen. Anhand seiner geologischen Forschungen und einiger Berechnungen war er zu der Überzeugung gelangt, daß das

Vorhandensein von Gebirgszügen auf der Erde mit Fünfecken zu tun haben müsse, die sich über den Globus verteilten. Eine Ansicht von Europa mit dem entsprechenden Fünfeck ist in Abbildung 3-2 dargestellt. Obwohl Beaumont einer der bedeutendsten europäischen Geologen war, wurde seine Theorie viel weniger enthusiastisch aufgenommen als die Wegeners.

Einen weitaus ernsthafteren Versuch, die Entstehung der Erde zu erklären, unternahm 1907 der amerikanische Astronom William Pickering. Er schlug ein Modell vor, dem zufolge die Erde bereits differenziert entstanden war, wobei sich zuerst der schwere Eisenkern und danach die folgenden Schichten mit stets abnehmender Dichte gebildet hatten. Laut Pickering bestand die Erde ursprünglich aus einer unversehrten festen Kruste von etwa derselben Zusammensetzung wie die Kontinente. Während einer darauffolgenden Zerstörung – wobei sich ein großer Teil des Erdmaterials noch im geschmolzenen Zustand befunden habe – seien drei Viertel des Außenmantels weggerissen worden, aus denen sich der Mond gebildet habe. (Wenn die frühe Erde sich nur schnell genug gedreht hat, ist es keinesfalls schwierig, sich Kräfte vorzustellen, die groß genug waren, um zu einem solchen Ergebnis zu führen.) Das Pazifikbecken sei die Geburtsnarbe des Mondes, und der Formationsschock habe dazu geführt, daß das verbliebene Viertel der Kontinentalkruste zerborsten und auseinandergeflogen sei. Pickering zufolge trieben die heutigen Kontinente auf der immer noch glühenden Erde, bis sie durch die Reibung langsamer wurden. Nachdem sie zum Stillstand gekommen seien, habe die abkühlende Erde sie an den Orten festgehalten, wo sie sich heute befänden.

Es ist zu beachten, daß sich nach dieser Theorie die Kontinente nur einmal bewegten, und zwar früh im Verlauf ihrer Geschichte. Pickerings Theorie erklärt auch die gleichen geologischen Details wie Wegeners Modell – die kontinuierliche Bildung geologischer Strukturen und die Art und Weise, wie die Kontinente zusammenpassen. Und während Pickerings Theorie den Fossilienfunden nicht gerecht wird, könnte Wegener nicht begründen, weshalb der Mond eine so viel geringere Dichte besitzt als die Erde – zwei fast gleich große Mängel in beiden Theorien.

Diese Abschweifung in die Wissenschaftsgeschichte soll einem Versuch dienen, der in Publikationen über naturwissenschaftliche

Themen selten unternommen wird. Wir neigen dazu, unsere Aufmerksamkeit auf die Erfolge zu konzentrieren und die vergangenen Theorien nur danach zu beurteilen, wie sehr sie sich den heute gültigen angenähert haben; dadurch verzerrt sich unser Blick auf den tatsächlichen Verlauf der Dinge erheblich. Sowohl von den Verlierern als auch von den Gewinnern können wir eine Menge lernen.

Der Wendepunkt

Beim Nachdenken über das Schicksal der Theorie der Kontinentalverschiebung stößt man unweigerlich auf das allgemeinere Problem, wie es dazu kommt, daß die Gemeinschaft der Wissenschaftler sich eher für die eine als für eine andere These entscheidet. Zunächst einmal muß ich anmerken, daß es innerhalb der Wissenschaften keine Körperschaft gibt, die mit der Wahrung der Orthodoxie betraut, und auch keinen Papst, dessen Wort Gesetz ist. Wenn einzelne Wissenschaftler Probleme analysieren, stellen sie Überlegungen jener Art an, die ich bereits früher skizziert habe, und die Ansicht «der Wissenschaft» beruht auf nichts anderem als auf der Übereinstimmung vieler einzelner Wissenschaftler.

Bei Fragen wie jenen, die im Zusammenhang mit der Theorie der Kontinentalverschiebung stehen, sind die wichtigsten Entscheidungsträger wahrscheinlich jene Wissenschaftler an den Universitäten, die sogenannte Grundlagenforschung betreiben. Neben der Forschung haben Wissenschaftler an Universitäten vielerlei Aufgaben: Sie halten Vorlesungen für die Studienanfänger, bilden die Studenten der höheren Semester aus und sind in den Selbstverwaltungsorganen ihrer Hochschule tätig. Ihr kostbarstes Gut ist daher jene Zeit, die ihnen für die Forschung übrigbleibt. Wenn sich so jemand also beispielsweise einem Thema wie der Kontinentalverschiebung zuwendet, denkt er nicht in abstrakten Begriffen. Die Frage, die er sich stellt, lautet nicht «Stimmt diese Theorie?», sondern «Lohnt es sich, ihr einen Teil meiner knappen Zeit zu widmen?»

Betrachten wir den Fall aus folgendem Blickwinkel. Ein Wissenschaftler beginnt sein Berufsleben, wenn er bereits auf die Dreißig zugeht, und beendet es, während er in seinem sechsten Lebensjahrzehnt steht. Es liegt also in einer Spanne von höchstens vierzig Jahren.

Jedes größere Forschungsvorhaben beansprucht im allgemeinen mindestens fünf Jahre. Ein Jahr allein dauert es, bevor man sich in ein neues Forschungsgebiet eingearbeitet, die Techniken erlernt, die Ausrüstung und Meßgeräte zusammengestellt und die notwendigen Hintergrundstudien betrieben hat. Ein fünfjähriges Forschungsvorhaben beansprucht also zwölf Prozent der verfügbaren Arbeitszeit eines Wissenschaftlers. Bevor er also so etwas wie die Theorie der Kontinentalverschiebung unter die Lupe nimmt, muß er sich fragen: «Ist die Wahrscheinlichkeit eines Gewinns aus der Forschung auf diesem Gebiet so groß für mich, daß ich zwölf Prozent meiner Forscherlaufbahn dafür einzusetzen bereit bin?» Wenn genügend Wissenschaftler diese Frage mit einem Ja beantworten, wächst dieses Forschungsgebiet und zieht weitere Wissenschaftler an. Angenommen, neue Forscher lösen besonders knifflige Fragen auf diesem Gebiet und die Forschungserfolge nehmen zu, dann kann sich sogar ein Schneeballeffekt einstellen. Beantworten andererseits genügend Forscher die Frage mit einem Nein, verkümmert dieser Forschungszweig, und die Probleme werden nie gelöst. Ein Geologe um 1930, der Wegeners Lösungsvorschlag betrachtete, wäre eindeutig ein hohes Risiko eingegangen, wenn er sich auf dieses Gebiet gestürzt hätte. Deshalb hielten sich die Wissenschaftler in Scharen davon fern, und im nachhinein hat sich herausgestellt, daß sie recht hatten. Es hätte 35 Jahre gedauert, bevor jemand, der für Wegener Partei ergriffen hätte, am Ende des Tunnels Licht hätte erblicken können – fast ein ganzes Forscherleben.

Ab wann also kam es für die Wissenschaftler in Frage, bewegliche Kontinente ernsthaft in Erwägung zu ziehen? Wie bei allen Vorgängen, in die Menschen involviert sind, ist es unmöglich, diese Frage eindeutig zu beantworten. Es gibt mindestens zwei Elemente, die Wissenschaftler bei dieser Art der Beurteilung berücksichtigen, Elemente, die ich als «Experiment» und «Theorie» bezeichnen will. Einschätzungen aus heutiger Sicht vermischen diese beiden Aspekte, und jeder Wissenschaftler hat seine eigene Methode, sie zu gewichten, wenn er zu einer Entscheidung kommen möchte. Die wesentliche Frage beim «Experiment» liegt darin, ob die zu erklärende Wirkung tatsächlich eindeutig nachgewiesen wurde oder nicht. Die wesentliche Frage bei der «Theorie» liegt darin, ob die neue Idee mit den bekannten Gesetzen der Physik vereinbar ist oder eine Reihe neuer Gesetze mit sich bringt, die überprüft werden können.

Jede größere Veränderung im naturwissenschaftlichen Denken bietet dem Wissenschaftler in seiner Zeit eine unterschiedliche Mischung aus Experiment und Theorie. Die allgemeine Relativitätstheorie zum Beispiel war eine derart überzeugende Theorie, daß die Wissenschaftler bereit waren, sie mit einem Mindestmaß an experimenteller Überprüfung zu akzeptieren. Die Theorie der Plattentektonik dagegen wurde wegen der überwältigenden Indizien für die im vorigen Kapitel beschriebene Ausbreitung des Ozeanbodens angenommen. Ihre theoretische Untermauerung stand auf tönernen Füßen; in Wahrheit sind die Ursachen für die Bewegung der Platten bis heute nicht befriedigend erklärt worden. Diese beiden Beispiele skizzieren extreme Fälle der Annahme neuer Ideen und veranschaulichen die komplizierte Natur wissenschaftlicher Entscheidungsfindung.

Jeder Wissenschaftler, der das Zusammenspiel von Theorie und den aus der Forschung gewonnenen Fakten beobachtet, muß seine Urteile über die neuen Vorstellungen im Verlauf der Zeit auf den neuesten Stand bringen. Ich habe darauf hingewiesen, daß es im Jahr 1930 vernünftig gewesen ist, die Theorie der Kontinentalverschiebung zu verwerfen. Genauso vernünftig ist es heutzutage, die Theorie der Plattentektonik anzunehmen. Wo befand sich die Weichenstellung? Ich vermute, daß die entschiedene Durchsetzung der Theorie von der Ausbreitung des Ozeanbodens in den sechziger Jahren dazu geführt hat, daß die Mehrheit der Geowissenschaftler über die Grenze zwischen Glauben und Skepsis in dieser Frage hinausgeschubst wurde. Wenn Sie erneut geneigt sind, meine Gedanken als typisch für Forscher im allgemeinen anzusehen, so können wir wiederum diesen Vorgang gemeinsam im Detail verfolgen.

Als der paläomagnetische Befund klar darauf hindeutete, daß sich das Magnetfeld der Erde in der Vergangenheit wiederholt umkehrte, hätte ich angefangen, die Behauptung, daß die Kontinente in früheren Zeiten starr waren, in Zweifel zu ziehen. Diese Zweifel hätten mich nicht veranlaßt, über einen Wechsel meiner Forschungsrichtung nachzudenken, aber sie hätten den Boden für das vorbereitet, was später kam. Als die Messungen der *Eltanin 19* einen signifikanten Zusammenhang zwischen den Magnetstreifen nahe am Ozeanrücken und der Geschichte der geomagnetischen Umpolungen aufzeigten, hätte ich die ganze Angelegenheit in die Kategorie «offene Fragen» befördert und begonnen, die Theorie der Kontinentalverschiebung

ernsthaft in Erwägung zu ziehen. Als das zweite Muster im Ozean-
bodenrücken entdeckt wurde und mit dem ersten übereinstimmte,
hätte ich mich bekehren lassen.

Es gab natürlich konservativere Wissenschaftler als ich, die weitere Beweise für die These verlangten, daß die Erdkruste sich bewegt. Einige von ihnen unterstellten, die Instrumente registrierten
nicht etwa die erstarrte Magnetausrichtung des Gesteins, sondern
irgendeine Art elektrischen Stroms in der Erdkruste. Diese Forscher
ließen sich erst überzeugen, als die Meßergebnisse über die Magnetausrichtung in tiefen Bohrkernen verfügbar waren. Die Daten
von *Eltanin 19* wurden im Februar 1966 analysiert; bei der Konferenz der American Geophysical Union in Washington im April desselben Jahres gewann die Vorstellung von der Ausbreitung des Ozeanbodens immer mehr Anhänger. Sogar Maurice Ewing, Direktor
des renommierten Lamont-Doherty Geophysical Observatory an
der Columbia University und einer der führenden Verfechter der
Gegenposition, akzeptierte die Theorie von der Ausbreitung des
Ozeanbodens innerhalb von drei Jahren.

Das Fazit aus diesem Beispiel liegt klar auf der Hand: Liegt ein
eindeutiger und überzeugender Beweis vor, so gibt die große Mehrheit der Naturwissenschaftler den lebenslangen Glauben auf und
übernimmt die neue Idee innerhalb einer verblüffend kurzen Zeit.
Die Betonung liegt auf «eindeutig und überzeugend». Solange das
von den Meßergebnissen gelieferte Bild verschwommen bleibt, solange es Alternativen gibt, kann man im besten Fall darauf hoffen,
daß die neue Idee nicht kurzerhand verworfen wird. Das geschicht-
liche Beispiel der Theorie der Kontinentalverschiebung beweist somit
genau das Gegenteil dessen, was die Legende um Alfred Wegener uns
glauben machen will. Weit davon entfernt, Scheuklappen zu tragen,
nahm die Gemeinschaft der Wissenschaftler seine zentrale Vorstellung bereitwillig an, *sobald es einen überzeugenden Beweis dafür gab.*

Was machen wir, im Licht dieser Schlußfolgerung, mit der seit langem anhaltenden Weigerung der meisten Naturwissenschaftler, sich
ernsthaft mit Themen wie UFOs und Parapsychologie zu beschäftigen? Dies ist für mich eine besonders interessante Frage, weil eine
Forschergruppe, in der ich in den vergangenen Jahren mitgearbeitet
habe, eine Vereinigung aus der Taufe gehoben hat, die über ernsthafte Forschungen in Randgebieten der Wissenschaft diskutiert. Bei

Versammlungen dieser Vereinigung, der Wissenschaftler aus vielen verschiedenen Disziplinen angehören, habe ich Forschern zugehört (und mit ihnen diskutiert), die auf allen möglichen unkonventionellen Gebieten wissenschaftlich ernsthaft zu arbeiten versuchen. Im Laufe der Jahre habe ich die Überzeugung gewonnen, daß die große Gemeinschaft der Wissenschaftler absolut richtig handelt, wenn sie sich weigert, ihre Energien auf Studien in diesen Gebieten zu lenken. Nehmen wir zum Beispiel die UFOs als Veranschaulichung dafür, wie ich zu dieser Schlußfolgerung gelangt bin.

Unbekannte Flugobjekte (UFO = *unidentified flying object*) sind am Himmel über Nordamerika (spätestens) seit der zweiten Hälfte des 19. Jahrhunderts gesichtet worden. Diese Tatsache an sich ist nicht überraschend, da es am Himmel allerlei Dinge gibt, die die Menschen zum Zeitpunkt der Sichtung nicht identifizieren können. Jedem, der die Berichte über das Vorkommen von UFOs näher in Augenschein nimmt, fällt auf, daß die meisten Sichtungen anhand einfacher Erscheinungen zu erklären sind: Flugzeuge, Wetterballons, der Planet Venus usw. Die wesentliche Frage ist, ob in den Berichten irgendein Hinweis auf Objekte vorliegt, die wirklich nicht im Rahmen der bekannten physikalischen Erscheinungen erklärt werden können. Die am weitesten verbreitete (jedoch keinesfalls einzige) Hypothese lautet, daß solche Berichte, sollte es sie tatsächlich geben, den Beweis für außerirdische Besucher liefern würden.

Die Situation, die sich ergibt, wenn man auf Ufologen trifft, entspricht fast genau jener, als Wegener zum erstenmal seine Theorie der Kontinentalverschiebung vortrug. Beide Seiten müssen ihre Forscherkollegen davon überzeugen, daß neue Ergebnisse vorliegen, die es zwingend erforderlich erscheinen lassen, neue Vorstellungen in Erwägung zu ziehen. Wir haben bereits gesehen, daß Wegeners ursprünglicher Beweis dieser Anforderung nicht gewachsen war, so daß wir uns fragen müssen, ob die Anhaltspunkte für die Existenz von UFOs heute in irgendeiner Hinsicht überzeugender sind als Wegeners Argumente für die Theorie der Kontinentalverschiebung im Jahre 1915. Nachdem ich mir einige der besten Berichte von Ufologen näher angesehen habe, muß ich gestehen, daß mich ihre Beweise bedeutend weniger beeindrucken als die Wegeners. Daher glaube ich, daß die große Mehrheit der Wissenschaftler richtig liegt, wenn sie die UFO-Hypothese verwirft.

Das Hauptproblem lautet: es gibt Tausende von Berichten über die Sichtung von UFOs in den Akten der Ermittler. Jeder Fall erweist sich jedoch bei näherem Hinsehen als «pflaumenweich». Stets gibt es etwas Verschwommenes – stets ergibt sich eine alternative Hypothese, die nicht auszuschließen ist. Vielleicht kann ich einen Eindruck davon vermitteln, indem ich ein Beispiel anführe.

In einem der berühmtesten Fälle einer UFO-Sichtung wurden ungewöhnliche Lichter von einem Flugzeug aus gefilmt, das die Küste Neuseelands entlangflog. Später stellte sich heraus, daß die japanische Tintenfischflotte in diesem Gebiet fischte; beim Tintenfischfang werden starke Scheinwerfer eingesetzt, um die Tiere an die Wasseroberfläche zu locken. Ein paar Leute analysierten den Film und behaupteten, sie hätten Beweise dafür, daß die Lichter nicht von der Tintenfischflotte stammen konnten. Doch nachdem ich mir den Film angesehen und die Argumente geprüft habe, sehe ich keine Möglichkeit, die Erklärung des Ereignisses unter Verweis auf die Tintenfischboote auszuschließen. Die Schlußfolgerung, daß die Lichter nicht von den Tintenfischbooten stammten, ist nur dann aufrechtzuerhalten, wenn man eine lange Kette eher wackliger Annahmen über das Filmen selbst konstruiert: daß der Kameramann seine Kamera die ganze Aufnahmezeit über nicht bewegt habe, daß sie während der Aufnahme auch nicht ein kleines bißchen geschwenkt worden sei, daß das Boot auf dem Wasser nicht herumgeschaukelt, daß es keine Nebelbänke dicht an der Wasseroberfläche gegeben habe und so weiter. Wenn auch nur eine dieser fragwürdigen Annahmen nicht zutrifft, bricht das ganze Argumentationsgerüst in sich zusammen, und schon ist das Gefilmte auf herkömmliche Weise zu erklären.

Dies ist typisch für die Analyse einer UFO-Sichtung. Bei jedem Fall steht man irgendwann vor der Frage: «Fällt es leichter zu glauben, daß der Kameramann, ohne es zu bemerken, die Kamera doch leicht geschwenkt hat, oder daß an diesem Tag nahe Neuseeland ein außerirdisches Raumfahrzeug unterwegs war?» Legt man die Methoden zugrunde, mit denen Wissenschaftler an solche Fragen herangehen – so wie sie sie auch bei der Theorie der Kontinentalverschiebung angewandt haben –, ist die Antwort eindeutig. Nur wenige Forscher widmen einem Forschungsgebiet ihre kostbare Zeit, wenn die Beweise auf solch tönernen Füßen stehen und die Erfolgsaussichten so gering sind. Nur ein paar Leute sind bereit, darauf zu setzen, daß sich eine vage Vermutung langfristig doch noch als wahr herausstellen könnte; die anderen meiden dieses Gebiet. Und das mit Recht.

Aber Wegeners Theorie erwies sich schließlich doch noch als richtig. Wenigstens zum Teil. Es waren eben die Voraussetzungen nicht gegeben, dies früher herauszufinden. Ebensogut ist es möglich, daß eines Tages ein zwingender Beweis für das Vorhandensein von UFOs gefunden wird. Zum Beispiel könnte eine Flotte fliegender Untertassen über einem Einkaufszentrum auftauchen und von Hunderten von Menschen gesichtet und fotografiert werden. Doch bisher ist dies noch nicht geschehen, was für mich bedeutet, daß es wahrscheinlich auch in Zukunft nicht geschehen wird. Bis dahin tun die Wissenschaftler gut daran, das gesamte Gebiet zu ignorieren, und man sollte sie in diesem Fall nicht ihrer angeblichen Scheuklappen wegen tadeln.

Denn schließlich – daran erinnere ich meine Studenten ständig – kann ein Geist offen sein, ohne zugleich leer sein zu müssen.

4 Die Erde als Planet betrachtet

«Am Anfang war das aufzüngelnde Feuer
Das die Unwetter entzündete mit einem
Funken»

Dylan Thomas,
«Am Anfang»

Der größte Nutzen des Raumfahrtprogramms, so wurde behauptet, habe nichts mit dem technischen Fortschritt zu tun gehabt, sondern sei der Anblick unseres Planeten in der Leere des Weltraums gewesen. Diese Möglichkeit, unseren Planeten von außen zu betrachten, soll eine wichtige Rolle beim Erstarken der Umweltschutzbewegung in den siebziger Jahren gespielt haben. Ob dies nun zutrifft oder nicht, es steht außer Frage, daß das Vermögen, die Erde als integralen Teil des Sonnensystems zu sehen, wesentlich zu unserem Verständnis jener Kräfte beigetragen hat, die den Planeten zu dem machen, was er heute ist.

Steht nur ein Studienobjekt zur Verfügung, ist es stets schwierig, zu zuverlässigen Schlußfolgerungen zu gelangen. Wir können die meteorologischen Muster der Erde untersuchen, ihr Klima, die Plattentektonik, aber wir können nie sicher sein, daß wir die grundlegenden Gesetze hinter diesen Erscheinungen verstehen, bevor wir unser Wissen nicht an einem anderen Objekt als der Erde erhärtet haben. Mit anderen Worten: Um die Erde zu verstehen, müssen wir sie verlassen. Es gibt viele Beispiele dafür, wie dieser Vorgang im Prinzip funktioniert. Computercodes, die entwickelt worden sind, um die Sandstürme auf dem Mars zu simulieren, werden inzwischen routinemäßig eingesetzt, um langfristige klimatische Entwicklungen auf der Erde vorauszusagen, und spielen eine wesentliche Rolle in der Diskussion um die Frage, ob auf einen Atomkrieg unweigerlich ein nuklearer Winter folge. Dank dieses neuen Einblicks sind wir auch viel besser in der Lage, die einmalige Rolle der Erde als einziger Heimstätte des Lebens in unserem Sonnensystem (und vielleicht in der gesamten Galaxis) zu würdigen.

Um unseren Planeten aus einer solchen Perspektive betrachten zu können, müssen wir zu den Anfängen des Sonnensystems zurückgehen, als die Sonne und die Planeten aus der sich zusammenziehenden Wolke interstellaren Gases entstanden. Indem alle Materieteilchen innerhalb der Wolke durch die Schwerkraft zueinander hingezogen wurden, kollabierte die Wolke und erwärmte sich dabei. Jede kleine Drehbewegung, die in der Wolke zu Beginn auftrat, wurde während des Zusammenfallens beschleunigt – wie ein Schlittschuhläufer sich schneller dreht, wenn er bei einer Pirouette die Arme eng an den Körper legt. Im Zentrum der Wolke stiegen Temperatur und Druck so sehr an, daß die Atomkerne gegeneinandergepreßt wurden und es zur Kernfusion kam. Schließlich lieferte die vom Zentrum nach außen drängende Energie eine Kraft, die die Gravitation ausglich, und die Kontraktion stabilisierte sich. Ein Stern – unsere Sonne – war geboren. Zuerst kam sie nicht recht in Gang, wie ein störrischer Motor an einem kalten Wintermorgen, doch bald begann sie, einen steten Strom von Energie ins All abzustrahlen.

Im Hinblick auf die damit verbundene Menge an Materie beziehungsweise Energie war die Entstehung der Sonne das wichtigste Ereignis beim Kollaps der Wolke. Während sich die Sonne formte, sammelten sich einige Trümmer aus dem Entstehungsprozeß in einer dünnen Scheibe um die Zentralmasse. Die durch die Rotation der Scheibe erzeugten Zentrifugalkräfte glichen den nach innen gerichteten Sog der Sonnenschwerkraft aus, so daß die Trümmer sich weiterhin auf einer Umlaufbahn bewegten. Zu diesem Zeitpunkt ähnelte das Sonnensystem etwa einer gigantischen Version des Planeten Saturn: eine Zentralmasse, umgeben von einer dünnen Scheibe aus geringen Mengen Materie. Aus diesen Trümmern entstanden schließlich die Planeten.

Während der Kontraktion führte die allgemeine Erwärmung zum Zentrum der Wolke hin zu einer Trennung der Materie innerhalb des Rings. In den inneren Bereichen der Scheibe war die Temperatur für Substanzen wie Wasser und Methan zu hoch, als daß sie sich zu festen Konfigurationen hätten zusammenschließen können. Andererseits konnten Substanzen mit einem hohen Schmelzpunkt, wie Eisen und

Silizium, überall im festen Zustand verharren. Als die Sonne entstand, kollidierten Körner fester Materie innerhalb der Scheibe, blieben aneinander haften und bildeten kleine Himmelskörper mit einem Durchmesser von bis zu einigen Kilometern. Einige dieser Materiebrocken existieren noch heute in Form von Planetoiden und Meteoriten. Man nennt sie Planetesimale.

Die derzeitige Theorie besagt, daß die Planetesimale kollidierten und sich auf diese Weise zu immer größer werdenden Massen vereinten. Der größte dieser anwachsenden Körper fing an, seine Nachbarn «aufzufressen», indem er beim Durchqueren des Schwarms von Planetesimalen die Materie auf die gleiche Weise auffing wie eine Windschutzscheibe Insekten. Die Zündung des atomaren Feuers in der Sonne und der nachfolgende zögernde Start geschahen irgendwann während der Verdichtung, und die ausgestoßene Strahlung entfernte die Gase und die kleinen Materiestücke aus den inneren Bereichen des Sonnensystems.

Soviel wir wissen, ergab sich der tatsächliche Entstehungsort eines jeden Planeten zufällig; wo immer ein großer Körper sich dank der Wirkung der Schwerkraft zusammenzusetzen begann, wuchs er auch weiter an. Die Entstehung der Planeten ist ein klassisches Beispiel für die Reichen, die immer reicher werden; allerdings wurden in diesem Fall die Armen nicht ärmer, sondern gierig verschluckt. Die Entstehung der Erde in einem Abstand von rund 150 Millionen Kilometern zur Sonne war somit keine notwendige Folge irgendeines Naturgesetzes. Eine Reihe mehr oder weniger zufallsbedingter Ereignisse veranlaßte die Wolke aus Materie, sich in 150 Millionen Kilometern Distanz zur Sonne ein wenig mehr zu verdichten als ihre Umgebung. Dadurch war schließlich die Entstehung eines Planeten an diesem Ort unvermeidlich. Die Erde hätte sich jedoch ebensogut 145 oder 160 Millionen Kilometer von der Sonne entfernt bilden können.

Dieses Bild von der Planetenentstehung erklärt, weshalb die inneren Planeten klein und felsig, die äußeren dagegen groß und gasförmig sind. Die inneren Planeten entstanden in einer Region, in der nur Elemente wie Eisen und Silizium im festen Zustand verharrten, während in den äußeren, kühleren Regionen, die von den Gasriesen eingenommen wurden, Substanzen wie Methan und Ammoniak noch als Bausteine verfügbar waren. Die felsigen Mitglieder des Sonnensystems werden im allgemeinen erdähnliche, die Gasriesen dagegen jupiterähnliche Planeten genannt (nach Jupiter, dem größten unter ihnen). Weil der Erdenmond so groß und den Forschungen so zugänglich ist, wird er gewöhnlich in die Liste der erdähnlichen «Planeten» aufgenommen, obwohl er strenggenommen ein Satellit ist.

Nun wollen wir den Standpunkt eines Beobachters außerhalb des Sonnensystems, der alles sofort überblickt, zugunsten eines Standpunktes aufgeben, der sich auf der Oberfläche eines der großen Körper befindet, aus dem schließlich die Erde entstand. Von diesem günstigen Blickwinkel aus sehen wir die neugeborene Sonne in der Ferne etwas weniger stark glühen als heutzutage. Das auffälligste in unserer Umgebung wäre ein ständiger Niederschlag von Materie. Während die Erde durch das Einfangen von Materie auf ihrer Umlaufbahn Substanz anhäuft, sehen wir diesen Meteoritenregen, keiner Erscheinung gleich, die wir bis dahin erlebt haben. Die Bombardements waren so heftig und die Einschläge so verheerend, daß die Erde sich langsam erwärmte. Diese Tendenz der Erwärmung wurde noch durch den Zerfall radioaktiver Kerne überall in der Erde gesteigert – ein Vorgang, der noch immer andauert.

Mit Hilfe einfacher Naturgesetze kann erklärt werden, was geschah, nachdem die Erde und die anderen erdähnlichen Planeten durch die Bombardierung mit Meteoriten und die Radioaktivität erwärmt worden waren. Aus dem Alltagsleben ist wohlbekannt, daß es geraume Zeit dauert, bis ein erwärmter Gegenstand abgekühlt ist, und daß dieser Gegenstand während der Abkühlung Wärme an seine Umgebung abgibt.

Dieses Prinzip wird in modernen, aktiv mit Solarenergie beheizten Häusern wie auch in den alten, nach konventioneller Bauweise errichteten Ziegelhäusern im Südwesten Amerikas angewandt. Sowohl in den neuen wie in den alten Gebäuden wird tagsüber die Sonnenwärme gespeichert und nachts ans Haus abgegeben. In modernen Anlagen wird die Wärme von Kollektoren auf dem Dach eingefangen und in einen Speicher geleitet, der sich gewöhnlich im Keller befindet. Der Speicher besteht im allgemeinen aus einem großen Wassertank oder einem mit Steinen gefüllten Behälter. Im Verlauf des Tages nimmt das Speichermaterial Wärme auf, wenn ihm vom Dach Warmluft oder Warmwasser zugeführt wird, und in der Nacht gibt es die Wärme an die Luft oder das Wasser ab, das durch die Heizungsanlage im Haus strömt.

Abbildung 4-1

Die Ziegelgebäude funktionieren auf dieselbe Weise, wenn sie auch den Wärmespeicher in die Bauweise des Hauses integrieren. Das Sonnenlicht, das während des Tages durch das Glasfenster einfällt, erwärmt einen dicken Fußboden aus Fliesen oder Beton; während der Nacht wird die so gespeicherte Wärme dann automatisch ans Haus abgegeben.

Beide Beispiele – moderne aktive Solarheizung und passives Solarhaus – funktionieren nach denselben Gesetzen, die das Verhalten der Planeten bestimmten, nachdem der Meteoritenhagel eingesetzt hatte. Sämtliche Planeten unterlagen demselben Bombardement wie die Erde. Doch die Art und Weise, wie sie abkühlten, hatte – wie wir gleich sehen werden – einen weitreichenden Einfluß auf ihre jeweilige Form.

Jedes Stück Materie, das erwärmt wird, gibt wiederum Wärme an seine Umgebung ab. Stellen wir uns einmal zwei verschiedene Stücke erwärmter Materie in einem neuen Planeten vor (siehe Abbildung 4-1). Ein Stück befindet sich im Innern des Planeten, umgeben von ähnlicher Materie; das andere befindet sich an der Oberfläche, mit offenem Raum, der Atmosphäre, an seiner Außenseite. Beide Stücke geben Wärme an ihre Umgebung ab. Das Stück im Innern überträgt Wärme auf seine Nachbarn, aber – und dies ist der springende Punkt – erhält seinerseits wiederum von diesen Wärme. Deshalb ist sein Wärmeverlust (und Temperaturabfall) gering oder gleich Null.

Das Stück an der Oberfläche dagegen strahlt Wärme nach außen ab, ohne im Gegenzug Wärme zu empfangen. Es verliert also Wärme und kühlt ab. Die Wärme der Stücke aus dem Innern gelangt irgendwann schließlich an die Oberfläche und wird abgestrahlt – dies ist tatsächlich ein detailliertes Bild von der Art und Weise, wie große Körper abkühlen. Wichtig in diesem Zusammenhang ist der Umstand, daß die Wärme zwar überall in einem Körper gespeichert, dagegen nur über die Oberfläche abgegeben werden kann.

Die Erfahrungen beim Umgang mit einem Lagerfeuer können jeden schnell von der Richtigkeit dieser Aussage überzeugen. Soll das Lagerfeuer bis zum nächsten Morgen brennen, so häuft man sämtliche glühenden Kohlestücke in der Mitte des Feuers an. Dadurch werden viele der Kohlestücke zu inneren Stücken, wie diejenigen aus unserem Beispiel. Diese Kohlestücke übertragen untereinander Wärme und bleiben über eine lange Zeit hinweg warm. Hitze geben sie nur über die relativ geringe Anzahl von Kohlestücken an der Oberfläche ab.

Will man dagegen das Feuer löschen, nimmt man einen Stock und verteilt die Kohlestücke auf dem Boden. So verschwinden die Kohlestücke im Innern vollständig – alle Kohlestücke befinden sich nun an der Oberfläche. Daher kühlen sie schnell ab, und das Feuer kann den Wald nicht mehr in Brand setzen.

In der Sprache der Physiker kann diese Beschreibung in der Aussage zusammengefaßt werden, daß der Wärmeverlust eines jeden Körpers vom Verhältnis seiner Oberfläche zu seinem Volumen bestimmt wird. Je größer die Oberfläche irgendeines Gegenstandes im Verhältnis zu seiner Masse ist, um so schneller verliert er an Wärme und kühlt ab. Im Falle sphärischer Körper wie Planeten bedeutet dies: je größer der Radius eines Planeten, um so geringer die Geschwindigkeit, mit der er seine Wärme ins Weltall abstrahlen kann.

Nehmen wir die Erde und Merkur als Beispiel. Der Radius der Erde beträgt rund 6500, der des Merkur 2500 Kilometer. Das heißt, das Volumen der Erde ist etwa achtzehnmal, ihre Oberfläche jedoch nur siebenmal so groß wie die des Merkur. Da die Wärme zwar überall im Körper gespeichert, jedoch nur über die Oberfläche abgegeben werden kann, fällt es der Erde sehr viel schwerer als Merkur, die Wärme, die ihr zugeführt wird, wieder abzustrahlen. Als kurz nach Entstehung des Sonnensystems die Meteore niederstürzten und die Atomkerne zerfielen, hatte es Merkur sehr viel leichter als der Planet

Erde, die angesammelte Wärme ans Weltall abzugeben, einfach weil sich bei Merkur sehr viel mehr seiner Materie an der Oberfläche befindet.

Bisher liegen natürlich noch keinerlei Messungen über das Innere von Merkur vor, aber wir besitzen recht umfassendes Datenmaterial über einen Erdähnlichen von ungefähr derselben Größe – unseren eigenen Mond. Die Astronauten von Apollo haben eine Reihe ferngelenkter Seismographen auf der Mondoberfläche zurückgelassen, und durch die Analyse der Aufzeichnungen von kleinen Erdbeben (Mondbeben?) waren Geologen in der Lage, ziemlich schlüssig nachzuweisen, daß der Mond aus Materie besteht, die einst bis zu einer Tiefe von etwas mehr als 160 Kilometern geschmolzen war; darunter befindet sie sich jedoch mehr oder weniger in dem Zustand, in dem sie sich ursprünglich zusammengefunden hat. Dies bedeutet, daß der Mond in der Lage war, die durch den Meteoritenregen und den radioaktiven Zerfall erzeugte Wärme fast so schnell wieder abzugeben, wie sie ihm zugeführt wurde. In einer dünnen Schicht an der Oberfläche sammelte sich genug Wärme an, die die Temperatur über den Schmelzpunkt hinaus ansteigen ließ, aber das ist auch alles. Die Wärme wurde ins Weltall abgestrahlt, bevor sie die Temperatur der gesamten Mondmasse in die Höhe treiben konnte. Innerhalb weniger hundert Jahrmillionen verfestigten sich die Oberflächen wieder und packten den Mond in eine einzige, zusammenhängende Lithosphärenplatte ein.

Wir wissen, daß die leichteren Elemente auf dem Mond während der Schmelzphase an die Oberfläche stiegen, so daß die Lava sich in jene Krater ergoß, die einige der großen verbliebenen Meteoriten in der neuen festen Kruste hinterlassen hatten, wobei die «Maria» (lateinisch für Meere) entstanden, die mit bloßem Auge zu erkennen sind. Das jüngste von ihnen, das Mare Orientale, ist vor etwa 3,9 Milliarden Jahren entstanden – nur ein paar hundert Jahrmillionen nach der Entstehung des Erde-Mond-Systems. Merkur und Mond sind also Planeten, deren Verhältnis von Oberfläche und Volumen hoch ist. Sie gleichen somit einem Lagerfeuer, dessen Kohlestücke ziemlich weit verstreut liegen, so daß sie keine große innere Wärme erzeugen können. In dieser Situation ist keine tektonische Aktivität vorhanden, nur eine feste, zusammenhängende Lithosphärenplatte, die den gesamten Himmelskörper umgibt (obwohl ich der Vollständigkeit halber anmerken muß, daß die Platte des Merkur an einigen Stellen, womöglich infolge von Gezeitenwirkungen zwischen Sonne und Merkur, geborsten zu sein scheint).

Die anderen erdähnlichen Planeten – Venus, Mars und die Erde – sind größer als Mond und Merkur. Sie gleichen eher Lagerfeuern, in denen die Kohlestücke sorgsam angehäuft worden sind. Wenn einem solchen System schnell genug Wärme zugeführt wird, verfügt es nicht über ausreichend Oberfläche, über die sie entweichen kann. Sie breitet sich daher zum Innern hin aus und erhöht somit die Temperatur innerhalb des gesamten Systems. Die meisten Geologen glauben, während der ersten paar hundert Jahrmillionen der Erde sei so viel Energie zugeführt worden, daß der Planet durch und durch schmelzen konnte. Während dieser Periode unterlag die Erde einem als Differentiation bekannten Vorgang. Schwere Mineralien (wie jene, die Eisen enthalten) sanken durch Einwirkung der Schwerkraft ins Zentrum. Leichtere Materie (also jene, die Elemente wie Silizium und Magnesium enthält) stieg zur Oberfläche auf. Während dieses Zeitraums glich die Erde einer Flasche mit Öl und Wasser, die man zuvor gut geschüttelt hatte. Das Öl setzte sich dann langsam ab und stieg an die Oberfläche, während das schwerere Wasser sank. (Durch ein kleines Experiment mit Speiseöl und Wasser kann jeder sich selbst davon überzeugen.) Genauso sank die schwerere Materie der Erde und stieg die leichtere Materie empor. So kam unser Planet zu seinem Eisenkern.

Aus der Tatsache, daß dieser Differentiationsprozeß stattgefunden hat, läßt sich verstehen, warum der Abbau unter Tage ein solch schwieriges Geschäft ist. Die meisten der schweren Erze wie Eisen und Gold sind vor langer Zeit tief in die Erde gesunken; nur einige wenige Überreste sind nahe an der Oberfläche verblieben, wo sie für den Abbau zugänglich sind. Das reichhaltigste, zugänglichste Erzvorkommen im Sonnensystem befindet sich nicht auf der Oberfläche irgendeines Planeten oder Mondes, sondern im Planetoidengürtel zwischen Mars und Jupiter, wo große Gesteinsbrocken undifferenzierter Urmaterie die Sonne umkreisen. Vielleicht gelingt es eines Tages, diese Vorkommen abzubauen und die Erde fortan unbehelligt zu lassen.

Mars und Venus sind groß und ihre Oberflächen-Volumen-Verhältnisse klein genug, um zu schmelzen und einer ähnlichen Differentiation wie jener der Erde zu unterliegen. Mars, der kleinste Planet unter den dreien, war in der Lage, seinen Wärmeüberschuß am schnellsten loszuwerden. Ähnlich wie Mond und Merkur hat er schnell eine einzige globale Lithosphärenplatte gebildet, und seine nachfolgende geologische Aktivität scheint überwiegend vulkanischer Natur gewesen zu sein. Venus ist nur ein wenig kleiner als die Erde. Radarmessungen der NASA durch die Wolken der Venus hindurch zeigen eine klare zweischichtige Struktur mit ausgedehntem Hochland, das von Tiefebenen durchbrochen ist, die Ozeanboden wären, lägen die Oberflächentemperaturen nicht weit jenseits des Siedepunktes für Wasser.

Zusammenfassend läßt sich sagen, daß die kleineren erdähnlichen Planeten ein ausreichend großes Oberflächen-Volumen-Verhältnis besitzen, so daß die ursprüngliche Wärmezufuhr durch Meteoritenregen und radioaktiven Zerfall nur dazu ausreichte, eine Schicht an der Oberfläche zum Schmelzen zu bringen. Alle übrigen erdähnlichen Planeten wurden, da sie größer waren, aufgrund derselben Vorgänge durch und durch geschmolzen.

Der radioaktive Zerfall pumpte weiterhin Wärme ins Innere aller erdähnlichen Planeten, sogar nachdem der anfängliche Meteoritenregen aufgehört hatte. Merkur und Mond gaben diese Wärme einfach über ihre Oberflächen ans Weltall ab. Obwohl Mars ein zu geringes Oberflächen-Volumen-Verhältnis besitzt, um die Wärme sowohl aus dem Meteoritenregen als auch aus der Radioaktivität abzugeben, konnte er dennoch mit der Strahlung allein selbst fertig werden. Somit war er in den letzten Jahrmilliarden in der Lage, seine innere Wärme – wie die ausgebreiteten Kohlestücke in unserem Lagerfeuer – ins All abzuführen. Während dieser Periode ist der Planet langsam abgekühlt. Auch seine Oberfläche ist nun mit einer einzigen Lithosphärenplatte bedeckt.

Der Planet Venus ist ein besonderer Fall. Er ist bedeutend größer als der Mars und nur etwas kleiner als die Erde. Soweit bekannt, besteht die Oberfläche dieses Planeten ebenfalls aus einer einzigen Platte. Ähnlich wie der Mars scheint die Venus keine tektonische Aktivität zu haben. Andererseits gibt es vermutlich aktive Vulkane auf der Venus, und manche Planetenspezialisten spekulieren darüber, ob es womöglich Schwaden heißer Lava gibt, die an verschiedenen Punkten an der Oberfläche des Planeten auftauchen. Daher scheint die

Venus sich in einer späten Phase des «Abkühlens» zu befinden; es gibt auf ihr derzeit keine tektonischen Aktivitäten, dafür aber laufen noch immer wärmebedingte Prozesse ab.

Die Erde ist der größte aller erdähnlichen Planeten und besitzt daher das größte Verhältnis von Oberfläche zu Volumen. Im Rahmen unseres Vergleichs entspricht die Erde einem Lagerfeuer mit gut angehäuften Kohlestücken. Nach der anfänglichen Schmelzperiode nahm unser Planet also eine andere Entwicklung als Mars und Venus. Die beiden letzteren waren in der Lage, ihre innere Wärme durch den einfachen Vorgang des Abstrahlens abzugeben, eine Möglichkeit, die dem Planeten Erde nicht offenstand. Seine Wärme mußte über einen wirksameren Mechanismus aus dem Innern herausbefördert werden.

An diesem Punkt treten Konvektion und Plattentektonik auf den Plan. Man kann die Planeten mit einem Wassertopf auf dem Herd vergleichen. Heizt der Herd auf kleiner Stufe, so kann die Wärme, ohne irgendeine Turbulenz im Wasser zu verursachen, an die Oberfläche steigen und von dort abstrahlen. Hält man die Hand nahe an die Wasseroberfläche, kann man diese Wärme spüren. Schaltet man jetzt aber den Herd auf eine höhere Stufe, so genügt die bis dahin relativ ruhige Methode der Wärmeübertragung nicht mehr; die Wärme überlädt das System. Das Wasser hat nur eine Möglichkeit, sich der überschüssigen Wärme zu entledigen: es beginnt zu kochen. Wie wir im ersten Kapitel gesehen haben, sorgt ein ähnlicher Konvektionsvorgang wie das Kochen in gleich welcher Materie für eine schnelle Wärmeübertragung.

Die anderen erdähnlichen Planeten ähneln einem Wassertopf, in dem das Wasser nicht kocht. Ihre Innenwärme verströmt über die Oberfläche, eventuell mit geringfügiger Unterstützung durch Vulkane, aber es liegt kein Grund dafür vor, daß die Materie sich bewegt. Die Erde ist dagegen wie ein Wassertopf auf einem Herd mit hoher Heizstufe. Damit die Wärme, die ständig unterhalb der Oberfläche entsteht, entweichen kann, muß irgendein Konvektionsvorgang in Gang gesetzt werden. Die aufwallende Materie aus dem Innern befördert Wärme an die Oberfläche, kühlt ab und sinkt, und der Kreislauf beginnt erneut. Diese ständige heftige Bewegung verhindert, daß sich eine einzige Platte bildet, die die gesamte Oberfläche bedeckt; die Erdoberfläche befindet sich also in einem Zustand ständiger Bewegung. Als einziger Planet unter seinen Geschwistern besitzt die Erde eine Oberfläche, die nicht für alle Zeiten erstarrt ist.

Die Tatsache, daß allein die Erde über eine ständige tektonische Aktivität verfügt, hat mehrere Auswirkungen. Zum einen bedeutet dies, daß unsere Erde nach wie vor eine Entwicklung durchläuft, wogegen die anderen Planeten mehr oder weniger zu ihrer endgültigen Form gefunden haben. Man kann sich kaum vorstellen, daß die ständige Veränderung der Umwelt im Zusammenhang mit der Bewegung der tektonischen Platten keinerlei Einfluß auf die Evolution irdischen Lebens gehabt haben sollte. Vielmehr leuchtet es unmittelbar ein, daß die durch die tektonische Bewegung verursachten unablässigen Umweltveränderungen eine wichtige Antriebskraft bei der Entwicklung der Intelligenz gewesen sind. Viele Evolutionsbiologen haben darauf hingewiesen. Angesichts dieses Sachverhalts gewinnen die zufälligen Ursprünge der tektonischen Eigenschaften der Erde einen geradezu philosophischen Hintergrund: Nur die tektonische Aktivität konnte eine Umwelt hervorbringen, die immer neue Herausforderungen für lebende Systeme schafft, beständig genug, um diesen eine Anpassung zu ermöglichen, und in solch großer Zahl, daß sich Intelligenz gewissermaßen zwangsläufig entfaltete. Somit ist die Erde nicht nur wegen ihrer tektonischen Platten einzigartig, sondern auch, weil sie möglicherweise der einzige Planet der Galaxis ist, der über die richtigen Voraussetzungen für die Entwicklung von Intelligenz verfügt, Voraussetzungen, die teilweise vom Zufall abhingen.*

Eine weitere Folge des Privilegs tektonischer Aktivität besteht darin, daß unser Planet der einzige mit echten Gebirgszügen ist. Die Rocky Mountains und die Appalachen sind mehr als nur interessant – innerhalb des Sonnensystems sind sie einzigartig. Andere Planeten verfügen über große Vulkane, und Mond wie Merkur besitzen gezackte Krater; doch die Vorstellung eines Gebirges als lebendiger, sich verändernder und entwickelnder Struktur ist der Erde vorbehalten.

Eines Tages jedoch wird die Erde dieses Unterscheidungsmerkmal verlieren. Die Endprodukte des radioaktiven Zerfalls sind stets eine

---

* Eine ausführlichere Auseinandersetzung mit den einzigartigen Eigenschaften der Erde und den Hintergründen für die Entwicklung von Intelligenz bietet das Buch *Sind wir allein im Universum?* von Robert Rood und mir (Goldmann, München 1988).

Reihe stabiler, nichtradioaktiver Kerne. Überlebt die Erde lange genug, so wird sich der größte Teil der Radioaktivität im Innern selbst verzehrt haben, und die Wärmezufuhr bleibt aus. In unserem Vergleich mit dem Wassertopf heißt dies nichts anderes, als daß der Herd abgeschaltet wird und das Wasser zu kochen aufhört. Die Wärme strömt durch festen Grund wie auf Venus und Mars, und die äußeren Regionen der Erde beginnen auszukühlen. Die Kontinente werden in jenem Zustand erstarren, in dem sie sich zu diesem Zeitpunkt gerade befinden, und die tektonischen Platten werden zu einer einzigen, den ganzen Globus umfassenden Platte zusammengeschweißt. Dann wird die Welt so sein, wie man sie sich lange Zeit fälschlicherweise vorgestellt hatte – statisch und unwandelbar.

Eine Berechnung des Zeitpunktes, an dem man das Ende der tektonischen Aktivität auf der Erde zu erwarten habe, ist mir bislang noch nicht unter die Augen gekommen, doch aufgrund der Tatsache, daß das am häufigsten vorkommende radioaktive Element, das Uran, eine Halbwertszeit von über vier Milliarden Jahren hat, erwarte ich, daß die Sonne lange erloschen ist, bevor die Bewegung der Platten zum Erliegen kommen könnte.

Bemerkung über Meteoriten

Es mag zwar interessant sein, die Erde als einen Sonderfall der Planetenentwicklung zu betrachten, doch fragt man sich in diesem Zusammenhang, wie es dazu kommt, daß wir so viel über die Vorgänge vor vielen Jahrmilliarden wissen können. Auf diese Frage gibt es zwei Arten von Antworten – eine philosophische und eine praktische.

Auf der philosophischen Ebene kann man auf eine der wichtigsten Entdeckungen der modernen Astronomie verweisen. Betrachtet man nämlich eine Galaxie, die Milliarden Lichtjahre entfernt ist, so sieht man sie in jenem Zustand, in dem sie sich befand, als das Licht sie vor Jahrmilliarden verließ. Ins Weltall zu sehen heißt also mit anderen Worten, in die Vergangenheit zu blicken. Unsere Untersuchungen ferner Galaxien zeigen, daß dieselben Naturgesetze, die heutzutage in unseren Laboratorien gelten, das Verhalten von Körpern in der Vergangenheit bestimmt haben. Die Naturgesetze scheinen nicht nur überall im Weltall zu gelten, sondern auch zu jeder Zeit.

Wenn wir also die Kohlestücke im Lagerfeuer betrachten, um zu verstehen, wie die Wärme in Körper hinein- und auch wieder aus ihnen herausströmt, entdecken wir dabei nicht nur Neues über das Verhalten von Sternen in weit entfernten Teilen des Universums, sondern ebenso Neues über die Geschichte unseres Planeten. Dies ist eine erstaunliche Tatsache, die man laut von den Dächern rufen sollte. Nur weil uns das schon so lange vertraut ist, so vermute ich, nehmen wir es als selbstverständlich hin. Im Zusammenhang mit unserem Verständnis von der Entstehung der Erde bedeutet diese Universalität der Naturgesetze: Wir können das Verhalten erwärmter Körper in unseren Laboratorien studieren, und indem wir das auf diese Weise gewonnene Wissen extrapolieren, gelangen wir zu Rückschlüssen über die Ursprünge unseres Planeten.

Auf der praktischen Ebene können wir eine Menge über die Entstehung des Sonnensystems lernen, weil ein Teil des übriggebliebenen Baumaterials in Form von kleinen Brocken noch immer die Sonne umkreist. Hin und wieder kommt einer dieser Teile zu nah an die Erde heran, gerät plötzlich in die Fänge unseres Schwerkraftfeldes und tritt im Sturzflug in die Atmosphäre ein. Meist verglühen diese stürzenden Körper während ihres Eintritts in die Atmosphäre, ein Vorgang, den wir als «Sternschnuppe» beobachten können. Manchmal jedoch ist die Materie so massiv, daß sie nicht vollständig verglüht und Überreste von ihr auf die Erdoberfläche prallen: Das nennen wir dann einen Meteoriten.

Denken wir einen Moment lang darüber nach, was dies bedeutet. Der schwarze Gesteinsblock, der im Museum zu besichtigen ist, blieb in seiner derzeitigen Form über viereinhalb Milliarden Jahre lang erhalten. Während seine Brüder in andere Planeten eingegliedert, eingeschmolzen und der Differentiation unterworfen wurden, umkreiste dieser besondere Gesteinsbrocken geduldig die Sonne, absorbierte die kosmische Strahlung und stürzte schließlich auf die Erde nieder. Er ist ein Bote aus unserer Vergangenheit, der Informationen von unschätzbarem Wert darüber transportiert, wie das Sonnensystem ausgesehen hat, bevor die Sonne gezündet wurde und die Planeten entstanden.

Im Jahre 1969 zum Beispiel trat ein Planetoid, so groß wie ein Automobil, in die Erdatmosphäre ein, brach auseinander, und Fragmentsplitter schlugen in der Nähe der nordmexikanischen Stadt Pueblito de Allende ein. Der «Allende-Meteorit», wie er nunmehr genannt wurde, hat uns wichtige Informationen über den Vorgang geliefert, der zum Kollaps der Staubwolke führte, aus der schließlich das Sonnensystem entstand. Als Wissenschaftler die Zusammensetzung dieses Meteoriten untersuchten, fanden sie heraus, daß er einen geringfügig höheren als den für gewöhnlich erwarteten Anteil eines bestimmten Magnesiumisotops enthielt. Diese besondere Art Magnesium tritt beim radioaktiven Zerfall eines Aluminiumtyps auf, der in reichlicher Menge in einer Supernova erzeugt wird. (Ich komme später ausführlich auf Supernovae zu sprechen; hier reicht es, wenn man sich eine Supernova als eine Explosion vorstellt, zu der es in der Endphase eines großen Sterns kommt.)

Das Bild, das sich aus den Untersuchungen des Allende-Meteoriten ergab, war in seiner Einfachheit verblüffend: Vor etwas mehr als viereinhalb Milliarden Jahren ist ein naher Stern explodiert, der dabei seine Materie in die Galaxis hinausstieß. Ein Teil dieser Materie schloß Aluminiumatome ein, die eines Tages zu den obenerwähnten Partikeln aus Magnesiumisotopen zerfallen sollten. Die Schockwelle dieser Explosion führte zum Zusammenbruch der Wolke, und die Materie des Sterns vermischte sich mit der bereits in der Wolke befindlichen. Die fremden Atome wurden in die Sonne und in die Minerale im Ring aus Trümmern eingegliedert, aus dem die Planeten entstanden sind. Die meisten dieser Minerale wurden in Planeten eingegliedert, in denen sie sich so auflösten, daß sie nicht mehr nachzuweisen sind. In wenigen Fällen jedoch wurden sie Bestandteil von Körpern, die dem Vorgang der Planetenentstehung entkamen und zu Planetoiden wurden. Im Verlauf der Äonen entstand aus den ursprünglichen Aluminiumatomen nach deren Zerfall Magnesium. Schließlich stürzte, Spielball des Zufalls, einer dieser Planetoiden auf die Erde und brachte Hinweise auf die Geschichte von den Anfängen des Sonnensystems mit.

In manchen Meteoriten wurden organische Moleküle entdeckt, was zu einer Revision unserer Vorstellungen über den Ablauf chemischer Reaktionen im Weltall geführt hat. Andere wiederum zeugten davon, daß sie sich einst an der Oberfläche von Mond oder Mars befunden hatten, teilweise geschmolzen waren und dann durch einen Meteoriteneinschlag ins Weltall zurückgestoßen worden waren. Jeder Besucher aus dem Weltall hat seine eigene Geschichte zu erzählen, und jeder ist womöglich einzigartig hinsichtlich des Wissenszuwachses, den er vermittelt.

Aus diesem Grund ist es äußerst wichtig, daß kein Meteor der Wissenschaft verloren geht. Sollten Sie in den Besitz eines Meteoriten gelangen, so schreiben Sie bitte an

The Curator of Meteorites,
Smithsonian Institution,
Washington, D. C. 19560, U. S. A.

Er wird dafür Sorge tragen, daß man ihn angemessen behandelt.

5 Woher kommt all das Gestein?

«Es gab Steine links und Steine rechts
und niedriges dürres Gestrüpp dazwischen,
und dreimal vernahm er ein tiefes knappes
Knacken,
obwohl niemals jemand zu sehen war»

Rudyard Kipling,
Ballad of East and West

Ich war ziemlich überrascht, als ich abzurutschen begann. Gerade
hatte ich mich über eine von den Geologen als Schutt bezeichnete
Strecke vorgearbeitet: unbefestigte Massen von Gesteinsbrocken, die
sich weiter oben am Berg gelöst hatten. Zuerst hatte der Hang aus
größeren Felsbrocken bestanden; doch je weiter ich vordrang, desto
kleiner wurde das Gestein unter meinen Schuhen. Die anderen Teil-
nehmer der Wandergruppe, leichtgewichtiger als ich und vielleicht
klüger bei der Wahl ihres Pfades, hatten keinerlei Mühen, doch ich
gelangte schnell an den Punkt, wo selbst extreme Maßnahmen – wie
bäuchlings auf dem Hang zu liegen und Absätze in den Untergrund zu
scharren – zu nichts führten. Mit meinem gesamten Gepäck begab ich
mich auf eine langsame, unerbittliche Rutschpartie bis an den Fuß des
Berges, etwa sechzig Meter tiefer.

Mein Leben war nicht in Gefahr – die Kleidung war robust genug,
und ich glitt zu langsam, als daß ich mich hätte verletzen können.
Schaden erlitt lediglich meine Würde. Als ich fühlte, daß das Geröll
unter meinen Schuhen nachgab, und nach unten blickte, um zu sehen,
wo ich landen würde, schoß mir dennoch der Gedanke durch den
Kopf: «Was zum Teufel hab ich bloß auf diesen Felsen verloren?»

In Wahrheit war meine Lage nicht so übel. Immerhin konnte ich
meine Abwärtsbewegung zu einigen Sträuchern hin steuern, sie ergreifen, als ich auf ihrer Höhe war, mich emporziehen und schließlich

wieder zur Gruppe aufschließen. Später, nach einer zünftigen Wandererjause aus Äpfeln, Wurst und Käse (ein paar Bierchen nicht zu vergessen), war ich in der Lage, eine etwas philosophischere Sicht der Dinge zu gewinnen.

Ich hatte mich zu diesem besonderen Ort aufgemacht, um nach Fossilien Ausschau zu halten. Es war die einzige Stelle im Umkreis von hundert Kilometern, wo man sie finden konnte, und hier gab es sie reichlich – Seemuscheln, Insekten und sogar einige versteinerte Fischflossen. Die Landschaft vor Ort unterschied sich sehr deutlich von derjenigen, durch die wir gefahren waren, um zum Ausgangspunkt unserer Wanderungen zu gelangen. Statt der massigen, eckigen, dunklen Felsen, aus denen die Berge in der Umgebung bestanden – Gestein, das in den Jahrmillionen seit Entstehung der Berge kaum verwittert war –, waren die Felsen hier durch Witterungseinflüsse weich, hohl und bröcklig geworden. Sie lagen in Schichten übereinander: betrachtete man diese, so hatte man den Eindruck, auf die Seiten eines Buches zu sehen. Mir wurde klar, daß mir während der Rutschpartie die falsche Frage in den Sinn gekommen war. Die interessante Frage war nicht, was ich auf diesem Gestein suchte, sondern was das Gestein unter mir tat.

Man muß nicht in weit entfernte Gebiete reisen, um festzustellen, wie verschieden eine Art Gestein von der nächsten sein kann. Jede Stelle, an der Felsen – die «Knochen der Erde» – an der Oberfläche auftauchen, sieht mit großer Wahrscheinlichkeit anders aus als ihre Nachbarorte. Auf Straßen, die durch felsiges Gelände führen, oder in Baugruben kann man manchmal jene Art der Schichtenstruktur entdecken, die ich an jenem Tag in den Bergen sah. Einige Meilen weiter stößt man in derselben Lage womöglich auf einen harten, undurchdringlichen grauen Stein ganz ohne Schichtenstruktur. Jede Handvoll Steine, die man vom Boden aufhebt, zeigt einen großen Typenreichtum. Einige sind sandfarben und rauh, andere hart, rund und glatt. Manche sind einfarbig, andere wiederum gestreift und gesprenkelt. Manche haben keine Besonderheiten, andere sind von großer Schönheit. Woher kommen sie alle, und wieso sind sie so verschieden?

Das Äußere des Gesteins sagt wie das Äußere eines Menschen etwas über die Art seines bisherigen Lebens aus. Geologen unterteilen Gesteine nach ihren Bildungsbedingungen in drei allgemeine Kategorien: magmatische Gesteine, Sedimentgesteine und metamorphe

Gesteine. Diese Begriffe beziehen sich sowohl auf deren Entstehung als auch auf die Entwicklung, die sie danach durchlaufen. Sedimentgesteine entstehen durch chemischen oder physikalischen Absatz fester Teilchen. Wegen ihres geschichteten Aufbaus nennt man sie auch Schichtgesteine. Magmatische Gesteine entstehen beim Abkühlen von geschmolzenem Material. Nach ihrer Bildung behalten sowohl Sedimentgesteine als auch die magmatischen Gesteine ihre ursprüngliche Zusammensetzung und Erscheinungsform bei, vorausgesetzt, daß ihnen nichts Ungewöhnliches passiert. Unterliegen sie einer Wärme- oder Druckeinwirkung, so kann sich ihre Struktur verändern. In diesem Fall werden sie als metamorphe Gesteine betrachtet – Gesteine, die einer Umwandlung unterlagen.

Eine der großen Debatten unter den Geologen des 18. Jahrhunderts entzündete sich an der Frage nach den Ursprüngen der Erdgesteine. Die «Neptunisten» auf der einen Seite behaupteten, daß alle Gesteine während der Schichtenbildung in den Meeren entstanden seien. Die «Vulkanisten» andererseits vertraten die Auffassung, alle Gesteine seien bei Vorgängen wie dem Abkühlen der Lava entstanden. Keine der beiden Parteien kam auf die Idee, daß eine Umwandlung stattgefunden haben könnte, und beide nahmen eine Haltung ein, die wir extrem nennen würden. Die Neptunisten zum Beispiel wiesen auf das Vorhandensein von Fossilien in manchen Gesteinen mit der Bemerkung hin, in geschmolzener Lava hätte nichts existieren können. Die Vulkanisten dagegen machten die unstreitige Tatsache geltend, Vulkane wie Vesuv und Ätna hätten im Laufe der Geschichte Lavaströme ausgestoßen, unter denen ganze Städte begraben worden seien.

Würde man Sie auffordern, in dieser Debatte für einen der beiden Standpunkte Partei zu ergreifen, so müßten Sie zugeben, daß die Vulkanisten der Wahrheit ein wenig, wenn auch nicht sehr viel näher kamen als ihre Widersacher. Wenn Sie sich meine Ausführungen über die Entstehung unseres Planeten ins Gedächtnis rufen, werden Sie sich erinnern, daß sich die gesamte Erde sehr früh in ihrer Geschichte in einem geschmolzenen Zustand befunden hat. Daher entstand ganz am Anfang, noch bevor irgendein geologischer Vorgang einsetzen konnte, jeder feste Gegenstand durch Abkühlen von erwärmtem Material, so wie heutzutage Gestein durch Abkühlen vulkanischer Lava entsteht.

Doch sowie die Erdkruste sich verfestigt und die Ozeane sich gebildet hatten, begann der stetige Vorgang der Verwitterung. Auch ohne die Anwesenheit von Pflanzen würden die Einwirkung des Regens und die Temperaturschwankungen dazu führen, daß sich kleine Splitter und Körner von der Gesteinsoberfläche lösen. Die Brandung an den Rändern der neu gebildeten Ozeane wirkt genauso. Die Gesteine werden unaufhörlich angegriffen und aufgespalten. Das abwärts strömende Wasser befördert diese Trümmer in die Ozeane. Dort verlangsamt das Wasser seinen Fluß und kommt schließlich zum Halt, und seine Ladung aus Steinsplittern, Staub und Körnern lagert sich nach und nach auf dem Meeresboden ab. Im Verlauf der Zeit und durch die Ablagerung von noch mehr Sediment werden die ursprünglichen Körner immer dichter zusammengedrückt. An manchen Stellen sorgen chemische Prozesse im Meer dafür, daß kleine Mengen kristallinen Materials in die Räume zwischen den Körnern eindringen und eine Art Zement bilden, der sie zusammenhält. Das Resultat ähnelt demjenigen, das man erhält, wenn man einen Eimer mit Leim über einem Sand- oder Dreckhaufen ausleert. Die vereinten Wirkungen von Druck, Temperatur und chemischen Prozessen verwandeln die lose Sedimentansammlung in Gestein, das, wie nicht anders zu erwarten, als Sedimentgestein bezeichnet wird. Sandstein ist ein gewöhnlicher Typus des Sedimentgesteins, der aus Sandkörnern entstanden ist, wogegen Schiefer zu einem anderen Typus gehört, der sich aus feineren Tonmineralen zusammensetzt. Später in der Geschichte der Erde, als sich Leben in den Ozeanen entwickelt hatte, entstanden Sedimente durch Absinken der Schalen winziger Meereslebewesen auf den Meeresgrund. Kalkstein ist ein gewöhnlicher Typus, der aus Sediment solcher Art zusammengesetzt ist: die weiße Farbe stammt von den Schalen der Milliarden Organismen, aus denen viele Kalksteine bestehen.

Der Schlüsselvorgang bei der Entstehung von Sedimentgestein ist daher die Ablagerung von Material auf dem Boden oder Gewässergrund. Man muß kein Geologe sein, um sich diesen Vorgang vorstellen zu können. Sie brauchen nur beim nächsten Platzregen die Muster des abfließenden Wassers zu beobachten. Über abschüssige Flächen sieht man das Regenwasser schnell abfließen, doch oft genug sammelt sich etwas Wasser zu größeren Pfützen dort, wo der Boden Vertiefungen aufweist. Das spektakulärste Beispiel für eine solche Wirkung zeigt sich, wenn das erste Regenwasser eine Menge Partikel irgendwo

zu einem Abflußkanal mitreißt, dadurch einen Damm errichtet und
das Wasser dahinter zum Stauen bringt. Wenn dies geschieht, beginnt
das vom schnell abfließenden Wasser mitgeführte Sediment sich in
der Pfütze zu sammeln. Am nächsten Tag, nachdem das Wasser vollständig versickert ist, sieht man genau dort, wo am Vortag die Pfütze
war, eine Schmutzschicht. Dieser Rückstand bildet die erste Schicht
bei der Sedimentierung. Setzte dieser Ablagerungsvorgang sich Jahrmillionen statt einen oder mehrere Tage lang immer weiter fort,
würde der Schmutzrückstand schließlich ein Gestein ausbilden oder
entstehen lassen.

Da Sedimentgestein in Gewässern entsteht, gleicht die Gestalt des
Gesteins der einer eingeebneten Schicht. Das schönste Exemplar
eines «Sedimentgesteins», das ich je gesehen habe, war die Ablagerung in meiner Schubkarre zu der Zeit, als ich mein Haus baute. In der
Schubkarre hatte ich die unterschiedlichsten Mörtel und Zemente
angerührt und, da ich anderweitig stark beschäftigt war, mir nie
die Mühe gemacht, sie zu säubern. Schließlich mußte ich die Schubkarre auf den Kopf stellen und die Ablagerungen heraushämmern.
Nachdem mir dies gelungen war, fand ich ein «Gestein» aus verschie-
denfarbigen Schichten vor. Jede Schicht dokumentierte eine andere
Bauphase – das Ausgießen der Fundamente, das Anlegen des Bürger-
steigs, das Errichten des Kamins und so fort. Als ich diese Schicht mit
meinem Hammer zertrümmerte, sah sie genauso aus wie eine tiefreichende Sedimentschicht, die von einem Strom ausgewaschen wurde –
ein Grand Canyon in Miniaturausgabe. Der einzige Unterschied:
mein «Gestein» war über eine Zeitspanne von einigen Monaten entstanden, während der Grand Canyon dafür Jahrmillionen benötigt
hat.

Die Tatsache, daß Sedimentgestein stets durch Ablagerung entsteht, ist wichtig, da wir daraus schließen können, daß es – unabhängig von seiner derzeitigen Lage – in waagerechten Schichten entstanden sein muß. Wenn wir daher Erscheinungen wie die auf den Fotos
auf den Seiten 18 und 19 sehen, wissen wir, daß irgendwelche gewaltigen Kräfte *nach* Entstehung des Gesteins am Werk gewesen sein müssen. Und tatsächlich hat gerade auch das Vorhandensein von aufge-
worfenem und verformtem Sedimentgestein die Geologen des
19. Jahrhunderts davon überzeugt, daß es in der Erde Kräfte geben
muß, die in der Lage sind, Berge zu versetzen.

Obwohl also das Material im Sedimentgestein letztlich aus älterem Gestein stammt, so liegt es doch auf der Hand, daß seine wesentliche Charakteristik von der Zeit abhängt, die es auf dem Meeres- oder Seeboden zugebracht hat. Somit kamen die Neptunisten der Wahrheit nahe, als sie behaupteten, daß einiges Gestein aus dem Meer stamme. Zugleich ist es aber auch wahr, daß nicht alles Gestein Sedimentgestein ist. Uns ist bekannt, daß der Schmelzfluß aus dem Erdinnern – dieses Material wird Magma genannt – manchmal an die Erdoberfläche gelangt und abkühlt, wobei ein völlig anderer Gesteinstypus entsteht.

Es gibt zwei Möglichkeiten der Bildung magmatischen Gesteins – Gestein, das durch Wärme entsteht. Die spektakulärste sind natürlich Vulkanausbrüche, bei denen der Lavafluß Lagen neuen Gesteins entstehen läßt. Weniger dramatisch, doch gleich wichtig sind die Vorgänge, bei denen Magma aus den Tiefen durch Gräben und Spalten in der Erdkruste aufsteigt, ohne jedoch an die Erdoberfläche zu gelangen. Das Magma kühlt ab und läßt Formationen in der Erde entstehen, die im Verlauf der Verwitterungsprozesse an die Oberfläche gelangen und zu einem Teil der sichtbaren Landschaft werden können. Das Sierra-Nevada-Gebirge in Kalifornien ist ein Beispiel für diesen Vorgang, doch das Hervorquellen magmatischen Gesteins muß weder gewaltig noch massiv sein. Geologen stoßen regelmäßig auf Formationen magmatischen Gesteins von nur wenigen Zentimetern Durchmesser.

Haben sich Sedimentgestein und magmatisches Gestein erst einmal gebildet, unterliegen sie jenen Auftriebskräften und tektonischen Bewegungen, die ich bereits beschrieben habe. Die Tatsache, daß Sedimentgestein auf dem Meeresboden entsteht, bedeutet nicht, daß es später auf demselben Niveau anzutreffen ist. Das Gestein, auf dem ich meine Rutschpartie absolvierte, war Sedimentgestein, doch befand es sich etwa 2500 Meter über dem Meeresspiegel. Die Auftriebskraft, die die Rockies entstehen ließ, hat es vom Meeresboden auf das Niveau der Berggipfel geschoben. Dieses Beispiel steht für ein allgemeines Muster: eine Reihe von Vorgängen beeinflußt die Bildung, eine andere die Entwicklungsgeschichte des Gesteins.

Diese Lektion ist besonders wichtig, wenn wir uns der dritten Kategorie der Gesteine zuwenden – den metamorphen. Nachdem sich ein Gestein gebildet hat, ist es den Einflüssen seiner Umgebung ausge-

setzt. Zum Beispiel haben wir – als wir den ersten Schritt der Sedimentbildung ansprachen – angenommen, daß ein den Elementen
preisgegebenes Stück Gestein nach und nach zersetzt werde. Statt als
großer, robuster Materialblock weiterzubestehen, wird er in kleinere
Korngrößen zerfallen, und diese bilden schließlich das Sediment am
Meeresboden. Dies ist das einfachste Beispiel für die Einwirkung der
Umgebung auf die Gestalt eines Gesteins. Es gibt jedoch neben der
Verwitterung noch viele andere Faktoren, die ein Gestein beeinflussen können. Gehen diese Veränderungen innerhalb der Erde vor und
schließen sie keine Schmelzprozesse ein, so reden wir davon, daß ein
Gestein eine metamorphe Veränderung erfährt. Metamorphose ent-
steht auf verschiedene Weise.

Wird Gestein erwärmt, so werden die Atome der Kristallgitter getrennt und können aus ihren gewöhnlichen chemischen Bindungen
ausbrechen, um sich selbst zu einem neuen Mineraltypus zusammenzufinden. Unterliegt das Gestein einem Druck, ergibt sich eine gegenläufige Wirkung – die Atome werden enger zusammengedrückt. Dies
geschieht oft in den unteren Lagen sehr dicker Sedimentschichten.
Die Atomstruktur des Gesteins kann auch durch die Migration oder
Wanderung verschiedener Atome ins Gestein hinein verändert werden; bei diesem Prozeß werden einige der alten Atome ersetzt, so daß
sich die Atomstruktur verändert. Manchmal können Wärme und
Druck zusammenwirken. Große Gebiete der Erdoberfläche haben
solche Veränderungen durchlaufen. Ein Großteil der Alpen und
Teile der nördlichen Rockies sind metamorpher Provenienz.

Gestein unterliegt einer Metamorphose nur so lange, wie einer der
Einflußfaktoren weiterwirkt. Entfallen die Wirkungskräfte, unter-
bleiben weitere Veränderungen, und das Gestein verharrt in seiner
neuen Form, bis es erneut einem Einfluß ausgesetzt wird. Dies ist für
manch einen schwer nachzuvollziehen; spontan nimmt man einfach
an, das Gestein kehre wieder in seinen alten Zustand zurück, sobald
die Druck- oder die Wärmeeinwirkung entfällt, ähnlich einem Gummiband, das zurückschnellt, sobald man es losläßt. Man muß jedoch
bedenken, daß die Metamorphose die Atomstruktur des Gesteins
verändert und die Atome sich nur dann neu anordnen, wenn eine
erneute Krafteinwirkung sie dazu veranlaßt. Die Metamorphose ähnelt vielmehr dem, was geschieht, wenn man ein Gummiband über
seine Elastizität hinaus spannt. Entweder es reißt oder es verliert

seine Spannkraft, da die Atome im Gummiband ständig durcheinandergebracht worden sind. Läßt man das Gummiband nun los, kann es nicht in den ursprünglichen Zustand zurückkehren. Es hat seine Schnellkraft auf immer verloren. Genauso wird Marmor (ein metamorphes Gestein) nie wieder zu Kalkstein, wie lange auch immer man darauf warten mag.

Deshalb verlangt die Frage «Woher kommt all das Gestein?» eine komplexe Antwort. Gesteine sind während eines Schmelz- oder Sedimentierungsvorgangs entstanden, können ihre Form jedoch durch Einwirkung der Umgebung langsam verändern. Sie sind also nicht die statischen, leblosen Gegenstände, für die man sie gewöhnlich hält, sondern ähneln Organismen – sie verändern sich ständig im Verlauf der Zeit. Was wir an einem bestimmten Ort in einem bestimmten Augenblick beobachten, hängt nicht nur davon ab, wie die Gesteine entstanden sind, sondern auch davon, welchen Einwirkungen sie in den letzten paar hundert Millionen Jahren ausgesetzt waren.

Woher stammen also die Sedimentgesteine, die mich ursprünglich zu meinen Nachforschungen veranlaßt haben? Ihre Geschichte umfaßt ihre Entstehung am Meeresboden, der einst die westlichen Bundesstaaten der USA bedeckte, ihre Aufwärtsbeförderung im Zusammenhang mit der Formierung der Rocky Mountains und schließlich die Erosion durch zahlreiche Gletschervorstöße. Das Endprodukt war eine Spitzkuppe, die langsam verwitterte, wobei sich das Geröll am Fuß sammelte und den Abhang bildete, den ich zu überqueren versuchte.

Dies beantwortet meine Frage auf einer bestimmten Ebene. Es gibt jedoch andere Ebenen, die der Untersuchung bedürfen. Wenn zum Beispiel ein Gestein schmilzt oder sich verfestigt oder einer Metamorphose unterliegt, bilden die Atome, aus denen es besteht, eine neue Mineralzusammensetzung. Die vielen verschiedenen Prozesse, durch die Gesteine entstehen und sich verändern, können ausschließlich als Neuanordnungen der Atome betrachtet werden, die an der Erdoberfläche anzutreffen sind. Wenn wir daher fragen «Woher kommt all das Gestein?», so genügt es nicht, über Sedimentgestein, magmatisches und metamorphes Gestein zu reden. Wir müssen tiefer schürfen und den Ursprung der Atome untersuchen, aus denen diese Gesteine bestehen. Dies führt uns zu einigen höchst interessanten Gebieten.

Atome besitzen, ähnlich wie die Gesteine und Minerale, in denen sie sich befinden, eine komplexe innere Struktur. Der Großteil der Atommasse befindet sich in einem dichten, positiv geladenen Kern, den negativ geladene Elektronen umkreisen, wie die Planeten die Sonne. Gewöhnlich gibt es ebenso viele negativ geladene Elektronen wie positive Ladungen im Kern, so daß das Atom insgesamt betrachtet elektrisch neutral ist. Ist dies nicht der Fall – wenn das Atom zum Beispiel ein oder zwei Elektronen abgegeben hat –, ergibt sich eine positive Ladung, und wir nennen dieses System dann ein Ion.

Der Atomkern selbst ist ebenfalls von komplexer Struktur. Für unsere Betrachtungen genügt es, wenn wir davon ausgehen, daß er sich aus zwei Teilchenfamilien zusammensetzt: den (positiv geladenen) Protonen und den (elektrisch neutralen) Neutronen. Damit das Atom elektrisch neutral ist, muß die Ladung der Elektronen auf den Umlaufbahnen genau die positive Ladung des Kerns neutralisieren; und da die elektrischen Ladungen der Protonen und der Elektronen gleich groß sind, folgt daraus, daß in Atomen normalerweise die Anzahl der Elektronen gleich der Anzahl seiner Protonen im Kern ist.

Nun gehört es zu den Eigenarten der subatomaren Welt, daß es stets ungebundene Elektronen gibt, die irgendwo umherschweifen. Ist ein positiv geladenes Ion lange genug unterwegs, wird es schließlich auf eines dieser ungebundenen Elektronen stoßen, es aufnehmen und somit in ein herkömmliches neutrales Atom verwandelt. Auf diese Weise nimmt jeder Atomkern nach seiner Bildung automatisch seinen Anteil an Elektronen auf – einen Anteil, der (wie erwähnt) von der Anzahl der Protonen im Kern bestimmt wird. Wenn wir über den Ursprung eines Atoms reden, so meinen wir damit eigentlich den Ursprung des Atomkerns. Die Hinzufügung der Elektronen ist, wenngleich sehr wichtig, nur so etwas wie eine Nachwirkung.

Steht uns eine Ansammlung von Protonen und Neutronen zur Verfügung, so wird der Versuch, sie zu Kernen zusammenzufügen, durch zwei gewichtige Tatsachen erschwert. Erstens sind Neutronen instabil. Sie verwandeln sich spontan in ein Proton, ein Elektron und innerhalb von zehn Minuten in eine andere Art von Teilchen ohne Ladung, es sei denn, sie befinden sich in einem Atomkern. Dies bedeutet, daß in der Natur eine Zeitgrenze besteht: Ist erst einmal ein freies Neutron gebildet, so bleiben ihm nur ein paar Minuten, um den Schutz eines Kerns aufzusuchen, bevor es zerfällt. Es ist nicht möglich, ein Neutron tausend Jahre lang in einem Wartezustand zu halten, damit es einen Kern treffe, der es aufnimmt.

Die zweite Erschwernis hat mit dem zu tun, was geschieht, wenn wir zwei Protonen zusammenbringen wollen. Da beide eine positive Ladung besitzen, stoßen sie sich nach den Gesetzen der Elektrizität ab. Würde man zwei Protonen nebeneinandersetzen, wäre ihre Abstoßungskraft so groß, daß sie sich sofort voneinander entfernten. Die einzige Möglichkeit, diese Abstoßungskraft zu überwinden, besteht darin, die beiden Protonen mit hoher Geschwindigkeit aufeinander zufliegen zu lassen. In diesem Fall kann die Abstoßungskraft verlangsamend auf sie wirken, ein Zusammentreffen jedoch nicht verhindern. (Diese Abstoßungskraft besteht natürlich nicht zwischen Protonen und Neutronen.)

Steht uns also eine Ansammlung von Protonen und Neutronen zur Verfügung, so könnten wir als erstes, wenn wir Kerne bauen wollen, dafür sorgen, daß die beiden Teilchenarten sich zu Paaren zusammenfinden. Als Resultat ergibt sich dann eine Gruppe von Kernen, die aus einem Proton mit einem Neutron bestehen. Dieser «Babykern» wird Deuteron genannt: er ist der Kern des Deuteriumatoms. Da er nur ein Proton enthält, nimmt er nur ein Elektron auf. Dies bedeutet, daß er ebenso viele Elektronen enthält wie ein gewöhnliches Wasserstoffatom (dessen Kern aus einem einzigen Proton besteht), jedoch zweimal soviel Masse, da das Neutron fast soviel Masse besitzt wie ein Proton. Atome wie Wasserstoff und Deuterium, die gleich viele Protonen (und Elektronen), aber unterschiedlich viele Neutronen enthalten, werden in ihrer Beziehung zueinander Isotope genannt.

Nachdem wir Deuterium erzeugt haben, können wir uns daranmachen, die neu gebildeten Einheiten zu komplexeren Kernen zusammenzusetzen. Da unsere Bausteine nun alle über ein Proton und deshalb eine elektrisch positive Ladung verfügen, haben wir es nunmehr mit der beschriebenen Abstoßungskraft zu tun. Wie bereits erwähnt, kann diese Kraft überwunden werden, wenn sich die Deuteronen sehr schnell aufeinander zubewegen. So ergibt sich folgende Situation: Um über die einfachstmöglichen Kerne hinauszugelangen, müssen die Teilchen sich in einem Gebiet befinden, in dem sie sich so schnell bewegen, daß sie die elektrische Abstoßung zwischen den Protonen überwinden. Da ein direkter Zusammenhang zwischen der Geschwindigkeit der Teilchen und der Temperatur des Mediums be-

steht, das aus diesen Teilchen gebildet wird, kommen wir zu der
Schlußfolgerung, daß der einzige Ort, an dem wir die Entstehung
komplexer Kerne beobachten können, in den Bereichen sehr hoher
Temperaturen zu suchen ist.

Es gibt in der Natur tatsächlich Orte, wo die Temperaturen so hoch
sind, daß einfachere Kerne zu komplexeren zusammengeschweißt
werden. Ein solcher Vorgang läuft im Zentrum von Sternen wie der
Sonne ab, wo die Synthese von Protonen und Neutronen zu Alphateilchen (zwei Protonen und zwei Neutronen) die Energie liefert,
dank deren ein Stern strahlt. In gewissem Sinne liefert also der Bau
von Atomkernen die Energie für jegliches Leben auf der Erde.

Es gibt zwei weitere Orte mit hohen Temperaturen, wo Elemente
entstanden sind oder entstehen können, obwohl sie diese Temperaturen nur eine relativ kurze Zeit über aufrechterhalten. Eine kurze Periode der Bildung von Elementen fand während der ersten Minuten
des Urknalls statt, bevor das Universum so weit abgekühlt war, daß
Protonen nicht mehr zusammengezwungen wurden. Die andere Gelegenheit ergibt sich, wenn ein massiver Stern in einem katastrophalen (und wenig verstandenen) Ereignis, der Supernova, «stirbt». Alle
Atome mit einem komplexeren Kern als dem des Wasserstoffs – das
heißt also die Atome in sämtlichen bekannten Stoffen – entstanden in
einer dieser drei Situationen.

Als die Wissenschaftler sich in den vierziger Jahren des 20. Jahrhunderts Gedanken darüber zu machen begannen, woher die größeren Kerne stammen, wurde allgemein angenommen, daß alle Elemente zu Beginn des Universums, während der heißen Phasen des
Urknalls also, entstanden waren. Die ersten Schritte zu einer Kosmo-
logie des Urknalls waren daher dem Versuch gewidmet, das Vorhandensein schwerer Elemente zu erklären. Man glaubte, daß eine bestimmte Anzahl komplexer Kerne am Anfang entstanden sei und das
Universum seitdem mehr oder weniger von seinem damaligen Atom-
kapital gelebt habe.

Leider löste diese Annahme nichts. Der Urknall war heiß genug,
um Deuterium und Alphateilchen entstehen zu lassen, kühlte jedoch
so schnell ab, daß sich keine komplexeren Kerne aus den einfacheren
bilden konnten. Das grundlegende Problem war folgendes: Vorgänge
wie der, den ich zuvor als Beispiel erwähnt habe (aus Protonen und
Neutronen entsteht Deuterium, aus zwei Deuterium-Kernen entsteht

ein Alphateilchen), könnten leicht zur Bildung von Kernen aus zwei Protonen und zwei Neutronen führen. Ein solcher Kern würde, nähme er seine Menge an Elektronen auf, zu einem Atom Helium, jenem Gas, mit dem man auf den Jahrmärkten die Luftballons der Kinder aufbläst. Doch um komplexere Kerne zu bilden, muß man dem Helium weitere Protonen und Neutronen zuführen. Fügt man einem Heliumkern jedoch ein weiteres Teilchen hinzu, erhält man ein Heliumisotop (zwei Protonen, drei Neutronen) oder ein Isotop des nächstschwereren Elements Lithium (drei Protonen, zwei Neutronen). Diese beiden Kerne sind instabil und zerfallen schnell. Folglich besteht die einzige Möglichkeit, noch komplexere Kerne zu bilden, darin, in den instabilen Kern irgend etwas anderes einzugliedern, bevor er zerfällt, ein Ereignis, das ziemlich unwahrscheinlich sein dürfte.

Es ergibt sich folgendes: Auf welche Weise auch immer man versucht, komplexe Kerne aus dem Stoff zu bauen, der beim Urknall auf einfache Weise entstehen konnte, man steht vor Schwierigkeiten derselben Art. Sowie man über Kerne mit mehr als vier Teilchen verfügt, verhindert die Instabilität der neuen Kerne, daß die Synthese weiter fortschreitet. Infolgedessen war das Universum nach dem Urknall voller Wasserstoff und Helium, mit einer geringen Menge stabilen Lithiums (drei Protonen, vier Neutronen) und wenig anderem.

An diesem Punkt angelangt, führt uns ein kurzer Augenblick des Nachdenkens zu dem Schluß, daß eine Welt, in der Helium das schwerste Atom ist, ein wirklich langweiliger Ort wäre. Es gäbe keinen Kohlenstoff, aus dem Lebewesen entstehen, kein Eisen zum Bauen, kein Kalzium für die Knochen, keinen Sauerstoff für das Wasser, und weder Silizium noch Aluminium noch Natrium zur Gesteinsbildung. Wir wissen, daß all diese Elemente in rauhen Mengen auf der Erde vorhanden sind. Wenn sie im Augenblick des Urknalls nicht zusammengefügt werden konnten, so müssen sie zu einem späteren Zeitpunkt an irgendeinem anderen Schauplatz entstanden sein. Deshalb wenden wir unsere Aufmerksamkeit den Sternen zu.

Wie bereits angedeutet, wird die Energie, die einem Stern zu leuchten erlaubt, durch die Kernreaktionen in seinem Zentrum erzeugt. Dabei handelt es sich um Fusionsreaktionen – Reaktionen, in denen jeweils zwei leichtere Kerne zu einem komplexeren Kern verschmelzen. Bei diesem Vorgang wird Energie in Form energiereicher Teilchen freigesetzt, und diese Energie dringt durch den Stern hindurch nach außen und wird schließlich von uns als Licht sowie als andere Formen der Strahlung wahrgenommen. Der Druck, der durch diese vom Innern des Sterns nach außen strömenden Teilchen erzeugt wird, neutralisiert die Schwerkraft, wodurch der Stern Jahrmilliarden lang in einem ziemlich stabilen Zustand zu bleiben vermag.

In der Sonne interagieren die Wasserstoffkerne (Protonen) in einer komplizierten Reaktionskette, deren Endprodukt Helium ist. Wenn der gesamte Wasserstoffvorrat im Kern schließlich «verbrannt» ist, beginnt die Sonne zu kollabieren. Dadurch erhöhen sich Temperatur und Druck in ihrem Innern, bis die Temperatur so stark ansteigt, daß die elektrische Abstoßung zwischen den Alphateilchen überwunden wird. An diesem Punkt kann ein neuer Vorgang einsetzen: Drei Alphateilchen können sich zu einem Kern des Kohlenstoffatoms zusammenschließen (sechs Protonen, sechs Neutronen). Die «Asche» des alten Feuers – das Helium – wird zum Brennstoff, sobald das neue Feuer gezündet ist. Für die Sonne bedeutet dies die Endstation. Denn sie besitzt einfach nicht die für einen weiteren Kollaps erforderliche Masse, die zu einer solchen Erhöhung der Temperatur in ihrem Innern führt, daß die nächste Reaktion gezündet wird. Andere Sterne jedoch können diesen Vorgang von Kollaps und Zündung viele Male hintereinander durchlaufen, wobei sie Kerne bis hin zum Eisenkern erzeugen (sechsundzwanzig Protonen, dreißig Neutronen). Der Atomkern des Eisens, der am dichtesten gepackte Kern, ist unbrennbar – die definitive atomare Schlacke.

Aus diesem Grund kann sich in Sternen, in denen jahrmilliardenlang hohe Temperaturen aufrechterhalten werden, eine Menge interessanter Elemente zusammenfügen. Leider gelangen in ruhigen Sternen wie unserer Sonne solche Elemente nie in die Galaxie hinaus. Der Kern aus Kohlenstoff zum Beispiel, der sich schließlich in unserer eigenen Sonne bildet, verbleibt in ihr, wenn sie langsam abstirbt und zu kosmischer Asche verlöscht. In manchen Sternen wird ein kleiner Teil der in den späteren Entwicklungsphasen entstandenen Elemente durch die Sonnenwinde an das interstellare Medium zurückgegeben; doch im großen und ganzen rührt sich das, was in solchen Sternen entsteht, nicht vom Fleck. Wenn sie daher auch bei der Bildung von Elementen als Schmelztiegel dienen können, so tragen sie doch wenig zum Eisengehalt im menschlichen Blut bei.

Somit bleiben uns nur die Supernovae als letzte Zuflucht bei unserer Suche. Was bei einer Supernova im einzelnen abläuft, wird zur Zeit zwar noch von Astrophysikern erforscht, doch die allgemeinen Umrisse der Ereignisse liegen ziemlich offen vor uns. Ein mehr als zehnmal größerer Stern als die Sonne brennt schnell alle Atomreaktionen durch, die zur Bildung von Eisen erforderlich sind. Wenn die Temperatur im Innern so hoch ist, daß Eisen entsteht, ist die niedrigere Temperatur in der dem Innern nächsten Schale noch immer hoch genug, um Silizium entstehen zu lassen, und in einer diese umgebenden Schale reicht die Temperatur noch immer für die Bildung von Kohlenstoff aus – und so weiter. Der Stern wird zu einer «Zwiebel» mit den unterschiedlichen Elementen von Helium bis hin zu Eisen, die in fortschreitenden Schalen zum Zentrum hin entstehen.

Wenn der Eisenkern etwa das 1,4fache der Sonnenmasse erreicht, kann er nicht mehr gegen die zum Zentrum hin wirkende Schwerkraft abgeschirmt werden. Der Kern des Riesensterns kollabiert plötzlich und schrumpft dabei in Sekundenschnelle von der Größe der Erde bis auf die eines Körpers mit einem Durchmesser von ein paar Kilometern. Bei diesem Vorgang nimmt der innere Druck so sehr zu, daß freie, ungebundene Elektronen in die Eisenkerne hineingezwungen werden, wo sie sich mit den Protonen zusammenschließen, um Neutronen zu bilden. Das Endergebnis ist eine unvorstellbar dichte Ansammlung von Neutronen, der Neutronenstern.

Während dieser Vorgang im Innern abläuft, wird den äußeren Schalen sozusagen der Teppich unter den Füßen weggezogen. Sie stürzen ein, treffen auf den abprallenden Neutronenkern, und die Hölle bricht aus. Das Material wird so stark erwärmt, daß Kerne jedes chemischen Elements vom Helium bis zum Uran (92 Protonen, 126 Neutronen) entstehen. Zugleich reißt die beim Kollaps freigesetzte Energie den Stern auseinander, indem die neu enstandenen Elemente ins interstellare Medium zurückgespien werden, wo sie wie erwähnt als Bausteine für neue Sterne und Sonnensysteme dienen.

In der Gegend, wo unsere Sonne und die Planeten entstanden sind, hatte sich in jener Urzeit Gas gesammelt, das durch mehrere dieser Supernova-Explosionen angereichert worden war. Dieses Gas bildete die Rohmaterialien, aus denen der Gravitationskollaps und das Anwachsen der Schwerkraft die Erde schufen. Folglich wird jeder, der eine Antwort auf die Frage «Woher kommt all das Gestein?» sucht,

letztendlich zu der Schlußfolgerung gelangen, daß die aus Gestein bestehenden Felsen und Berge aus einer Serie von Sternexplosionen
beim Tod von Riesensternen stammen. Es ist eine interessante Tatsache, daß die Atome, aus denen alles um einen herum besteht – die
Erde, der Himmel, der eigene Körper –, innerhalb einer Serie von
Ereignissen entstanden sind, die in kaum mehr als ein paar Stunden
abliefen.

6 Das große Schalenspiel

Millionen Amerikanern ist der Anblick des Devil's Tower vertraut geworden, weil er in dem Film *Unheimliche Begegnung der dritten Art* (den zu sehen ich mich hartnäckig geweigert habe) eine gewisse Rolle spielt. Dieser «Turm», der sich mehr als 260 Meter hoch in der hügeligen Waldlandschaft des östlichen Wyoming erhebt, ist in der Tat sehr beeindruckend.

Das auffallendste Merkmal des Devil's Tower sind die langen senkrechten Kerben, die an den Seiten hinauflaufen. Glaubt man der Geschichte eines Medizinmannes der Kiowa, so schlug ein Riesenbär diese Kerben, als er versuchte, eine Gruppe Indianer auf dem Turm zu fangen. Wie es heißt, war die Squaw eines dieser Indianer von dem Bären entführt worden, und die Indianer ihrerseits hatten daraufhin sein Weibchen gefangen. Nachdem der Bär seine Klauen in den Turm geschlagen hatte, wurde er von einigen magischen Pfeilen getötet.

In einer anderen Fassung der Geschichte heißt es, der Bär habe versucht, sieben Schwestern zu töten, die sich in einen alten Baumstumpf geflüchtet und dort versteckt hatten. Der Stumpf sei dann zum Turm herangewachsen, und aus den Schwestern seien die Sterne des Großen Bären geworden. Diese Legenden gehören, wie so manch andere Indianersage, zum Land, aus dem sie kommen – in diesem Fall zur offenen, kargen Landschaft der Hochprärien.

Die moderne Erklärung der Kerben am Devil's Tower ist weniger dramatisch, doch genauso faszinierend. Vor ungefähr 60 Millionen Jahren ist Magma aus dem oberen Erdmantel in die dicke Schicht Sedimentgestein eingedrungen, aus dem ein Großteil der Landschaft in diesem Gebiet besteht. Hier kühlte sich das Magma ab und bildete einen Kern harten magmatischen Gesteins inmitten eines weicheren Sandsteins (siehe Abbildung 6-1). Im Verlauf der Zeit verwitterte das Sedimentgestein und wurde immer mehr abgetragen, so daß schließlich nur das eingedrungene Magma aus dem viel widerstandsfähigeren Material verblieb. Devil's Tower ist also das, was übrigblieb, nachdem das Gestein in seiner Umgebung der Erosion unterlegen war. Ich kann mir keine Situation vorstellen, die besser die gigantische Dimension geologischer Prozesse vor Augen führt, als am Fuß dieses Turms zu stehen, hinaufzublicken und sich klarzumachen, daß man vor 60 Millionen Jahren unter einer 300 Meter hohen Gesteinsmasse begraben worden wäre.

Die «Klauenkerben» an den Seiten des Devil's Tower haben sich jedoch keinesfalls erst gebildet, nachdem diese Bergsäule der Luft ausgesetzt war; sie sind vielmehr in der Zeit entstanden, als das Magma in seiner Untergrundkammer abkühlte. Im geschmolzenen Zustand konnten die Atome des Magmas sich im fließfähigen Gestein frei bewegen. Nach dem Eindringen (Intrusion) kühlte die Masse ab, die Temperatur fiel unter den Schmelzpunkt, und die Atome waren in ihrer Kristallstruktur eingeschlossen. Zu diesem Zeitpunkt war die Säule noch immer heiß, doch die Atome konnten sich nicht mehr frei bewegen. Während die eingedrungene Masse ihre Wärme an die Umgebung abgab, begann sie zu schrumpfen und sich zusammenzuziehen. Durch diesen Schrumpfvorgang entstanden Spannungen im Ge-

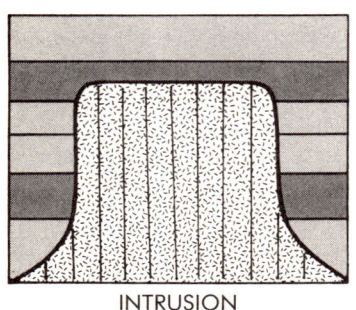
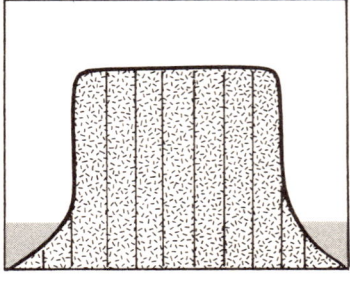

INTRUSION

Abbildung 6-1

stein. In einem solch großen Körper wie dem Devil's Tower steigt die Temperatur gleichmäßig von außen nach innen an; daher hat das Gestein in jeder zur Außenhaut parallelen Ebene jeweils dieselbe Temperatur. In dieser Situation ergab sich, daß die Spannungen innerhalb des Gesteins sich entlang diesen Ebenen aufbauten, wie in Abbildung 6-2 dargestellt. Schließlich wurden diese Spannungen so stark, daß das Gestein unter der maximalen Belastung Sprünge bekam. Wenden wir die Erkenntnisse über die Mineralstruktur an, die ich später in diesem Kapitel vortrage, so ergeben detaillierte Berechnungen, daß die Sprünge sich von den Linien der Höchstspannungen aus in einem Winkel von 120 Grad ausbreiten. Dies hat zur Folge, daß die ursprünglich einförmige Gesteinsmasse in eine Reihe senkrechter sechseckiger Säulen aufbricht. Die (in Abbildung 6-2 schraffierten) kleinen dreieckigen Säulen sind nicht mehr mit der Hauptmasse des Gesteins verbunden und fallen schnell heraus. Es ergibt sich eine Gesteinsmasse, deren Oberfläche mit einer Reihe langer, senkrechter Kerben versehen ist.

Geologen nennen diese Erscheinung «säulenartige Verbindungen». Dies ist eine ziemlich vertraute Erscheinung, die in den Palisade Hills in New Jersey und New York sowie im Westen der Vereinigten Staaten zu beobachten ist. Aus irgendeinem finsteren Grund haben die Namen für solche Gebilde stets mit dem Teufel zu tun – Devil's Tower, Devil's Postpile und so weiter.

Hat man einmal die «Klauenkerben» auf solchen geologischen Gebilden wie Devil's Tower verstanden, so ergibt sich eine Reihe interessanter Fragen. Eine ist theoretischer Natur: Weshalb bricht das

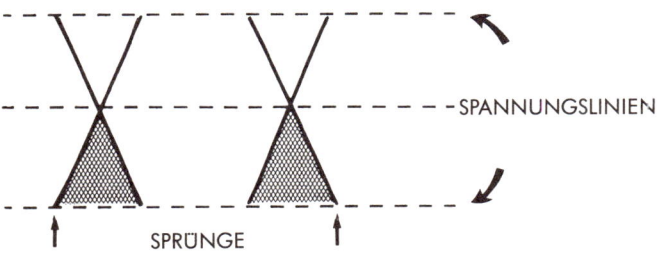

Abbildung 6-2

Ansicht vom Devil's Tower mit den hohen Säulenkerben, die in das unförmige Gestein am Fuß übergehen. Devil's Tower National Monument, Wyoming.

Magma in Sechsecke auf und nicht etwa in andere Formen wie Vier- oder Dreiecke? Eine zweite Frage ist eher empirischer Natur. Nimmt man das Foto des Devil's Tower genauer unter die Lupe, so fällt auf, daß sich die sechseckigen Säulenkerben über einen Großteil des Turms erstrecken, jedoch nicht über die gesamte Höhe. Im unteren Teil, je mehr sie sich dem Fuß nähern, verknoten sich die Säulen und verschwinden dann in einem massiven, unförmigen Gesteinsteil. Aus den Ausführungen über den Vorgang, der zur Entstehung des Devil's Tower führte, wissen wir, daß das Gestein am Fuß dasselbe wie in den Säulenkerben sein muß. Vermutlich hat auch das Gestein am Fuß denselben Abkühlungsvorgang durchlaufen wie das übrige Gestein. Weshalb sieht es dann so anders aus?

Die herkömmliche Antwort auf die zweite Frage lautet: Der untere Teil des Turms kühlte langsamer ab, da er tiefer als der Rest eingegraben war. Daher unterlag er auch weniger Spannungen als die Säulen, so daß die Bruchlinien, die nach dem nachlassenden Druck entstanden, unregelmäßiger verlaufen. Am besten läßt sich das mit einem Holzstück vergleichen. Wird durch eine Axt oder ein Sägeblatt eine plötzliche, scharf einwirkende Spannung ausgeübt, so bricht das Holz entlang einer geraden Linie sauber entzwei. Zerbricht man es jedoch über dem Knie, wird es über eine längere Zeit hinweg einer geringeren Spannung ausgesetzt. Die Spannung läßt auf einmal nach, und daraus resultiert ein Aufsplittern, ein eher unregelmäßiger als glatter Bruch. Vermutlich brach der untere Teil des Turms in ähnlicher Weise auf und erzeugte die beobachtete unförmige Masse.

Das Vorhandensein zweier verschiedener Gesteinsarten im Devil's Tower berührt einen wichtigen Aspekt physikalischer Weltbetrachtung. Physiker (und ganz besonders theoretische Physiker wie ich) neigen dazu, aus der Perspektive einer als Reduktionismus bekannten Philosophie zu denken. In unserer Ausbildung wurde uns gelehrt, ein Ganzes in seine einfachsten Bestandteile zu zerlegen. Das Studium dieser Einzelteile, gleich ob es sich dabei um Moleküle, Atome, Kerne oder Quarks handelt, bildet seit jeher den Hauptbereich physikalischer Forschung. Hinter dieser Methode steckt die unausgesprochene Annahme, daß man das Ganze versteht, sobald man seine Einzelteile versteht. Der Devil's Tower andererseits ist ein stummer Beweis dafür, daß die Lage vielleicht doch nicht ganz so einfach ist. Die beiden Gesteinstypen setzen sich schließlich aus denselben Verbindungen von Atomen zusammen, unterscheiden sich aber in ihrem Charakter erheblich. Obwohl die Gesteine oben und unten sehr verschieden aussehen, würde sich, wenn wir sie im Labor untersuchten, eindeutig herausstellen, daß sie in etwa über dieselben Eigenschaften verfügen. Doch an vielen Orten in der Natur besitzen zwei Minerale, die aus genau denselben Arten von Atomen bestehen, völlig verschiedene Eigenschaften. Diese Beispiele weisen auf die Grenzen des Reduktionismus hin: Ein physikalisches System kann manchmal mehr sein als die Summe seiner Teile. Wenn wir uns ein Ganzes vorstellen wollen, so müssen wir nicht nur seine Komponenten verstehen, sondern auch deren Beziehungen untereinander, wenn sie eine Einheit bilden.

Ein bekanntes Beispiel für diese Situation ist der Unterschied zwischen Diamanten und Graphit. Beide Stoffe bestehen aus derselben Materie – aus reinem Kohlenstoff. Der Diamant ist der härteste natürliche Stoff, während Graphit so leicht zerkrümelt, daß er in den sogenannten Bleistiften verwendet wird. Im Gegensatz zum Diamanten hinterläßt Graphit einen sichtbaren Streifen zerbröselter Teilchen auf Papier. Es ließen sich noch unendlich viele andere Beispiele finden, doch die Lektion ist eindeutig. Gestein und Minerale bestehen aus mehr als nur dem Inventar ihrer Atome.

Die Vorstellung, die ich mir schließlich von der Beziehung zwischen den Gesteinen und den sie bildenden Atomen machte, erinnert mich an eine alte Jahrmarktsattraktion, die «Schalenspiel» heißt. Bei diesem Spiel versammelt der Vorführende eine Gruppe Schaulustiger um einen Tisch, auf dem ein kleiner Gegenstand, zum Beispiel eine Erbse, sowie mehrere umgedrehte Schalen liegen. Zu Spielbeginn wird gezeigt, unter welcher Schale sich die Erbse befindet, dann werden die Schalen so lange untereinander und die Erbse von der ersten Schale in die nächste verschoben, bis alles vor den Augen verschwimmt. Die Prozedur wird von dem üblichen Singsang begleitet: «Sehen Sie genau hin, meine Damen und Herren, die Hände sind flinker als die Augen.» Das Publikum wird eingeladen, darauf Geld zu setzen, unter welcher Schale die Erbse schließlich gelandet ist. Manch einer der ahnungslosen Jahrmarktbesucher hat zu seinem Leidwesen erfahren müssen, daß die Hände tatsächlich flinker sind als die Augen, zumindest dann, wenn die Hände dem flinken Vorführer und die Augen dem vertrauensseligen Zuschauer gehören.

Die einzige nützliche Lektion, die wir aus dem Schalenspiel ziehen können, besteht darin, daß es uns eine gute Analogie für das Leben der Atome auf der Erdoberfläche liefert, wenn dabei die Erbse ein einzelnes Atom und die diversen Schalen die Nischen sind, die ein Atom aufnehmen können. Atome können in aufsteigendes, geschmolzenes Magma eingeschlossen und an ein bestimmtes Mineral gebunden werden, wenn das Magma abkühlt. Später können die Atome sich in einem verwitterten Teil des magmatischen Gesteins befinden, um dann, eingeschlossen in Sedimentgestein, durch Wärme und Druck metamorphes Gestein zu bilden. Bei diesem Vorgang bewegen die Atome sich von einer Schale (dem magmatischen Gestein) zu einer anderen (dem metamorphen). Das Gestein, das die Atome enthält, wird später eventuell unter anderes abtauchen und schmelzen, so daß die Atome den gesamten Kreislauf von vorn beginnen und dabei eine möglicherweise vollständig andere Gesteinsart bilden. Wie die Erbse beim Schalenspiel befindet sich ein bestimmtes Atom immer irgendwo; doch sein genauer Standort verändert sich ständig.

Der Zusammenhang zwischen den Atomen und den aus ihnen bestehenden Gesteinen ist strenggenommen Forschungsgebiet der Mineralogie. Ich muß gestehen, daß ich stets versucht habe, dieses Gebiet zu meiden. Für den nicht Eingeweihten hält es nämlich reichlich Abschreckendes parat; nicht zum geringen Teil die scheinbar endlose Liste unterschiedlicher Bezeichnungen für unterschiedliches Gestein (die meist auf «-it» enden). Die Geologen begannen mit der Bezeichnung des Gesteins lange bevor irgend jemand vom Vorhandensein der Atome wußte – geschweige denn eine Vorstellung von der Atomstruktur hatte. Daher haben diese Bezeichnungen etwas eher Abstoßendes und Absonderliches an sich. Manchmal rühren sie vom Ort her, an dem das Mineral zuerst identifiziert und untersucht wurde – zum Beispiel Labradorit (Labrador) oder Franklinit (Franklin, New Jersey).

Manchmal wurde es nach Personen benannt, die es entweder entdeckt haben oder die der Entdecker damit ehren wollte – zum Beispiel Goethit zu Ehren von Johann Wolfgang Goethe. Die Geologen scheinen diese Methode der Namensfindung noch immer für vernünftig zu halten, wie das Mondmineral Armalcolit beweist, das nach jenen Apollo-Astronauten (Armstrong, Aldrin und Collins) benannt wurde, die als erste auf dem Mond landeten.

Diese Art der Namensfindung bringt zwar Farbe in Vorträge und Bücher, bereitet jedoch jedem potentiellen Gesteinsnarren oder Mineralogen, der Tausende von unzusammenhängenden Bezeichnungen erlernen muß, Schwierigkeiten. Manchmal gehen die Namensgeber unübliche Wege, um neue Gesteinsarten zu schaffen. Ich habe zum Beispiel gehört, daß eine Reihe von Namen für Minerale sich auf Gesteine bezieht, die an einer einzigen Fundstelle von weniger als einem Zehntel Quadratmeter entdeckt wurden!

Wenn wir uns darum bemühen zu begreifen, warum ein bestimmtes Mineral über seine Eigenschaften verfügt, so müssen wir der geologischen Feldforschung den Rücken kehren und uns der geheimnisvolleren Welt des Atoms zuwenden. Fügen sich unterschiedliche Atome in einem Gestein zusammen, so hängen dessen Eigenschaften von zweierlei Dingen ab: von der Art der Atome in dieser Zusammensetzung

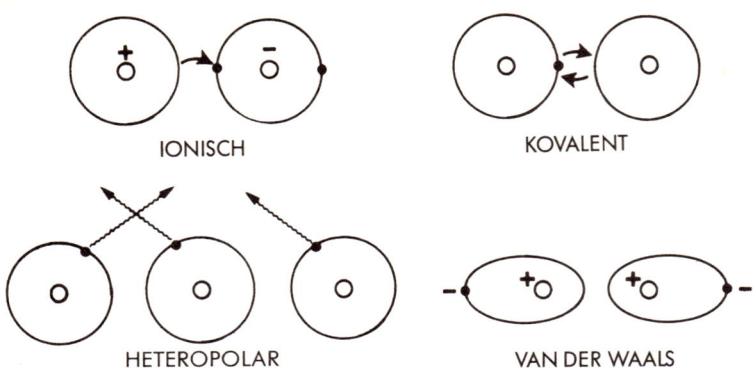

Abbildung 6-3

und von der Art und Weise, in der sie miteinander verbunden und verteilt sind. Bindung und Verteilung ihrerseits hängen von den Bedingungen ab, die zur Zeit der Entstehung des Gesteins vorherrschen, insbesondere von den Temperatur- und Druckverhältnissen. Ich will auf jeden dieser Faktoren gesondert eingehen.

Chemische Bindung

Wenn ein Gestein zusammenhält, so offensichtlich deswegen, weil die Atome, aus denen es besteht, irgendwie zusammenhalten. Es gibt vier verschiedene Arten der Bindung zwischen Atomen (wie Abbildung 6-3 illustriert):

1. *Die heteropolare Bindung (Ionenbindung)* – ein Elektron springt von einem Atom auf ein anderes über und bildet so zwei Ionen mit entgegengesetzter Ladung, die sich aufgrund der gewöhnlichen elektrischen Kräfte gegenseitig anziehen. (Ein Ion ist, wie bereits erwähnt, ein Atom, das ein Elektron verloren oder hinzugewonnen hat.)
2. *Die kovalente Bindung* – zwei Atome teilen sich ein Elektronenpaar.

3. *Die metallische Bindung* – jedes Atom in irgendeinem Metall steuert ein Elektron bei, das dann von den Atomen als Ganzes geteilt wird.
4. *Die Van-der-Waals-Bindung* – die Elektronen in jedem Atom stoßen die seines Nachbarn ab. Daraus ergeben sich verformte Atome und eine geringe Bindungskraft.

Gesteine entstehen wie jede andere Materieform, indem Atome sich zu neuen Konfigurationen zusammensetzen. Nähern sich Atome einander, so reagieren sie zuerst auf die äußeren Elektronen ihrer Nachbarn, ebenso wie ein Außerirdischer, der sich dem Sonnensystem nähert, zuerst die äußeren Planeten wahrnehmen würde, bevor er die Erde erblickt. Folglich werden die chemischen Eigenschaften einer jeden Substanz vor allem von der Anzahl der Elektronen auf der äußeren Umlaufbahn bestimmt und nicht etwa von der Gesamtzahl der Elektronen. Darum besitzen Wasserstoff (ein Elektron) und Natrium (elf Elektronen, doch nur eines auf der äußeren Bahn) ähnliche Eigenschaften.

Schauen wir uns an einem einfachen Beispiel an, wie die chemische Bindung in den Mineralen funktioniert. Jedes Kohlenstoffatom besitzt sechs Elektronen, von denen sich vier auf der äußersten Bahn

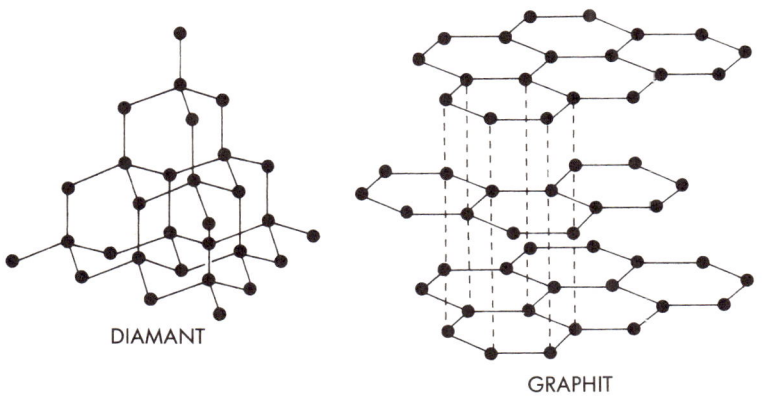

DIAMANT

GRAPHIT

Abbildung 6-4

befinden. In den Kohlenstoffatomen stehen daher vier äußere Elektronen für den Bindungsvorgang zur Verfügung. Werden diese Atome unter hohem Druck zusammengebracht, fügen sie sich zu einer Struktur, in der jedes Kohlenstoffatom vier Bindungen mit anderen Kohlenstoffatomen eingeht. Es ergibt sich eine dreidimensionale Struktur, in der jedes Kohlenstoffatom eng an seine Nachbarn gekettet ist, wie links in Abbildung 6-4 dargestellt. In einer solchen Verbindung fällt es schwer, ein einziges Kohlenstoffatom von seinem Platz zu verdrängen; das resultierende Material ist daher sehr hart: Es handelt sich in der Tat um den Diamanten. Die zur Entstehung von Diamanten erforderlichen Drücke sind bedeutend höher als jene, die in der Erdkruste normalerweise vorkommen. Daher können sie nur im Erdmantel entstehen und müssen zur Erdkruste aufsteigen, was ihr seltenes Vorkommen erklärt.

Bei niedrigeren Drücken werden die Kohlenstoffatome nicht so eng zusammengepreßt, und es ergibt sich ein anderes Bindungsmuster. In einer solchen Struktur (rechts in Abbildung 6-4) bilden Kohlenstoffatome drei kovalente Bindungen mit ihren Nachbarn in zweidimensionalen Lagen, dagegen Van-der-Waals-Bindungen mit den Atomen in benachbarten Lagen. Dies ist die Struktur von Graphit. Da Van-der-Waals-Kräfte relativ schwach sind, fällt es den von außen einwirkenden Kräften nicht schwer, die Bindungen zwischen den Kohlenstofflagen in dieser Struktur aufzubrechen. Darum schreibt ein Bleistift – das Geschriebene besteht aus Lagen, die sich abgeschält haben, als die Van-der-Waals-Bindung aufgebrochen wurde.

Über die Fähigkeit der Atome, verschiedene Bindungen einzugehen, läßt sich abschließend sagen, daß selbst einfachste Minerale, bei denen nur eine Atomsorte beteiligt ist, sehr unterschiedliche physikalische Eigenschaften aufweisen, je nachdem wie die Atome sich selbst in dieser Struktur anordnen. Die meisten Gesteine sind natürlich komplexer. Sie bestehen aus Kombinationen vieler verschiedener Atomsorten, so daß neben den verschiedenen Bindungskräften noch die Art und Weise, wie sich Atome unterschiedlicher Größe und mit unterschiedlicher Elektronenstruktur zusammensetzen können, zu berücksichtigen ist.

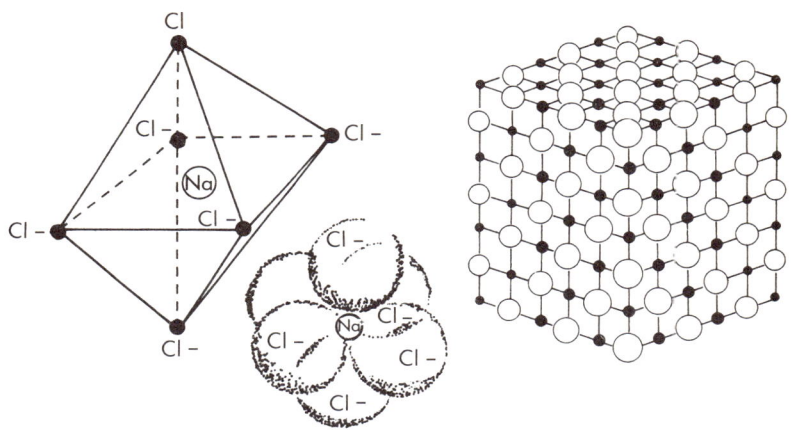

Abbildung 6-5

Wie sich Atome anordnen

Bei den meisten gewöhnlichen Mineralen liegt Ionenbindung vor, allein oder zusammen mit einem anderen Bindungstyp. Man stelle sich jedes Ion in einem Mineral als eine undurchdringliche Billardkugel vor. Die Billardkugeln sind, genau wie die Atome, von unterschiedlicher Größe. Die allgemeine Regel, nach der sich die verschiedenen Atome in einer bestimmten Struktur anordnen, ist einfach: Das Mineral wird so zusammengesetzt, daß möglichst viele Billardkugeln, welche die negativen Ionen darstellen, jedes positive Ion berühren.

Nehmen wir das gewöhnliche Kochsalz als Beispiel. Es besitzt dieselbe Anzahl Natrium- wie Chloratome. Jedes Natriumatom gibt ein Elektron ab und wird damit zu einem positiven Ion, während jedes Chloratom ein Elektron aufnimmt und zu einem negativen Ion wird. Ein Natriumatom ist sehr viel kleiner als ein Chloratom, und es können höchstens sechs Chloratome ein Natriumatom berühren (siehe Mitte der Abbildung 6-5). Multiplizieren wir diese Grundeinheit viele Male, so erhält man eine Kristallstruktur wie jene in der rechten Darstellung, in der Natrium- und Chlorionen sich so abwechseln, daß jedes Natriumatom von sechs Chloratomen umgeben ist.

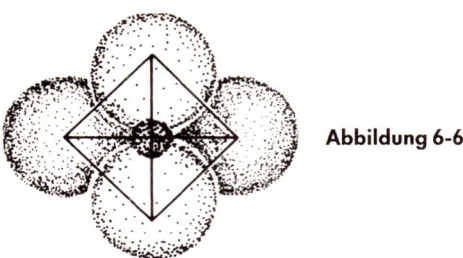

Abbildung 6-6

Offenbar ergibt diese Anordnung die kompakteste Packungsart der Atome in einem Salzkorn; doch gibt es einen tieferen Grund für diese einfache geometrische Anordnung in der Natur. Sie stellt nämlich nicht nur die effektivste Packungsart dar, sondern zugleich den Zustand der niedrigsten Energie (und daher der größten Stabilität) innerhalb des Natrium-Chlor-Systems. Will man irgendeines der negativ geladenen Chlorionen von den positiv geladenen Natriumionen trennen, muß man dem System Energie zuführen, um die elektrische Anziehung zwischen zwei Ionen zu überwinden. Befände sich andererseits ein Chlorion in der Nähe eines Natriumions, das von nur fünf Chlorionen umgeben ist, so würde es, andere Atome beiseite drückend, zu diesem Natriumion hinstürzen, bis es sich ihm so dicht wie möglich angelagert hat. Ähnlich wie ein Stein, der einen Abhang hinunterrollt, zeigt die Anordnung der Atome in Mineralen wie dem Kochsalz, daß jedes System in der Natur dem Zustand niedrigster Energie zustrebt.

Dasselbe allgemeine Muster gilt für andere, komplexere Minerale. Sowohl Silizium als auch Sauerstoff zum Beispiel kommen in Gesteinen vor. Silizium gibt gewöhnlich seine vier äußeren Elektronen ab und wird so zu einem Ion mit der Ladung $+4$, während Sauerstoff zwei Elektronen anzieht, um ein Ion mit der Ladung -2 zu werden. Da das Sauerstoffion groß ist, passen lediglich vier Sauerstoffionen um ein einzelnes Siliziumion; ist genügend Sauerstoff vorhanden, erhält man als Oberflächenstruktur, wie in Abbildung 6-6 dargestellt, ein Tetraeder, einen von vier gleichseitigen Dreiecken begrenzten Körper. Da vier Sauerstoffionen über eine Gesamtladung von -8 verfügen, beträgt die Gesamtladung des Tetraeders $-8 + 4 = -4$, so daß weitere positive Ionen daran gebunden werden können. Zirkon, der bei Schmuck manchmal an Stelle von Diamanten verwendet wird, ist ein Kristall, dessen grundlegender Baustein aus einem Ion des chemischen Elements Zirkonium besteht, das an ein Silizium-Sauerstoff-Tetraeder gebunden ist.

Sind nicht genügend Sauerstoffatome vorhanden, um jedem Siliziumatom seinen vollständigen Anteil von vier Atomen zu verschaffen, so teilen die Siliziumatome eines oder mehrere ihrer Sauerstoffatome mit ihren Nachbarn. Je nach Grad des Teilens ergeben sich große Lagen ineinandergreifenden Siliziums und Sauerstoffs (die zu einer blättrigen Struktur in Mineralen wie Glimmer führt) oder komplizierte dreidimensionale Verflechtungen (die hartes Material wie Quarz ergeben).

Es liegt auf der Hand, daß sich aus komplizierteren Mineralen, die aus bis zu einem halben Dutzend oder gar mehr chemischen Elemen-

Manche Minerale fügen sich zu seltsamen Mustern zusammen. Hier floß Wasser in die Spalten eines großen Steins und trug Atome hinein, aus denen schließlich Quarz entsteht.

ten bestehen, recht komplexe Strukturen aufbauen lassen. Manchmal führen diese Strukturen zu harten Materialien, manchmal nicht. Zum Beispiel besteht der als Kaolinit bezeichnete Ton aus Aluminium, Silizium, Sauerstoff und Wasserstoff. Ionenbindungen bilden fest verflochtene Materiallagen, doch die Lagen selbst werden von den schwachen Van-der-Waals-Kräften zusammengehalten. Wie Graphit ist dieser Ton weich, und es genügt die Kraft der Finger, um ihn aufzubrechen. Komplexität ist kein Garant für ein festes Material.

Aus solchen «Bastelanleitungen» für Minerale geht auch hervor, aus welchem Grund äußere Faktoren wie der Druck die Struktur eines Materials beeinflussen. Die Energie bei der Ionenbindung hängt, wie wir im Fall des Kochsalzes gesehen haben, davon ab, wie viele negativ geladene Ionen ein positives Ion umgeben können. Steht genug äußerer Druck zur Verfügung, lassen sich die Ionen verformen und komprimieren, was in manchen Fällen dazu führt, daß sie sich neu anordnen, so daß sich die positiven und negativen Ladungen dichter beieinander befinden, als dies normalerweise der Fall ist. Ist diese Neuanordnung vollzogen, sind die elektrischen Kräfte auf der atomaren Ebene stark genug, um alles an Ort und Stelle zu halten, selbst wenn der Druck entfällt. Manchmal jedoch sind die atomaren Kräfte dieser Aufgabe nicht gewachsen, und das Mineral kehrt langsam wieder zu seiner ursprünglichen Form zurück. Ich habe mir sagen lassen, dies gelte für Diamanten, doch wird die Zeit, die Ihre Juwelen benötigen, um sich zu Graphit zurückzubilden, vermutlich die ganze Lebensspanne der Erde umfassen. In anderen Materialien ist die einmal vollzogene Veränderung endgültig. All dies ist eine Frage der Verhältnisse auf der Ebene der Atome.

Die Entstehung der Gesteine begann somit nach dem Baukastenprinzip stets mit der Verbindung der Atome zu den Kristallen der Grundminerale. Geologen kennen mehr als dreitausend solcher Zusammensetzungen. Die meisten davon sind zum Glück selten. Haben sich die Atome in einem bestimmten Mineral angeordnet, setzt ein Prozeß ein, in dessen Verlauf das aus den Kristallen entstandene magmatische Gestein durch Verwitterung langsam auseinanderbricht. Das so entstandene Gesteinsmaterial verbindet sich miteinander und bildet schließlich die Hauptkomponenten im Sedimentgestein. Dieses kann dann eine Metamorphose durchlaufen (die, wie wir wissen, nichts anderes ist als ein erneutes Vermischen der elementaren atomaren Billardkugeln unter Einwirkung extremer Drücke und Temperaturen). In jeder Phase kann magmatisches, metamorphes oder Sedimentgestein untertauchen, schmelzen und wiederum dem Magma, dem es entstammt, zugeführt werden, ein Kreislauf, bei dem dieselben atomaren Billardkugeln wieder zusammengeführt, gemischt und rekombiniert werden, so daß der ganze Vorgang von vorn beginnt.

Es ist jedoch nicht erforderlich, die große tektonische Sicht einzunehmen, um zu erkennen, daß Gesteinsbildungen keine statischen, sondern dynamische Systeme sind. Bei der Betrachtung des atomaren Aufbaus als Prozeß tritt ein Gesichtspunkt deutlich hervor. Ob ein bestimmtes Ion an eine bestimmte Stelle in der Struktur paßt oder nicht, hängt einzig und allein von seiner Größe und seiner elektrischen Ladung ab. Haben zwei unterschiedliche Ionen dieselbe Größe und Ladung, so gibt es keinen Grund, weshalb in einem bestimmten Mineral das eine nicht durch das andere ersetzt (substituiert) werden könnte.

Dies bedeutet zum einen, daß die Zahl verschiedener Minerale, die aus gewöhnlichen Grundsubstanzen entstehen können, erheblich erweitert wird. Ein Eisen- und ein Magnesiumion beispielsweise sind fast gleich groß, so daß das eine gegen das andere in der Modellstruktur ausgetauscht werden kann. Es ist deshalb kein Wunder, daß an verschiedenen Orten Minerale derselben Struktur entstehen. die sich jedoch hinsichtlich ihrer Eisen- und Magnesiumanteile unterscheiden. Manche dieser Minerale enthalten etwa nur Eisen, manche nur Magnesium, einige beides zur Hälfte und so weiter. Diese bestimmte Art von Mineralen wird Olivingruppe genannt, und es gibt viele andere Arten solcher austauschbaren Ionen wie das Paar Eisen-Magnesium. Daraus ergibt sich eine große Bandbreite möglicher Mineralarten.

Die Möglichkeit der Substitution bedeutet auch, daß die Zusammensetzung eines Minerals nicht während seiner gesamten Lebensdauer konstant bleiben muß. Wird ein Mitglied der Olivingruppe im Wasser Magnesiumionen ausgesetzt (Ionen zum Beispiel, die aus aufsteigendem Gestein ausgeschwemmt wurden), so können diese einige der Eisenionen im Mineral ersetzen. Dadurch sinkt ein Eisenion (statt eines Magnesiumions) hinab, und ein Magnesiumion (statt eines Eisenions) bindet sich an das Mineral. Auch im Rahmen der relativ kurzen Zeitspannen, die für die Ionensubstitution erforderlich sind, sind Minerale dynamische, sich verändernde Systeme.

Der Austausch zweier Ionen in einem Mineral kann erhebliche Konsequenzen haben, wenn eines dieser Ionen radioaktiv ist. Radioaktivität ist eine Eigenschaft bestimmter Atomkerne. Für ein Mineral eignet sich ein radioaktives Ion als Baustein ebensogut wie jedes andere; es wird in die Mineralstruktur eingegliedert, wenn es die passende Größe und Ladung hat.

Eine schädliche Folge dieser Art der Substitution ergab sich in den fünfziger Jahren, als viele Nationen Atomwaffentests in der Atmosphäre durchführten. Ein Produkt dieser Tests war Strontium-90, ein radioaktives Strontiumisotop. Nun gehören Strontium und Kalzium wie Eisen und Magnesium zu jenen Paaren, die in Mineralen substituiert werden können. Das Strontium-90 im radioaktiven Fallout lagerte sich auf dem Gras ab, wurde von Kühen gefressen und gelangte so in die Milch, wo es Teile des Kalziums ersetzte. Als Menschen diese Milch tranken, konnten dieselben Strontiumatome das Kalzium in den Knochen substituieren. War das Strontium erst einmal in der Knochenstruktur abgelagert, verblieb es an diesem Ort so lange, bis der Kern zerfiel.

Die Hälfte der Strontium-90-Kerne zerfällt in rund achtundzwanzig Jahren, was nichts anderes bedeutet, als daß sich ein Viertel der inkorporierten Ionen noch nach sechsundfünfzig Jahren an jenen Stellen in den Knochen befinden, an denen sie sich ursprünglich angelagert haben. Dieser Effekt wurde – sehr spät – als erhebliche Gefahr für die Gesundheit von Mensch und Tier erkannt, was schließlich zum Verbot von Atomwaffentests in der Atmosphäre führte.

7 Alt wie Berge

«How old are you, my pretty little miss?
How old are you, my honey?
She answered him with a tee-hee-hee
I'll be sixteen next Sunday»

«Blackjack Davey»,
englisch-amerikanisches Volkslied

Die Menschen sind es gewohnt, die Zeit in Sekunden, Tagen und Jahren zu messen. Entfernen wir uns zu weit von dieser vertrauten zeitlichen Dimension, wird unsere intuitive Auffassung unscharf. Doch die Natur ist nicht an die menschliche Lebensspanne oder Reaktionszeit gebunden, so daß wir lernen mußten, mit Zeiträumen umzugehen, die so kurz oder so lang sind, daß wir sie uns nicht vorstellen können (siehe Tabelle S. 121).

Wann immer wir es mit Vorgängen zu tun haben, die in sehr langer oder sehr kurzer Zeit ablaufen, müssen wir uns besondere Methoden zur Zeitmessung und -quantifizierung einfallen lassen. Die benötigten Werkzeuge in der Welt der Atome und der Atomkerne sind schnelle Elektronik und Teilchenbeschleuniger.* Die kurzlebigen Vorgänge haben den Vorteil, daß man sie viele Male innerhalb eines einzigen Menschenlebens messen und analysieren kann. Mit den langlebigen Vorgängen verhält es sich anders. Wir können zum Beispiel weder Geburt und Tod eines Sonnensystems beobachten noch die Entstehung einer Bergkette vom Anfang bis zum Ende miterleben. Dies bedeutet, daß wir die Spuren nutzen müssen, die die vergangenen Ereignisse uns hinterlassen haben, um daraus zu schließen, was zu welchem Zeitpunkt geschehen ist.

---

* Eine detailliertere Beschreibung dieser Verfahren gebe ich in meinem Buch *From Atoms to Quarks* (Charles Scribner's Sons, New York 1980).

In den vorangegangenen Kapiteln habe ich eine Menge Zahlen vorgetragen – die Rocky Mountains sind vor 65 Millionen Jahren entstanden, das älteste Gestein ist 3,8 Milliarden Jahre alt und so fort. Doch die Berge, durch die man wandert, tragen kein Hinweisschild «65 Millionen Jahre alt». Man sieht nichts als Felsen. Eine Chronologie aufzustellen – Hinweisschilder, die das Alter von Bergen angeben – war und ist eines der zentralen Probleme der Geowissenschaften.

Im 18. und 19. Jahrhundert machten Geologen einen Anfang, Antwort auf die Frage «Wie alt?» zu finden, indem sie die Berge vor Ort analysierten. Aus unseren Überlegungen zum Sedimentgestein (im fünften Kapitel) wissen wir, daß das Gestein in den unteren Sedimentlagen vor jenem in den oberen Lagen entstanden sein muß. Dies folgt aus unserem Verständnis der Sedimentierung, bei der Material über einen langen Zeitraum hinweg auf den Meeresgrund hinabregnet: Das Material auf dem Grund muß zeitlich vor dem Material darüber abgelagert worden sein. Das Sedimentgestein bietet also eine relative Zeitskala. Wenn ein Ereignis A tiefer liegt als ein Ereignis B, so hat es früher stattgefunden.

Eines der Probleme, mit dem die frühen Geologen sich auseinanderzusetzen hatten, war die Tatsache, daß es kein einziges freigelegtes Sedimentbett gibt, das die gesamte Geschichte der Erde dokumentiert. Selbst der Grand Canyon, eines der beeindruckendsten Sedimentbetten, die je untersucht worden sind, offenbart Gesteine, die über einen Zeitraum von 345 Millionen Jahren entstanden sind, beginnend vor 570 Millionen Jahren, während sich die obersten Lagen vor etwa 225 Millionen Jahren gebildet haben. Um einen durchgehenden Kalender für die Zeit der aufgezeichneten Erdgeschichte erstellen zu können, war es notwendig, Sedimentschichten an verschiedenen Orten miteinander zu vergleichen. Zum Beispiel stellte sich heraus, daß die Gesteine im Canyonlands National Park in Utah offenes Sedimentgestein vorweisen, das in der untersten Lage 320 Millionen und in der obersten 65 Millionen Jahre alt ist, während im Bryce Canyon National Park (ebenfalls in Utah) der Beginn bei 190 Millionen Jahren vor unserer Zeit liegt und die Entwicklung fast bis in die Gegenwart fortdauert. Diese drei Nationalparks liefern daher eine Reihe von deckungsgleichen Zeitmaßen, die uns bis zu 570 Jahrmillionen in die Vergangenheit zurückführen, eine Periode, die die Geo-

Vorgang	Zeit
Reaktionen, die den Kern eines Atoms zusammenhalten	10^{-24} Sek.
Zeit, in der ein Elektron einen Umlauf um das Atom vollendet	10^{-16} Sek.
Zeit, in der ein Nervenimpuls im Gehirn von einem Neuron zum nächsten weitergeleitet wird	0,001 Sek.
Durchschnittliche menschliche Lebenserwartung	70 Jahre
Schriftlich überlieferte Geschichte	5000 Jahre
Menschliches Leben auf der Erde	3 Mio. Jahre
Zeit, in der die tektonische Bewegung die Ozeankruste der Erde verschiebt	100 Mio. Jahre
Lebensdauer der Erde und des Sonnensystems	4,5 Mrd. Jahre
Alter des Universums	15 Mrd. Jahre

Zeitskalen

logen als Obergrenze des Präkambriums bezeichnen. Die Ausarbeitung einer relativen Zeitskala hing letztlich nicht von diesen besonderen Formationen ab – sie waren europäischen Geologen nicht einmal bekannt, als sie einen großen Teil der Arbeit leisteten. Sie illustrieren aber sehr gut die Methode des Vergleichs verschiedener zeitgleicher Formationen.

Sind Sie ein eher skeptischer Mensch, so wundern Sie sich vermutlich, wieso ich, eingedenk meiner früheren Anmerkungen, so sicher sein kann, daß diese Formationen sich wirklich zeitlich decken. Woher kann ich zum Beispiel wissen, daß eine Gesteinslage in der Nähe des Gipfels des Grand Canyon zur gleichen Zeit wie eine untere Lage in den Canyonlands entstanden ist? Die Antwort auf diese Frage liefern Markierungen im Gestein, die nichts mit geologischen Prozessen selbst zu tun haben: Fossilien – Relikte von Organismen, die seit langem von der Erdoberfläche verschwunden sind.

Die Ausarbeitung einer relativen Zeitskala wird dann etwa wie folgt vorgenommen: Zwei Lagen Sedimentgestein an verschiedenen Orten werden untersucht. Findet man dabei Fossilien derselben Spezies an beiden Orten, liegt die Vermutung nahe, daß das Gestein zur selben Zeit abgelagert wurde. Dieses Vorgehen ermöglicht es uns, Teile verschiedener geologischer Formationen miteinander zu vergleichen und zu einer einheitlichen relativen Zeitskala zu gelangen.

Hier sind einige weitere Anmerkungen zu machen. Zuallererst ist das hier gegebene Beispiel mit den drei geologischen Formationen und den jeweils nur einigen wenigen sich zeitlich deckenden Lagen zum Zweck der Darstellung reichlich vereinfacht worden. In Wirklichkeit werden die Zeitskalen von internationalen Geologenkomitees aufgestellt, die nicht um ihre Aufgabe zu beneiden sind, Daten aus Hunderten unterschiedlicher Formationen zu koordinieren und sicherzustellen, daß alles zusammenpaßt. Das Resultat ihrer Arbeit ist eine Skala, anhand deren wir zu sagen vermögen, welche Formation – unabhängig von ihrem Standort – älter oder jünger ist als eine andere.

Kreationisten, die den göttlichen Schöpfungsakt als Beginn des Universums betrachten, halten dagegen, daß die geologische Zeitskala auf einem Zirkelschluß beruhe: Fossilien werden zur Datierung von Gestein eingesetzt, und alsdann datiert man Fossilien anhand der Gesteine. Aus der vorhergehenden Beschreibung sollte eindeutig hervorgehen, daß dieses Argument ungültig ist, selbst für die relative Zeitskala. Die Fossilien sind nämlich einfach nur Markierungen in Gesteinen. Der einzige zur Erstellung der relativen Zeitskala benötigte logische Schluß besteht in der Aussage: Wenn Fossil A in einer Formation unterhalb von Fossil B vorkommt und seinerseits Fossil B in einer anderen unterhalb von Fossil C, so ist Fossil C später als Fossil A und B abgelagert worden. Hier gibt es keinen Zirkelschluß in der Argumentation – sondern lediglich die normalen Regeln der Logik.

Schließlich sollte noch erwähnt werden, daß die auf solche Weise erstellte Zeitskala nur bei solchen Formationen Verwendung finden kann, die eine große Anzahl Fossilien enthalten. Daher reicht die Zeitskala nur 570 Jahrmillionen weit bis zum Beginn einer Periode zurück, die die Geologen Kambrium nennen. Aus der Zeit vor dieser Periode liegen kaum Fossilien vor, und somit wird die Datierung unscharf.

Nach diesen Anmerkungen will ich darauf hinweisen, daß ich bisher mit der Bezeichnung «relative Zeitskala» ziemlich vorsichtig umgegangen bin. Der Grund dafür liegt auf der Hand. Anhand einer relativen Zeitskala sind wir in der Lage zu bestimmen, daß Ereignis A vor Ereignis B ablief, entweder weil es unterhalb von B in derselben Formation auftaucht oder weil es unterhalb der Zeit auftaucht, die in einer anderen Formation dem Ereignis B entspricht. Doch wenn wir weitergehen und fragen: «Vor wie langer Zeit etwa geschahen A und B?» oder «Wieviel Zeit verging zwischen A und B?», so helfen uns geologische Feldstudien nicht weiter.

Sind zum Beispiel A und B durch etwa zwei Meter Sandstein voneinander getrennt, so sagt dies weder etwas über den Zeitpunkt eines der beiden Ereignisse noch über die zwischen ihnen liegende Zeit aus. Zwei Meter Sandstein können ebensogut während einiger größerer Fluten innerhalb weniger Jahrhunderte wie auch während einer langsam verlaufenden Ansammlung von Sand innerhalb von Jahrtausenden abgelagert worden sein. Nur anhand des Sandsteins sind keine Aussagen darüber möglich, wie schnell oder langsam er entstanden ist. Es ist also, mit anderen Worten, nicht möglich, numerische Daten mit A, B oder der dazwischenliegenden Zeit in Verbindung zu bringen.

Erst zu Beginn unseres Jahrhunderts gelang es, über Ordnungsvorgänge dieser Art hinauszugehen und wirkliche Daten mit den Ereignissen zu korrelieren, die wir in geologischen Formationen erkennen. Die auf diese Weise erstellte Zeitskala – mit bezifferten wie auch geordneten Ereignissen – wird absolute oder radiometrische Zeitskala genannt. Das Erstellen der absoluten Zeitskala setzt selbstverständlich nach wie vor geologische Feldarbeiten voraus, aber auch – wesentlich – den Fortschritt der Atomphysik. Mir ist keine bessere Demonstration der wechselseitigen Verknüpfung wissenschaftlicher Erkenntnisse bekannt als die Tatsache, daß die Erforschung der Atomkerne in der ersten Hälfte des 20. Jahrhunderts uns in die Lage versetzt hat, mit einiger Gewißheit zu behaupten, daß die letzten Dreihörner vor 65 Millionen Jahren über die Ebenen von Montana spazierten.

Um verständlich zu machen, wie die Atomphysik zur Erforschung der Erdgeschichte eingesetzt wird, muß ich hier kurz abschweifen und auf meine Ausführungen über Atomkerne im fünften Kapitel zurückkommen. Die Atomkerne bestehen aus zwei elementaren Bausteinen: aus (positiv geladenen) Protonen und (elektrisch neutralen) Neutronen. Der Kern ist etwa 100 000mal kleiner als das gesamte Atom. Der Großteil des Atomvolumens besteht aus leerem Raum, in dem einige Elektronen um den Kern kreisen. Eine Ahnung von den Größenverhältnissen in einem Atom erhält man, wenn man sich vorstellt, der Kern eines Sauerstoffatoms wäre so groß wie ein Golfball. Der Rest des Atoms bestünde dann aus acht Elektronen, die alle kleiner als ein Sandkorn wären und das Atom auf Bahnen umkreisten, die etwa dem Durchmesser einer Großstadt entsprächen.

Da Atome elektrisch neutral sind, befinden sich unter normalen Umständen ebenso viele negativ geladene Elektronen auf den Umlaufbahnen wie positiv geladene Protonen im Kern. Die «Identität» eines Atoms wird daher von der Anzahl seiner Protonen im Kern bestimmt. Die chemischen Eigenschaften des Sauerstoffs zum Beispiel werden durch den Umstand bestimmt, daß sich acht Elektronen auf ihren Bahnen um den Kern bewegen, doch die Anzahl der Elektronen hängt von der Tatsache ab, daß im Sauerstoffkern acht Protonen vorhanden sind. Verändert sich die Anzahl der Protonen im Kern durch irgendeinen Vorgang, so verliert das Atom entweder Elektronen, oder es nimmt freie Elektronen aus seiner Umgebung auf, um seine elektrische Neutralität zurückzugewinnen. Mit anderen Worten, es wird zu einem anderen Atom mit anderen ergänzenden Elektronen und daher anderen chemischen Eigenschaften und einem *anderen Namen*. Entfernten wir zum Beispiel zwei Protonen aus einem Sauerstoffkern, ergäbe sich ein neues Atom mit sechs statt acht Elektronen. Es hätte dieselben chemischen Eigenschaften wie jedes andere Atom mit sechs Elektronen, und wir würden sagen, es handle sich um ein Kohlenstoffatom.

Jahrhundertelang haben Alchimisten im Mittelalter nach dem Stein der Weisen gesucht – eine mystische Substanz, angeblich geeignet, Blei in Gold zu verwandeln. Natürlich konnten die Alchimisten nur mit den chemischen Eigenschaften der Stoffe experimentieren und waren noch nicht in der Lage, zu den Kernen ihrer Atome vorzudringen. In gewissem Sinne ist der Teilchenbeschleuniger durch sein Vermögen, dem Atomkern Material zuzuführen und zu entreißen, der wahre Stein der Weisen, da er die Elemente selbst umwandeln kann.

Es ist wichtig zu verstehen, daß die Anzahl der Protonen im Kern die chemischen Eigenschaften des Atoms bestimmt, nicht dagegen die Anzahl der Neutronen. Hätten wir dem Sauerstoffkern in unserem Beispiel zwei (elektrisch neutrale) Neutronen entnommen, so hätten wir an der Zahl der Elektronen nichts geändert. Es gäbe nach wie vor acht Protonen und acht Elektronen, obwohl von den normalerweise acht Neutronen nur sechs vorhanden wären. Die chemischen Eigenschaften des Atoms blieben unverändert, nur hätte es eine andere Masse. In erster Näherung befindet sich die Gesamtmasse eines Atoms in seinem Kern, und da die Masse eines Protons fast der eines Neutrons entspricht, hat es sich eingebürgert, die Masse eines Atoms mittels der Anzahl seiner Protonen und Neutronen anzugeben. Normaler Sauerstoff mit jeweils acht Protonen und Neutronen wird als Sauerstoff-16 oder ^{16}O bezeichnet. Mit zwei Neutronen weniger ergäbe sich Sauerstoff-14 oder ^{14}O, mit zwei Protonen weniger ergäbe sich Kohlenstoff-14 oder ^{14}C. Zwei Atome mit derselben Anzahl Protonen, aber einer unterschiedlichen Anzahl Neutronen sind jeweils in ihrer Beziehung zueinander Isotope. Isotope haben identische chemische Eigenschaften.

Die meisten Stoffe, die uns vertraut sind, bestehen aus stabilen Atomen – das heißt, aus Atomen, deren Kerne nicht spontan ihre Identität verändern. In der Natur jedoch kommen Substanzen vor, auf die dies nicht zutrifft. Die Atome dieser Elemente, von denen Uran das bekannteste ist, haben die Eigenschaft, daß ihre Kerne nach einer gewissen Zeit geladene Teilchen emittieren und dadurch die Anzahl ihrer Protonen verändern. Ein Atom des Uran-238 (92 Protonen, 146 Neutronen) zum Beispiel stößt zwei Protonen und zwei Neutronen (ein Alphateilchen) ab und verwandelt sich dadurch in den Kern des Elements Thorium – Thorium-234. Wir sagen, daß Uran eine radioaktive Substanz ist und daß ein Uranatom zerfällt, indem es zwei Protonen und zwei Neutronen emittiert.

Bei der Erstellung der geologischen Zeitskala ist die Tatsache von Bedeutung, daß jeder radioaktive Kern einer bestimmten Art entsprechend seiner eigenen inneren Uhr zerfällt. Zum Beispiel beginnen einige Uran-238-Kerne gleich nach der Kernsynthese zu zerfal-

Element	Halbwertszeit (in Jahren)	Zerfallsprodukt
Kohlenstoff-14	5730	Stickstoff-14
Kalium-40	1,3 Milliarden	Argon-40
Rubidium-87	47 Milliarden	Strontium-87
Uran-235	710 Millionen	Blei-207
Uran-238	4,5 Milliarden	Blei-206

len, allerdings äußerst langsam. Haben wir es zu Beginn mit tausend Kernen zu tun, so sind nach 4,5 Milliarden Jahren noch fünfhundert vorhanden und nach weiteren 4,5 Milliarden Jahren zweihundertfünfzig und so weiter. Die Zeitspanne, in der von einem radioaktiven Isotop durchschnittlich die Hälfte einer beliebigen Anfangszahl zerfallen ist, wird Halbwertszeit genannt. Somit beträgt die Halbwertszeit von Uran-238 4,5 Milliarden Jahre.

Uran-238 hat eine der längsten Halbwertszeiten, die wir kennen; die Halbwertszeiten anderer radioaktiver Kerne liegen zwischen Jahrmilliarden und Bruchteilen von Mikrosekunden. Elemente mit langen Halbwertszeiten sind für die geologische Zeitskala am wertvollsten. In der Tabelle finden Sie die wichtigsten Elemente, mit denen wir es im folgenden zu tun haben, sowie ihre Halbwertszeiten und die Kerne, in die sie zerfallen.

Die beiden letzten Eintragungen in der Tabelle stellen nicht einen einzigen Zerfall dar, sondern eine ganze Zerfallskette, die schließlich zum Stillstand kommt, wenn das stabile Blei-Isotop (rechts in der Tabelle) erreicht ist.

Um unser Wissen über radioaktive Kerne bei der Erstellung einer Zeitskala zu nutzen, müssen zwei wichtige Tatsachen berücksichtigt werden:

1. Radioaktive Isotope eines Elements können auf dieselbe Weise wie stabile Isotope in Minerale und Gesteine eingeschlossen werden; und

2. nach ihrem Einschluß in Minerale und Gesteine zerfallen radioaktive Kerne entsprechend dem Diktat ihrer eigenen inneren Uhr.

Wissen wir, wie viele Atome eines radioaktiven Kerns in einem bestimmten Gestein bei dessen Entstehung eingeschlossen wurden, und messen wir die Anzahl der heute übriggebliebenen radioaktiven Kerne, so können wir feststellen, wieviel Zeit seit der Entstehung des Gesteins vergangen ist. Die atomare Uhr versetzt uns also in die Lage, das absolute – und nicht mehr nur das relative – Alter einer geologischen Formation zu bestimmen.

Nehmen wir die Kalium-Argon-Uhr als Beispiel dafür, wie das System funktioniert. Kalium ist ein ziemlich gewöhnliches Element, und Kaliumatome tauchen in vielen verschiedenen Mineralen auf; mehr als 2 Prozent allen magmatischen Gesteins bestehen daraus. Eine normale Kaliummischung enthält 93 Prozent Kalium-39 und nur 0,01 Prozent Kalium-40. Der Zerfall der radioaktiven Kerne betrifft daher nur eine geringe Anzahl von Stellen in der Mineralstruktur und wirkt sich nicht stark auf die allgemeinen Eigenschaften des Gesteins aus. Die Kalium-Argon-Datierung ist deshalb ein so zuverlässiges Mittel, weil das Argon so gut wie nie Eingang in die Mineralstruktur findet (denn normalerweise ist es, ähnlich wie das Helium, ein träges, nichtreaktives Gas). Wenn wir daher zu Beginn eine bestimmte Anzahl von Kalium-40-Atomen zählen und beobachten, wie sie zerfallen, so können wir sicher sein, daß die Summe aus den verbliebenen Kalium-40- und den Argon-Atomen irgendwann in der Zukunft der Gesamtzahl der Kalium-40-Atome zu Beginn entspricht. Diese Aussage kann mit Gewißheit gemacht werden, da wir wissen, daß bei jedem Zerfall ein Kaliumkern in einen Argonkern umgewandelt wird und daß jedes Argonatom im Gestein das Ergebnis eines solchen Zerfalls sein muß.

Ein erfundenes Beispiel soll dies veranschaulichen. Nehmen wir einmal an, bei der Analyse eines Gesteins stellt sich heraus, daß es eintausend Kalium-40-Atome und eintausend Argon-40-Atome enthält. Daraus können wir sofort schließen, daß das Gestein bei seiner Entstehung zweitausend Kalium-40-Atome enthielt. Aus der Tatsache, daß genau die Hälfte davon in Argon umgewandelt worden ist, schließen wir wiederum, daß das Mineral seit genau einer Halbwertszeit von Kalium existieren muß. Aus der Tabelle entnehmen wir, daß das Gestein vor 1,3 Milliarden Jahren entstanden ist. Probieren Sie es selbst: Wie alt ist ein Gestein, das fünfhundert Kalium-40-Atome und fünfzehnhundert Argon-40-Atome enthält? Kommen Sie auch auf 2,6 Milliarden Jahre?

All die anderen radiometrischen Techniken zur Altersbestimmung wenden dasselbe Prinzip an, wenn sie auch nicht alle anhand derselben logischen Schlußfolgerung zu einer Antwort kommen. Alle unterliegen jedoch gewissen Einschränkungen. Zuallererst ist es für die Genauigkeit dieser Methode wichtig, daß keiner der Produktkerne entwischt. Argon ist, wie erwähnt, ein Gas, und wenn das Gestein im normalen Verlauf eines geologischen Kreislaufs erwärmt wurde, kann sich etwas Argongas verflüchtigt haben. Ein solches Ereignis stellt die geologische Uhr zurück. Wird das Gestein dann analysiert, so bezieht sich das durch die radiometrische Methode ermittelte Datum auf den Zeitpunkt der Erwärmung und nicht auf die Entstehung des Gesteins. Manchmal kann man das Problem dadurch umgehen, daß man das gesamte Gestein und nicht nur die darin enthaltenen Minerale untersucht, da die Zerfallskerne, wenn sie nicht mehr in der Mineralstruktur eingeschlossen sind, womöglich noch im Gestein vorhanden sind.

Die zweite Unzulänglichkeit radiometrischer Verfahren liegt darin, daß sie sich nicht zur Altersbestimmung von Sedimentgestein eignen. Der Grund: Sedimentgestein besteht aus zusammengeschweißten, verwitterten Körnern aus älteren Gesteinen. Würden wir das Alter eines einzelnen Sandkorns im Sandstein radiometrisch bestimmen, so ergäbe sich das Alter des Gesteins, *aus dem das Korn ursprünglich stammt*; dagegen erführe man nichts darüber, zu welchem Zeitpunkt das Korn im Sandstein eingekapselt wurde. Jedes Korn im Sandstein kann aus einem anderen Gestein stammen, und daher ist die radiometrische Methode hier wenig hilfreich. Um zu echten radiometrischen Daten für Sedimentgestein zu gelangen, müssen magmatische oder metamorphe Gesteine gefunden werden, aus denen wir die Daten des Sedimentgesteins ableiten können. Eine zwischen Lavagestein eingekapselte Lage Sedimentgestein zum Beispiel muß notwendigerweise nach der unteren und vor der oberen Lage entstanden sein.

Alle in diesem Buch verwendeten Daten beruhen auf radiometrischer Altersbestimmung. Um verschiedene geologische Ereignisse datieren zu können, ist eine Reihe verschiedener Skalen entwickelt worden – in der Literatur sind mir wenigstens acht begegnet. Diese

Skalen stimmen im wesentlichen überein, nicht aber im Detail. Die Skala, die das United States Geological Survey verwendet, weicht zum Beispiel leicht von der der British Geological Union ab. Berücksichtigt man, daß die Angabe des Alters, das man einem bestimmten Ereignis zuschreibt, einen Unsicherheitsfaktor von 10 bis 20 Prozent aufweisen kann, so läßt sich fast jede Zeitskala verwenden, wenn man etwas über die Vergangenheit aussagen möchte. Irrtümer dieser Größenordnung sind für die Gesamtübersicht über die Geschichte der Erde von geringer Bedeutung, auch wenn Forscher sie bei ihrer Feldarbeit ernst nehmen müssen.

Das Alter der Erde

Lange Zeit gehörte das Schätzen des Erdalters zu den beliebtesten Freizeitbeschäftigungen der gebildeten Klasse. Im 17. Jahrhundert zählte der anglo-irische Bischof James Ussher die Lebenszeiten der biblischen Gestalten und folgerte daraus, daß die Erde am Dienstag, dem 26. Oktober 4004 v. Chr. um neun Uhr morgens erschaffen worden sei. Später gingen die Forscher vom Salzgehalt der Meere, vom Wärmefluß durch die Erdkruste und von der Geschwindigkeit der Sedimentbildung in Flüssen aus, um zu Schätzwerten zu gelangen, und im Laufe des 19. und frühen 20. Jahrhunderts schrieb man unserem Planeten eine immer längere Lebensdauer zu.

Mit dem Aufkommen der Radiometrie erhielten die historischen Geologen ein wichtiges neues Instrument zur Altersbestimmung. Die neuen Techniken beruhen auf einer einfachen Voraussetzung: Die Erde muß mindestens so alt sein wie das älteste Gestein auf ihrer Oberfläche. Stoßen wir auf ein Gestein, dessen Alter sich genau bestimmen läßt, so können wir mit Sicherheit davon ausgehen, daß die Erde älter sein muß.

So legte der amerikanische Geologe Arthur Holmes 1931 bei einer Konferenz des National Research Council in Washington Meßergebnisse vor, denen zufolge die Erde mindestens 1,46 Milliarden Jahre alt sein mußte. Diese Angabe beruhte auf der Uran-Blei-Datierung von Mineralen aus den Black Hills in Süd-Dakota (USA). Von diesem Zeitpunkt an wechselte der Standort des jeweils ältesten Gesteins der Welt von Kontinent zu Kontinent. Eine Weile lag er in der UdSSR, danach in Südafrika, dann am Kongo, und ich war erfreut, als in den sechziger Jahren für kurze Zeit ein 3,1 Milliarden Jahre alter Zirkon in den Beartooth Mountains in Montana zum ältesten Gestein der Welt erklärt wurde. Auf diese Weise lernte ich jene Bergregion kennen, die mich schließlich dazu veranlaßte, dieses Buch zu schreiben.

Heute befindet sich das älteste Gestein der Welt in einer Formation von gewundener grauer, metamorpher Struktur an der Westküste Grönlands. Dieses anhand der Rubidium-Strontium-Methode datierte Gestein ist fast 3,8 Milliarden Jahre alt. Da einige dieser Gesteine eindeutig sedimentären Ursprungs sind, weisen diese Funde darauf hin, daß sich bereits vor 3,8 Milliarden Jahren Ozeane (oder zumindest große Gewässer) an der Erdoberfläche befanden.

Daher drängt sich uns die Frage auf, wie wir über das Alter von Gestein hinaus zum Erdalter selbst gelangen. Wenn Sie sich an meine Ausführungen über die Entstehung der Erde im vierten Kapitel erinnern, so wird es Ihnen einleuchten, daß die radiometrische Altersbestimmung unbrauchbar ist, wenn man das Alter eines Ereignisses bestimmen möchte, das vor der Schmelzphase und der Differentiation der Erde liegt. Tatsächlich stellt das Schmelzen alle geologischen Uhren der Erde auf Null. Wollen wir über dieses Ereignis hinaus bis zur Entstehung der Erde selbst zurückgehen, so müssen wir uns einer indirekten Methode bedienen, um zu einer Schätzung zu gelangen.

Eine solche Schätzung beruht auf der radiometrischen Altersbestimmung von Meteoriten. Sowohl Uran-Blei- wie Rubidium-Strontium-Messungen ergeben, daß Meteoriten, die die Erde gestreift haben, vor 4,6 Milliarden Jahren entstanden sind. Wenn wir annehmen, daß diese Meteoriten aus Material bestehen, das bei der Formierung der Planeten übriggeblieben ist, so können wir sagen, daß die Erde zur selben Zeit wie die Meteoriten entstanden sein muß – also vor 4,6 Milliarden Jahren.

Ein zweiter Rückschluß ist aufgrund der Altersbestimmung von Mondgestein möglich. Auch hier ergeben die Standardtechniken (vor allem die Kalium-Argon-Methode) für Mondgestein ein Alter von 4,6 Milliarden Jahren. Der Mond unterlag, wie erwähnt, nur an seiner Oberfläche einer Differentiation und verfestigte sich schnell. Daher wurden die geologischen Uhren an seiner Oberfläche viel früher als die auf der Erde wieder auf Null gestellt, und die Altersbestimmung des Mondgesteins liefert somit einen sehr viel besseren Hinweis auf den Zeitpunkt der Entstehung des Erdtrabanten als die entsprechenden Zeitpunkte der Entstehung von Gesteinen auf unserem Planeten. Wenn man annimmt, daß Erde und Mond zur selben Zeit entstanden sind, dann muß man daraus schließen, daß die Erde 4,6 Milliarden Jahre alt ist.

Wir gelangen zu einer weiteren Schätzung des Erdalters durch Analyse von Blei-Isotopen. Blei besitzt eine ganze Reihe stabiler Kerne, doch wir betrachten lediglich drei davon genauer – Blei-204, Blei-206 und Blei-207. Blei-204 ist nicht das Endprodukt einer radioaktiven Zerfallskette, so daß sein Anteil über alle Zeiten hinweg unverändert bleibt. Blei-206 und -207 jedoch sind die Endprodukte des Uranzerfalls (siehe die vorhergehende Tabelle); daher wird im Verlauf der Zeit der Anteil dieser beiden Elemente in jedem Mineral, das Uran enthält, ansteigen.

Gelegentlich stößt man auf Meteoriten, die keine uranhaltigen Minerale enthalten. Zum Beispiel bestand der Körper, der den großen Krater in Arizona verursachte, aus solchen Mineralen. In diesen Meteoriten müßten die relativen Anteile von Blei-204, Blei-206 und Blei-207 dieselben sein wie in der Urwolke, aus der das Sonnensystem entstanden ist. Da die Erde aus derselben Wolke hervorging, müssen die relativen Vorkommen dieser drei Isotope bei der Entstehung der Erde dieselben gewesen sein wie in heutigen Meteoriten.

Seit Entstehung der Erde hat der Anteil von Blei-206 durch den Zerfall von Uran-238 zugenommen, und auch der Anteil von Blei-207 ist, mit einer anderen Geschwindigkeit, durch den Zerfall von Uran-235 gestiegen. Dies bedeutet: der Gesamtanteil dieser beiden Isotope auf der Erde hat sich seit Entstehung des Planeten ständig verändert, so daß die bleihaltigen Minerale (außer Uran), die zu verschiedenen Zeiten entstanden sind, verschiedene Anteile an Blei-206 und Blei-207 enthalten, je nachdem, wie viele dieser beiden Isotope vorhanden waren, als das jeweilige Mineral entstand. Betrachten wir einfach einige der großen Bleilager auf der Erde und zählen die vorhandenen Isotope, so stellen wir fest, daß die Isotopenhäufigkeiten genau der vorhergesagten Kurve entsprechen. Wir stellen ebenfalls fest, daß die Zeit, die eine ursprüngliche Häufigkeit wie die in den Meteoriten festgestellte benötigen würde, um sich in das heute auf der Erde gemessene Vorkommen zu verwandeln, genau 4,6 Milliarden Jahren entspricht. Dies ist eine weitere gute Schätzung des Erdalters.

Es ist wichtig, die Logik des hier skizzierten Verfahrens nachzuvollziehen. Die einer jeden einzelnen Methode zur Bestimmung des Erdalters zugrundeliegenden Annahmen können in Zweifel gezogen werden; deshalb mag man eine einzelne Bestimmung mit einiger Skepsis betrachten. Wenn jedoch mehrere Schätzungen unabhängig voneinander dasselbe Resultat zeitigen, so nimmt das Vertrauen in die Schlußfolgerung erheblich zu.

Ich habe vier Methoden zur Bestimmung des Erdalters beschrieben:

Methode	Alter (in Mrd. Jahren)
Datierung des ältesten Erdgesteins	älter als 3,8
Datierung von Meteoriten	4,6
Datierung der ältesten Mondproben	4,6
Messung der Blei-Isotopen-Häufigkeit	4,6

Es ist fast unmöglich, zu einem anderen Schluß zu kommen, als daß unser Planet vor 4,6 Milliarden Jahren entstanden ist.

Das Alter des Universums

Dieselbe Situation stellt sich ein, wenn man über die Altersbestimmung des Universums spricht. Es existieren mehrere Arten der Altersbestimmung, und jede von ihnen kann in Zweifel gezogen werden. Wiederum jedoch kommen alle drei Methoden zu annähernd demselben Resultat, so daß wir die Angabe mit einiger Gewißheit akzeptieren können. Doch sind unsere Kenntnisse über das Universum mindestens um den Faktor 2 unsicherer als die Ergebnisse geologischer Forschung.

Eine Methode, das Alter des Universums zu bestimmen, ähnelt der Suche nach dem ältesten Gestein auf der Erde: Man sucht nach dem ältesten Stern. Natürlich muß der Stern jünger sein als das Universum, genauso wie das älteste Gestein jünger als die Erde sein muß. Im fünften Kapitel habe ich den Lebensweg eines Sterns beschrieben und darauf hingewiesen, daß alle chemischen Elemente, die schwerer als Helium sind, in den Sternen erzeugt, bei Sternexplosionen an die interstellare Umgebung zurückgegeben und in die neu entstehenden Sterne eingegliedert werden. Daraus folgt, daß der Anteil schwerer Elemente in Sternen mit zunehmendem Alter des Universums gewachsen ist und daß weitere dieser Elemente in den stellaren Hochöfen entstanden sind. Daraus folgt ebenfalls, daß die frühesten Sterne im Vergleich zu den späteren erheblich weniger schwere Elemente aufweisen. Die Astronomen haben tatsächlich festgestellt, daß es eine große Klasse von Sternen gibt, die arm an schweren Elementen sind – sie werden Sterne der Population II genannt. Unter ihnen vermuten wir die ältesten Mitglieder der stellaren Familie.

In den frühen siebziger Jahren haben die beiden damals am MIT arbeitenden Astronomen Icko Iben und Robert Rood Haufen alter Sterne erforscht. Die Analyse der Wasserstoffmengen, die in diesen Sternen in Helium umgewandelt worden waren, führte sie zu Schätzungen über die Zeitspanne, in der diese Sterne gebrannt haben. Diese Schätzungen hängen natürlich von der Heliummenge ab, die ursprünglich in den Sternen vorhanden war; je mehr Helium es zu Anfang gab, desto weniger Zeit war nötig, um den Heliumgehalt auf den derzeitigen Stand zu bringen. Modelle der Heliumerzeugung während des Urknalls sagen im allgemeinen voraus, daß das Universum mit etwa 22 bis 26 Prozent seiner Atome in Form von Helium seinen Anfang nahm, wobei der Rest aus Wasserstoff bestand. Ausgehend von diesen Schätzungen, ergeben die Resultate von Iben und Rood ein Alter der ältesten Sterne irgendwo zwischen 12 und 18 Milliarden Jahren, wobei der wahrscheinlichste Wert bei etwa 14 Milliarden Jahren liegt. Da Sterne sich im Verhältnis zur gesamten Entwicklung des Universums schnell bilden, führen diese Ergebnisse zu einem Alter des Universums von rund 15 Milliarden Jahren.

Eine weitere Möglichkeit, das Alter des Universums zu schätzen, beruht auf einem Verfahren, das der radiometrischen Datierung sehr ähnlich ist. Im fünften Kapitel haben wir gesehen, daß Elemente wie Uran in den letzten katastrophalen Phasen einer Supernova entstehen. Mag es auch seltsam erscheinen, verstehen zu wollen, was bei solchen Turbulenzen vor sich geht, so sei doch daran erinnert, daß die Reaktionen, bei denen die vorhandenen Kerne weitere Protonen und Neutronen aufnehmen und sich dadurch in schwerere Kerne verwandeln, seit Jahrzehnten von Atomphysikern in Labors untersucht werden; in Anerkennung seiner langjährigen Forschungsarbeiten auf diesem Gebiet erhielt William Fowler 1983 den Physik-Nobelpreis. Ausgehend von den Labordaten ist es möglich, die relativen Anteile der in den Supernovae erzeugten verschiedenen schweren Elementen zu berechnen.

Sobald diese Elemente erzeugt worden sind, beginnen bereits viele von ihnen zu zerfallen. Durch Messung der relativen Häufigkeit heute und den Vergleich mit dem, was in den Supernovae erzeugt wurde, läßt sich bestimmen, wann der Vorgang des radioaktiven Zerfalls eingesetzt hat. Zum Beispiel besagen die Berechnungen, daß in den Supernovae weniger Uran-238 als Thorium-232 erzeugt wird, genauer gesagt, Thorium-232 und Uran-238 entstehen im Verhältnis von 1,6 : 1. Thorium-232 hat eine Halbwertszeit von 14 Milliarden Jahren, während Uran-239, wie erwähnt, eine Halbwertszeit von 4,5 Milliarden Jahren besitzt. Daher verschwindet Uran aus einer Probe schneller als Thorium, und im Verlauf der Zeit wird Thorium immer mehr vorherrschen. Wie die Analyse von Mondgestein ergab, ist das derzeitige Verhältnis zwischen den beiden Elementen von ursprünglich 1,6 : 1 auf 4,1 : 1 angestiegen. Eine einfache Berechnung aufgrund dieser Daten zeigt, daß das in der Probe enthaltene Material vor etwa 10 Milliarden Jahren entstanden sein muß. Falls sämtliche schweren Elemente, aus denen das Sonnensystem besteht, im Verlauf eines einzigen Ereignisses entstanden wären, würde unser Resultat besagen, daß dieses Ereignis vor 10 Milliarden Jahren, also 5,4 Milliarden Jahre vor der Entstehung der Erde eingetreten ist.

Es ist jedoch sehr unwahrscheinlich, daß sämtliche schweren Elemente auf der Erde in einer einzigen Supernova erzeugt wurden. Im Laufe der galaktischen Geschichte hat es etwa eine Milliarde Supernovae gegeben, und die derzeitige Mischung der Elemente auf der Erde stammt aus der Produktion einer großen Anzahl von ihnen. Berücksichtigt man dies, kommt man zu dem Resultat, daß die erste Supernova, die zu unserem Bestand an Elementen beitrug, zu einem Zeitpunkt explodierte, der doppelt so weit vor die Entstehung der Erde zurückreicht wie die Periode, die sich aus Berechnungen unter der Annahme ergibt, daß sämtliche schwere Elemente aus einer einzigen Supernova stammen. Dies heißt, daß das Verhältnis Uran-Thorium $2 \times 5,4 + 4,6 = 15,4$ Milliarden Jahre als Alter der ersten Supernova ergibt. Da die Lebensdauer eines großen Sterns sehr kurz ist, ist diese letzte Zahl eine gute Schätzung des Weltalters.

Zusätzlich zu den Uran-Thorium-Daten kann man noch auf andere Isotopenpaare zurückgreifen, um zu vergleichbaren Schätzungen zu gelangen – Rhenium-187 und Osmium-187 zum Beispiel sind in dieser Hinsicht sehr beliebt. Hat man dies alles einfließen lassen und die Unschärfe in den verschiedenen Messungen berücksichtigt, so führt die radiometrische Altersbestimmung des Universums wiederum zum selben Ergebnis: Das Universum ist zwischen 8 und 19 Milliarden Jahre alt, und das wahrscheinlichste Alter dürfte bei 15 Milliarden Jahren liegen.

Die abschließende Schätzung des Weltalters hängt mit der Tatsache zusammen, daß die uns benachbarten Galaxien zurückweichen, wobei sich die weiter entfernten Galaxien schneller von uns fortbewegen als die näher gelegenen. Daraus entnehmen wir, daß das Universum sich ausdehnt.* Nun, da wir wissen, wie die Ausdehnung zur Zeit vonstatten geht, ist es sehr verlockend, «den Film rückwärts laufen zu lassen» und zu jenem Zeitpunkt zurückzugehen, als die gesamte Materie des Universums sich an einem Punkt zusammenballte. Das Ereignis, durch das dieser eine Punkt sich zum gegenwärtigen Universum zu entwickeln begann, wird Urknall genannt, und vom Moment des Urknalls an wird das Alter des Universums berechnet.

Das Alter des Weltalls, das gewöhnlich in Studien über die Expansion des Universums angegeben wird, liegt zwischen 15 und 20 Milliarden Jahren. Doch vor kurzem ist ein ziemlich heftiger wissenschaftlicher Streit über diese Angabe aufgekommen. Eine Gruppe von Wissenschaftlern an der University of Texas in Austin hat für die Ausdehnungsgeschwindigkeit einen anderen Wert errechnet, der ungefähr einem Alter von 8 bis maximal 12 Milliarden Jahren entspricht. In der durch diese Veröffentlichung ausgelösten Debatte geht es um obskure technische Details bei der Analyse der Leuchtkraft von Gala-

---

* Eine Beschreibung der Expansion des Universums und eine Beschreibung der ersten Phasen des Urknalls finden sich in Steven Weinbergs *Die ersten drei Minuten* (München 1979) und in meinem Buch *Im Augenblick der Schöpfung* (Basel 1984).

xien am Rand des Universums. Soviel ich von diesem Disput verstanden habe, hat die Gemeinschaft der Astronomen die von dem Team aus Texas vorgetragenen Argumente zwar registriert, ist aber nicht bereit, die herkömmliche Angabe von 15 Milliarden Jahren aufzugeben.

Wir können die Versuche, das Alter des Universums zu bestimmen, folgendermaßen darstellen:

Methode	**Wahrscheinliches Alter** (in Mrd. Jahren)	**Bandbreite** (in Mrd. Jahren)
Datierung der ältesten Sterne	14	12 bis 18
Verhältnis radioaktiver Isotope	15	8 bis 19
Ausdehnung des Universums	15	15 bis 20

Zusammenfassend läßt sich sagen, daß drei voneinander unabhängige Meßmethoden im großen ganzen dasselbe Ergebnis liefern: Das Universum ist, mit einer Ungenauigkeit von 5 Milliarden Jahren in beiden Richtungen, etwa 15 Milliarden Jahre alt. Berücksichtigt man den Schwierigkeitsgrad dieses Problems und dessen philosophisches Gewicht, so ist die Ermittlung eines solchen Näherungswertes eine bedeutende Leistung.

8 Hart wie Stein

«Der erste und wesentliche Ursprung aller Dinge ist das Wasser.»

Thales von Milet

«Wasser ist eine außergewöhnliche Substanz, in nahezu all seinen Eigenschaften anomal und der komplexeste aller vertrauten Stoffe...»

Encyclopaedia Britannica

Man kann nicht lange in den Bergen – oder auch anderswo – wandern, ohne einem Phänomen wie dem auf der nächsten Seite abgebildeten zu begegnen. Ein großer Stein ist in kleinere Teile auseinandergebrochen. In der Grundschule haben wir alle gelernt, daß so etwas geschieht, wenn in die Spalten und Ritzen Wasser eindringt, gefriert und sich dabei ausdehnt. Die Ausdehnungskraft vergrößert Spalten und Ritzen, noch mehr Wasser dringt ein, und der Kreislauf wiederholt sich, bis sich der Stein spaltet.

Geologen betrachten die Frostsprengung als ein wichtiges Element der Verwitterung – eines Vorgangs, in dessen Verlauf Steine langsam in Sand verwandelt werden. Die auseinandergebrochenen Steine sind ein Zeichen für die unausweichlichen Prozesse, die selbst die höchsten Berge zu loser Erde zermahlen und Platz schaffen, so daß sich dort die nächste Bergkette erheben kann.

Natürlich gibt es noch andere Vorgänge, bei denen Steine auseinanderbrechen. Jeder ist schon einmal auf Verwerfungen im Asphalt gestoßen, die durch Baumwurzeln verursacht werden. Ähnliches geschieht in den Bergen – Pflanzen schlagen in den Rissen der Steine Wurzeln, und die drängen in die Öffnungen hinein. Wachsen sie weiter, brechen sie genauso wie das gefrorene Wasser das Gestein auf.

Darüber hinaus gibt es chemische Reaktionen, die zur Verwitterung der Gesteine beitragen. Die bekannteste ist vermutlich das Rosten von Eisen. Wasser und Sauerstoff bilden in der Luft gemeinsam mit dem Eisen ein rötliches, poröses Mineral, Limonit oder Brauneisen, das wir gewöhnlich als Rost bezeichnen. Häufig stößt man auf Steine mit seitlichen Farbstreifen, wo das ursprüngliche Eisen durch den Rostvorgang ausgeschwemmt wurde. Ebenso trifft man auf verschiedene Farben, die aufgrund analoger Reaktionen mit anderen Metallen entstanden sind.

Die meisten Verwitterungsprozesse scheinen ziemlich direkt zu wirken. Es gibt Beispiele für solche Vorgänge in unserem Alltag, vor allem die Verwitterung durch Eisbildung. Sie beruht auf der Tatsache, daß sich Eis bildet, wenn das gefrierende Wasser ein um etwa neun Prozent größeres Volumen einnimmt als im Normalzustand. Wird Wasser in einen geschlossenen Behälter gefüllt und gefriert es dort, übt es eine so große Kraft aus, daß der Behälter birst.

Durch Frostsprengung auseinandergebrochener Stein

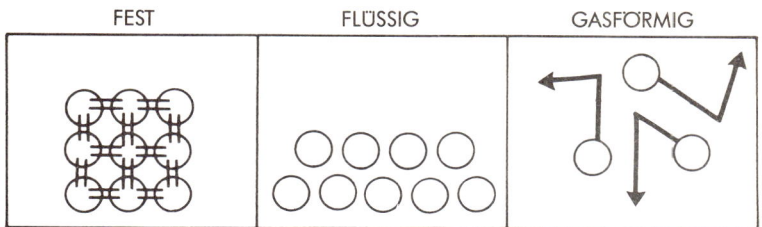

FEST   FLÜSSIG   GASFÖRMIG

Abbildung 8-1

Denkt man einen Moment lang über diese vertraute Erscheinung nach, so erkennt man, daß das Leben auf der Erde wohl unmöglich wäre, besäße nicht Eis eine geringere Dichte als Wasser. Um ein einfaches Beispiel anzuführen: Friert ein See im Winter zu, so bildet sich an seiner Oberfläche eine Eisschicht. Diese Eisdecke schützt die tieferen Wasserschichten vor der Kälte, so daß weiterhin im Wasser Leben existieren kann. Besäße Wasser wie die meisten anderen Flüssigkeiten im festen Zustand eine größere Dichte als im flüssigen, so würde jede Eisdecke nach ihrer Entstehung auf den Grund sinken und der See schließlich ganz zufrieren, wobei die meisten lebenden Organismen absterben müßten. Wenn Sie das nächste Mal einen Eiswürfel in Ihrem Getränk schwimmen sehen, denken Sie daran: Würde Eis nicht schwimmen, gäbe es Leben in den Gewässern der Erde, wenn überhaupt, nur in den Tropen.

Die Ausdehnung des Wassers beim Gefrieren ist somit eine Naturerscheinung, die in jeden Bereich unseres Lebens hineinspielt. Daher kann man sich nur um so mehr darüber wundern, daß die Naturwissenschaftler bis vor kurzem keine sehr klaren Vorstellungen davon hatten, wie es zu diesem Phänomen kommt.

Alle Materie existiert in drei Zuständen: im festen, flüssigen und gasförmigen Zustand, zum Beispiel als Eis, Wasser und Dampf. Diese drei Zustände der Materie sind in Abbildung 8-1 vereinfacht dargestellt. Im festen Zustand sind die Atome wie Bauteile aus dem Stabilbaukasten montiert, wie ich im sechsten Kapitel ausgeführt habe. Jedes Atom ist mit den anderen in einem Gitter fest verbunden. Stößt man eines an, so wird es sich erst dann bewegen, wenn alle anderen sich ebenfalls bewegen. Weil diese internen Kräfte existieren, können

Festkörper ihre Form beibehalten und den auf sie einwirkenden Kräften widerstehen. Im allgemeinen sind Atome in Festkörpern eng zusammengepackt.

Im Gas dagegen sind keine Kräfte vorhanden, die die Atome an Ort und Stelle halten. Diese können sich vielmehr frei bewegen und im allgemeinen große Entfernungen überwinden, bevor sie mit anderen Atomen zusammenprallen. Der flüssige Zustand liegt irgendwo zwischen dem festen und dem gasförmigen. Die Atome bewegen sich frei, neigen jedoch dazu, mit Hilfe schwacher Kräfte zusammenzuhalten. Am besten stellt man sich eine Flüssigkeit als Sack mit Murmeln vor: Jede Murmel kann sich bewegen, indem sie über die benachbarten Murmeln gleitet, doch bedarf es einiger Anstrengung, um die Reibung zwischen ihnen zu überwinden.

Der Wechsel von einem Aggregatzustand in einen anderen, den die Physiker Phasenübergang nennen, ist leicht zu verstehen, wenn man sich dieses einfache Bild von der atomaren Anordnung vor Augen hält. Führt man einem Festkörper Wärme zu, beginnen die Atome immer stärker zu schwingen. Sie verharren zwar mehr oder weniger an Ort und Stelle, doch unternehmen sie von ihren ursprünglichen Plätzen aus immer weitere Ausflüge. Schließlich erreichen sie einen Punkt, an dem sie so stark ausschwingen, daß die interatomaren Kräfte nicht mehr in der Lage sind, die Atome an ihren Orten zu halten. Sie reißen sich aus dem Gitter los und beginnen, sich frei zu bewegen. Die Materie geht vom festen in den flüssigen Zustand über – sie schmilzt. Das Gefrieren, der Wechsel vom flüssigen zum festen Zustand, ist nur eine Umkehrung des Schmelzvorgangs.

Führen wir der Flüssigkeit weiterhin Wärme zu, bewegen sich die Atome mit ständig wachsender Geschwindigkeit. Ein Atom nahe der Oberfläche einer Flüssigkeit bleibt normalerweise aufgrund der schwachen interatomaren Anziehung, die sie zusammenhält, mit ihr verbunden; bewegt es sich jedoch mit ausreichender Energie auf die Oberfläche zu, so kann es diese durchstoßen und entweichen. In gewisser Hinsicht gleicht dieser Vorgang dem Start einer Rakete, die die Erdatmosphäre verläßt. Hat sie genug Energie, kann sie die Erdanziehung überwinden und in den Raum hinausfliegen. Ein Atom aus einer Flüssigkeit gelangt auf ähnliche Weise in die Atmosphäre. Ist die Temperatur hoch genug, erhalten sämtliche Atome der Flüssigkeit ausreichend Energie, um zu entweichen, und die Flüssigkeit geht in Gas über – sie kocht.

Wenden wir uns nun wieder unserer ursprünglichen Frage nach der Zunahme des Volumens beim Gefrieren von Wasser zu. Wenn eine Flüssigkeit in einen festen Zustand übergeht, werden in der Regel die darin enthaltenen Atome dichter zusammengepackt. Dies drückt sich in einer Verringerung des Volumens aus, gewöhnlich etwa um 10 Prozent. Ähnliches geschieht beim Kofferpacken. Wirft jemand seine Sachen kreuz und quer in einen Koffer, so benötigt er mehr Raum für sie, als würde er sie fein säuberlich gefaltet verstauen. Die Flüssigkeit entspricht einem hastig gepackten Koffer – die Atome werden einfach irgendwie hineingeworfen. Gefriert die Flüssigkeit, so packt sich der Koffer sozusagen selbst ordentlich neu, und daher beanspruchen die Atome weniger Raum; ein Körper nimmt im festen Zustand weniger Raum ein als im flüssigen.

Ausgenommen das Wasser. Es ist nicht nur wegen seiner Veränderung des Volumens eine ungewöhnliche Flüssigkeit; vielmehr unterscheidet es sich in fast all seinen physikalischen Eigenschaften von anderen Flüssigkeiten. Nach den Ausführungen über die Mechanismen, aufgrund deren Flüssigkeiten kochen, nehmen wir zum Beispiel folgendes an: Je leichter die Atome in einer Flüssigkeit sind, um so einfacher sollte es sein, ihnen die notwendige Energie zuzuführen, damit sie aus der Flüssigkeit entweichen, denn schließlich liegt es auf der Hand, daß man einen kleinen Satelliten mit weniger Energie auf eine Umlaufbahn bringen kann als eine Raumfähre. Und sehen wir uns die meisten Flüssigkeiten an, so finden wir diesen allgemeinen Zusammenhang zwischen dem Atomgewicht und dem Siedepunkt bestätigt – je größer das Gewicht, um so höher der Siedepunkt der Flüssigkeit.

Ausgenommen das Wasser. Würden wir von anderen Flüssigkeiten ausgehen, um den Siedepunkt des Wassers zu schätzen, so kämen wir auf einen Wert von $-93\,°C$, und der Gefrierpunkt läge einige Grade darunter. Dennoch schwimmen wir fröhlich in Ozeanen, deren Wassertemperatur um die $21\,°C$ *über* Null schwankt und die keinerlei Anzeichen dafür erkennen lassen, daß sie kurz vor dem Kochen stünden.

Ebenso erwartet man aufgrund des Zusammenhangs zwischen Temperatur und der Bewegung von Atomen, daß die Flüssigkeit sich ausdehnt, wenn die Temperatur steigt. Dies ergibt sich daraus, daß sich jedes Atom in der Flüssigkeit bei hohen Temperaturen schneller bewegt, so daß es mehr «Ellbogenfreiheit» gewinnt, wenn es mit seinen Nachbarn zusammenprallt. Diese Ellbogenfreiheit, von allen Atomen zusammengenommen, führt zu einem größeren Volumen der Flüssigkeit insgesamt. In den meisten Flüssigkeiten besteht ein allgemeiner Zusammenhang zwischen der Temperatur und dem Volumen.

Ausgenommen das Wasser. Es hat die erstaunliche Eigenschaft, beim Schmelzen zu schrumpfen, bis es sich auf etwa 4 °C erwärmt hat. Jenseits dieser Temperatur dehnt es sich wieder aus. Weshalb machen Wassermoleküle eine Zeitlang von ihrer Ellbogenfreiheit keinen Gebrauch, besinnen sich dann eines Besseren und setzen sie fortan wieder ein?

Ich könnte noch lange damit fortfahren, die anomalen Eigenschaften des Wassers aufzuzählen, doch will ich mich hier darauf beschränken, nur noch eine anzufügen. Die spezifische Wärmekapazität eines Stoffes wird definiert als die Wärmemenge, die erforderlich ist, um die Temperatur von einem Kilogramm dieses Stoffes um ein Grad zu erhöhen. Da die Temperatur ein Maß für die Geschwindigkeit ist, mit der sich die Atome in einem Körper bewegen, erkennen wir an der spezifischen Wärmekapazität, wieviel von der Wärme, die man einem Stoff zuführt, in atomare Bewegung umgewandelt wird. Je größer die spezifische Wärmekapazität, um so mehr Wärme muß man zuführen, um die gewünschte Erhöhung der Temperatur zu erreichen. Umgekehrt gilt, daß ein Körper mit einer großen spezifischen Wärmekapazität beim Abkühlen mehr Wärme freigibt.

Führt man einem Festkörper Wärme zu, geschieht zweierlei: Zum einen müssen die Atome, wie oben erwähnt, an ihren Orten schneller zum Schwingen gebracht werden, zum anderen muß die Struktur insgesamt etwas gestreckt werden, um der Ausdehnung des Festkörpers Raum zu geben. Ein Teil der einem Festkörper zugeführten Energie fließt daher in andere Prozesse als die atomare Bewegung. In einer Flüssigkeit, in der ja die interatomaren Kräfte schwach sind, braucht nicht viel der Energie für andere Prozesse aufgewendet zu werden. Daher erzeugt die zugeführte Wärmemenge in einem Festkörper eine geringere atomare Bewegung (und auch eine niedrigere Endtemperatur) als in einer Flüssigkeit. Wie man aufgrund dieser Tatsache erwartet, besitzen die meisten Stoffe eine größere Wärmekapazität im festen Zustand als im flüssigen.

Ausgenommen das Wasser. Die spezifische Wärmekapazität des Wassers ist doppelt so groß wie die des Eises, ja sie ist eine der größten, die in der Natur bekannt sind. Irgendwie fließt nur ein Teil der dem Wasser zugeführten Energie in die atomare Bewegung. Der Rest geht anderswohin – doch wohin?

Die große spezifische Wärmekapazität des Wassers hat viele Konsequenzen. Sie erklärt, warum Wasser so häufig als Wärmeträger in Sonnenkollektoren dient. Bei jedem Grad Temperaturerhöhung nimmt Wasser mehr Energie in Form von Wärme auf als fast jeder andere Stoff. Die große Wärmekapazität des Wassers spielt in unserem Leben auch an anderen Orten eine wichtige Rolle, so etwa bei den großen Meeresströmungen wie dem Golfstrom. Das in den Tropen erwärmte Wasser in diesen Strömungen bewegt sich langsam auf die Pole zu und pumpt beim Abkühlen Wärme in die Atmosphäre. Die Wärmemengen, um die es dabei geht, sind schwindelerregend. Zum Beispiel hat man geschätzt, daß die vom Golfstrom in zwei Stunden abgegebene Wärme jene Menge übertrifft, die man erzeugen würde, wenn man die jährliche Fördermenge von Kohle auf der ganzen Welt verfeuerte. Die klimatischen Wirkungen der Meeresströme sind wohlbekannt. Nicht so bekannt ist vielleicht, daß diese Wirkungen im anomalen Verhalten der Wärmekapazität des Wassers begründet liegen.

Mehr noch als unser geringes Wissen über das Wasser verwundert mich die Tatsache, daß bisher kaum ernsthafte Versuche unternommen worden sind, es zu erforschen. Ich nehme an, dies ist auf unsere Geringschätzung vertrauter Erscheinungen zurückzuführen. Die Anomalien des Wassers sind so bekannt, daß sie unser Interesse nicht zu wecken vermögen, und das ändert sich erst, wenn man beginnt, darüber nachzudenken. Daß wir so wenig über die wichtigste Flüssigkeit unserer Umwelt wissen, sagt viel über die Mentalität der Menschen aus.

Dabei galt Wasser lange Zeit als eines der grundlegenden, unteilbaren Elemente des Universums. Im 6. Jahrhundert v. Chr. verkündete der griechische Philosoph und Staatsmann Thales von Milet, alles bestehe letztlich aus Wasser. Ich vermute, daß er zu dieser Schlußfolgerung gelangte, weil Wasser als einziger unter den vertrauten Stoffen in allen drei Aggregatzuständen vorkommt, was ihm schon in den Augen der frühen Gelehrten eine besondere Bedeutung gegeben haben muß. Anaximander, ein Schüler des Thales, postulierte drei weitere «Elemente» – Erde, Feuer und Luft – und begründete damit die Elementelehre, die bis in die Moderne hinein überlebt hat.

Zum nächsten bedeutenden Schritt bei der Erforschung des Wassers kam es erst gegen Ende des 18. Jahrhunderts, als Chemiker nachwiesen, daß es sich nicht etwa um ein Element, sondern um die Verbindung zweier Substanzen (Sauerstoff und Wasserstoff) handelt. Heute weiß man, daß sich ein Wassermolekül aus zwei Wasserstoffatomen und einem Sauerstoffatom zusammensetzt: H_2O, wie die chemische Formel lautet.

Um so verblüffender ist es, daß nach dieser Entdeckung mehr als ein Jahrhundert verstrich, bevor es zu weiteren Fortschritten in der Ergründung der Natur des Wassers kam. Erst gegen Ende des 19. Jahrhunderts wurde das Wasser einer ernsthafteren wissenschaftlichen Analyse unterzogen. Zu jener Zeit stellten sich mehrere Leute, darunter Wilhelm Röntgen (der Entdecker der Röntgenstrahlen), die Frage, weshalb sich das Wasser am Gefrierpunkt so merkwürdig verhält. Röntgen entwickelte schließlich ein Modell, dem die Annahme zugrunde lag, Wasser enthalte oberhalb des Gefrierpunkts mikroskopische Regionen, in denen die Moleküle noch die Kristallstruktur beibehalten, in der sie im eisförmigen Zustand angeordnet sind. Werde Wasser erwärmt, so schmelze das verbliebene Eis; und während dieses Schmelzvorgangs nehme das Volumen ab. (Dieses Verhalten ergibt sich, weil Eis mehr Raum benötigt als dieselbe Menge Wasser.) Der Schrumpfvorgang, so dachte Röntgen, hält so lange an, bis alles verbliebene Eis geschmolzen ist; danach verursacht weitere Wärmezufuhr die Ausdehnung des Wassers.

Nach Röntgen wurden detaillierte Modelle der Wasserstruktur erst in den fünfziger und sechziger Jahren des 20. Jahrhunderts entwickelt. Die interessantesten von ihnen weisen Ähnlichkeiten mit dem von Röntgen entwickelten auf, sind aber viel detaillierter. Was mich am meisten an dieser Entwicklung verblüfft, ist die Tatsache, daß eine ernsthafte Beschäftigung mit den Eigenschaften des Wassers so lange auf sich warten ließ.

Die meisten Leute nehmen folgende Haltung ein: Da man nun wisse, daß Wasser das gute alte H_2O sei, gebe es zu diesem Thema weiter nichts zu sagen. Diese Haltung illustriert sehr schön eine Anek-

dote, die der britische Chemiker Felix Franks in einem Buch erzählt.* Franks, ein renommierter Wasserexperte, fuhr mit dem Zug
zu seinem Labor zurück. Mit ihm im Abteil reiste auch ein Student,
der von einem Vorstellungsgespräch just bei der Firma heimkehrte,
die Franks gerade besucht hatte. Sie kamen ins Gespräch, und als
Franks erzählte, er befasse sich mit der Erforschung des Wassers,
sah der Student ihn an, «als wäre ich ein Schlafwandler, und er infor-
mierte mich sehr herablassend darüber, daß Wasser einfach H_2O sei,
und alles, was man darüber wissen müsse, sei auf einer halben Seite
in einem Standardlehrbuch der Chemie zu finden. Seine eindeutige
Botschaft besagte, ich würde mein Leben vergeuden.» Als höflicher
Gentleman der alten Schule enthielt sich Franks jeden Kommentars.
Doch in seinem Buch läßt er sich zu der Bemerkung hinreißen, er
habe später erfahren, daß die Stelle einem anderen Bewerber zuge-
sprochen worden sei.

Um die Eigenschaften eines Stoffes zu erkennen, muß man letztlich dessen Atome und ihre Zusammensetzung untersuchen. In die-

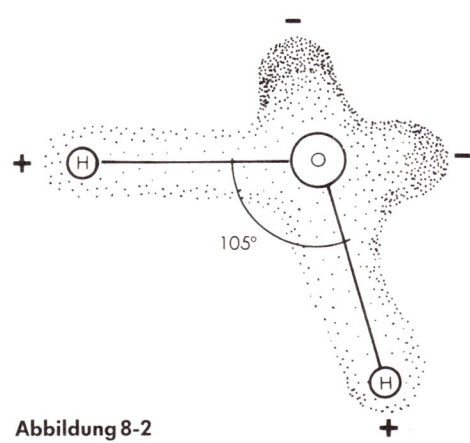

Abbildung 8-2

* Franks' wunderbares Buch *Polywasser* (Braunschweig und Wiesbaden 1984) ist
als Lektüre sehr zu empfehlen, wenn man sich für Wasser oder die Arbeitsweise
von Naturwissenschaftlern interessiert.

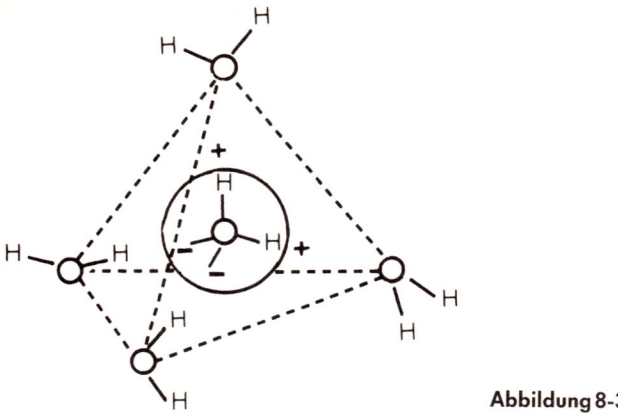

Abbildung 8-3

ser Hinsicht bildet Wasser keine Ausnahme von der Regel. Wasser-
und Sauerstoff im Wasser werden von kovalenten Bindungen zusammengehalten – Bindungen, die sich dadurch herstellen, daß sich je
zwei Atome ein Elektronenpaar teilen. In einer solchen Situation sind
die Elektronen nicht an einen einzigen Ort innerhalb des Atoms
gebunden, sondern bewegen sich frei umher. Dies läßt sich veranschaulichen, indem man die äußeren (gemeinsamen) Elektronen im
Wasser durch eine Wolke darstellt. Geht man von der räumlichen
Anordnung der Kerne und Elektronen aus, die der niedrigsten Energie des Wassermoleküls entspricht, erhält man ein Wassermolekül,
das sich wie in Abbildung 8-2 darstellen läßt. Zieht man Linien vom
Sauerstoffatom zu den beiden Wasserstoffatomen, ergibt sich ein
Winkel von 105 Grad. Die Elektronen breiten sich etwa, wie dargestellt, in einer x-förmigen Wolke aus.

Die Elektronen verbringen relativ wenig Zeit in der Nähe der Wasserstoffkerne, was bedeutet, daß dieses Ende des Moleküls im Mittel
positiv geladen ist. Andererseits halten sich die Elektronen einen
Großteil der Zeit außen in den beiden Lappen auf der anderen Seite
des Sauerstoffatoms auf, wodurch dieses Ende des Moleküls eine ei-
gentümlich geformte, negativ geladene Umgebung erhält. Genau
diese eigentümliche, unregelmäßige Verteilung der elektrischen La-

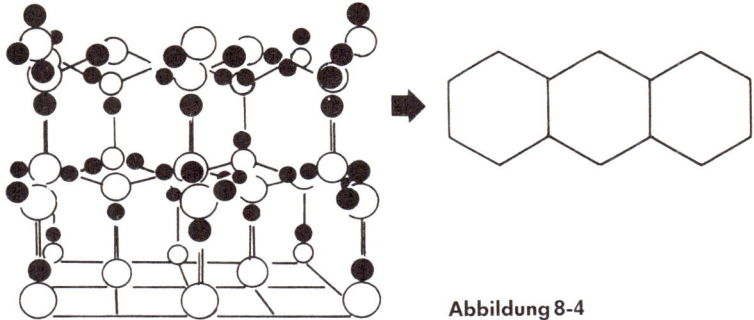

Abbildung 8-4

dung im Wassermolekül ist für die anomalen Eigenschaften des Wassers verantwortlich.

Die Tatsache, daß die elektrische Ladung im Wassermolekül ständig verzerrt ist, bedeutet, daß die Moleküle, wenn sie im flüssigen oder festen Zustand des Wassers zusammenkommen, dazu neigen, sich in einer bestimmten geometrischen Beziehung und nicht etwa willkürlich anzuordnen. Erwartungsgemäß reiht sich der negative Teil des einen Moleküls neben den positiven Teil eines anderen auf. Allerdings muß die Umsetzung dieser allgemeinen Regel wie im Fall der Mineralstuktur (siehe sechstes Kapitel) einer Bedingung unterworfen werden: Die Wassermoleküle müssen so zusammenpassen, daß sie einander nicht überlappen. Die Anordnung, die diesen beiden Erfordernissen bei Wassermolekülen enstpricht, wird in Abbildung 8-3 dargestellt. Diese als Tetraeder bekannte Figur besitzt die Eigenschaft, daß der Winkel zwischen den Sauerstoffatomen in verschiedenen Molekülen 120 Grad beträgt. Die elektrische Kraft zwischen dem positiven Teil des einen Moleküls und dem negativen Teil eines anderen wird Wasserstoffbrückenbindung genannt. Sie ist eine relativ schwache Bindungskraft.

Gefriert Wasser zu Eis, wird die Tetraederstruktur darin eingeschlossen, und die Moleküle ordnen sich auf eine Weise an, die in Abbildung 8-4 dargestellt ist. Auf einer bestimmten Lage ergibt sich eine offene hexagonale Struktur (links), und die Lagen sind miteinander in Konfigurationen von Tetraedern verbunden (rechts).

Bei gewöhnlichem Eis bestimmt die hexagonale Struktur die Eigenschaften des Festkörpers. Zum Beispiel läßt sich die bekannte sechseckige Form der Schneeflocken auf diese Struktur zurückführen. Sie erklärt auch, warum Eis eine geringere Dichte als Wasser besitzt. Die Moleküle sind in einem offenen Gitter angeordnet, mit viel freiem Raum in den Sechsecken. Anscheinend passen in diese Struktur weniger Moleküle als in eine nicht so offene. Kehren wir noch einmal zu unserem Koffer zurück. Die Moleküle sind im Eis «verpackt» wie Reiseutensilien, die man, jedes einzeln, in mehrere Papierlagen einwickelt, damit sie im Koffer nicht aneinanderstoßen können. Brauchen wir solches zusätzliches Verpackungsmaterial, müssen wir in Kauf nehmen, daß wir weniger Teile in einen Koffer hineinbekommen. Die offene hexagonale Struktur des Eises verlangt tatsächlich, daß jedes Molekül, das wir hineingeben, von viel leerem Raum umgeben ist. Eine Menge Wassermoleküle wird daher nach deren Umwandlung in Eis mehr Raum beanspruchen als vorher. Daher dehnt sich Wasser aus, wenn es gefriert, und verliert an Volumen, wenn es schmilzt, ein Effekt, der letztlich auf die Verteilung seiner elektrischen Ladung im einzelnen Molekül zurückzuführen ist.

Die Tetraederstruktur der Wassermoleküle löst sich nicht auf, wenn das Eis schmilzt. Das «normale» Bild einer Flüssigkeit, in der sich die Moleküle willkürlich gegeneinander bewegen, gilt nicht für Wasser in flüssigem Zustand. Dieselben elektrischen Kräfte, welche die Moleküle im Eis miteinander verbinden, wirken zwischen den Molekülen in Flüssigkeiten. Bei Temperaturen über 0 °C sind diese Kräfte zwar nicht stark genug, um die Molekularbewegung unter Kontrolle zu halten, doch sie sind noch immer vorhanden. Im Wasser geschieht folgendes: Ein gewisser Anteil der Atome neigt dazu, sich in Tetraederstrukturen anzuordnen, doch diese brechen schnell wieder auseinander. Könnten wir in einem bestimmten Moment eine Aufnahme von den Molekülen im Wasser machen, so sähen wir die meisten Moleküle in Tetraedern angeordnet. Würden wir einen Augenblick später eine weitere Aufnahme machen, ergäbe sich das gleiche Bild. Würden wir dagegen ein einzelnes Molekül verfolgen, könnten wir beobachten, wie es zwischen den beiden Momentaufnahmen von einem Tetraeder zum nächsten flitzt. Zwar können sich also einzelne Moleküle frei in der Flüssigkeit bewegen, doch veranlassen die intermolekularen Kräfte sie dazu, die meiste Zeit geeignete Stellen in freien Plätzen in den Tetraedern einzunehmen.

Dieses Bild vom Wasser zeigt: Die meisten seiner anomalen Eigenschaften ergeben sich aus der Tatsache, daß es weder eine feste noch eine wirklich flüssige Substanz ist. In einem Festkörper sind dieselben Atome oder Moleküle stets an derselben Stelle in der Struktur eingebunden. In einer normalen Flüssigkeit gibt es überhaupt keine Struktur, und die Moleküle können sich frei bewegen, ohne aufeinander Rücksicht zu nehmen. Wasser liegt anscheinend irgendwo zwischen diesen beiden Möglichkeiten – die Moleküle können sich wie in einer Flüssigkeit frei bewegen, sind jedoch genötigt, sich so zu bewegen, als würden sie eine festkörperartige Struktur beibehalten. Ich drücke diesen Sachverhalt gewöhnlich so aus: *Das Wasser vergißt nie, daß es einmal Eis gewesen ist.*

Wie Röntgen richtig vermutete, haben die anomalen Eigenschaften des Wassers etwas mit dieser eisähnlichen Struktur zu tun. Nahe am Gefrierpunkt zum Beispiel nähert sich die Fließstruktur der Flüssigkeit mehr und mehr der offenen hexagonalen des Eises an, wodurch das Wasser sich beim Abkühlen ausdehnt. Dieser Vorgang wird nicht von den Kollisionen der Moleküle bestimmt, sondern von der Veränderung der inneren Struktur der Flüssigkeit. Die anderen anomalen Eigenschaften des Wassers können auf ähnliche Weise erklärt werden; die spezifische Wärmekapazität zum Beispiel läßt sich durch die Energie erklären, die zwecks Veränderung der inneren Struktur zugeführt werden muß, während die Temperatur ansteigt.

Die Erkenntnis, daß Wasser eine Struktur besitzt, ist ziemlich neu – in wirklich durchdachter Form existiert dieses Konzept erst seit drei, vier Jahrzehnten. Doch obwohl es inzwischen angemessen ist zu sagen, daß wir die allgemeinen Merkmale des Wassers verstehen, sind viele Details in seinem Verhalten als Flüssigkeit und als Eis weiterhin Gegenstand intensiver Forschung und Diskussion unter Naturwissenschaftlern. Der relative Mangel an Erkenntnissen über die wichtigste Flüssigkeit in unserem Leben trat in einer bedeutenden naturwissenschaftlichen Episode gegen Ende der sechziger und Anfang der siebziger Jahre zutage: der berühmten (manche würden sagen berüchtigten) Debatte um das Polywasser.

1962 berichtete der russische Chemiker Nikolaj Fedjakin, der in der Provinzstadt Kostroma arbeitete, von einem seltsamen experimentellen Ergebnis. Er hatte festgestellt, daß sich auf Wasser, welches man einige Wochen lang in engen Röhren verschlossen hielt, eine dünne Flüssigkeitsschicht von anderer Konsistenz bildete. Es schien, als habe sich reines Wasser in verschiedene Flüssigkeiten aufgespalten und als sei das, was mehr durch Zufall entdeckt worden war, ein neue Form des Wassers, die man schließlich «Polywasser» nannte.*

Die Geschichte dieser Entdeckung ist deshalb interessant, weil sie viele Aspekte der Arbeitsweise von Naturwissenschaftlern veranschaulicht. Zunächst blieb Fedjakins Ergebnis im Westen vollkommen unbeachtet. Das hatte einen einfachen Grund: Obwohl Artikel aus russischen Fachzeitschriften routinemäßig (mit einer Zeitverzögerung von einem Jahr) ins Englische übersetzt werden, lesen Naturwissenschaftler im Westen sie selten.

Das Polywasser dämmerte also unbemerkt dahin, bis sich der international bekannte Chemiker Boris Derjagin vom renommierten Institut für Physikalische Chemie in Moskau damit zu beschäftigen begann. Derjagin war von der Vorstellung einer neuen Art Wasser so fasziniert, daß er an seinem Institut ein umfassendes Forschungsprojekt ins Leben rief, mit dem schließlich Dutzende von Mitarbeitern beschäftigt waren. Noch wichtiger ist, daß er zu jener Handvoll Naturwissenschaftler gehörte, die in den Westen reisen durften. Die meisten Forscher aus dem Westen erfuhren von der Existenz des Polywassers durch Derjagins Vorträge über seine Arbeiten während internationaler Konferenzen in den Jahren 1966 bis 1969. Was geschah, nachdem sich der Begriff Polywasser im Westen herumgesprochen hatte, ist geradezu eine Parodie auf den Umgang mit naturwissenschaftlichen Kontroversen in unserer öffentlichen Diskussion.

Die ersten Berichte über die Entdeckung waren knappe Beschreibungen des Phänomens Polywasser in Fachzeitschriften wie *Chemical Engineering News* und *Scientific American*. Die *New York Times* brachte ebenfalls einen kurzen Artikel, und insgesamt wurde die Öffentlichkeit über die Entwicklungen auf diesem Gebiet gut informiert. Es gab ein paar mißbilligende Kommentare, die darauf hinausliefen, daß man den Russen nicht erlauben dürfe, dieses Gebiet zu beherrschen (eine Polywasser-Vormachtstellung?), sowie die üblichen Beschwörungen der Wohltaten (von wirkungsvolleren Pfla-

---

* Der Name ist eine Kurzform der Bezeichnung «polymerisiertes Wasser».

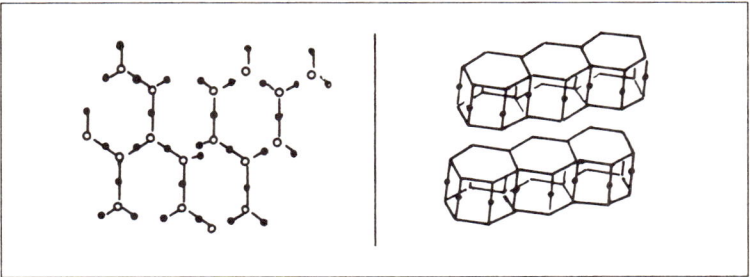

Abbildung 8-5

stern bis hin zu großen Neuerungen in der Medizin), die man sich von
der Ergründung dieses geheimnisvollen Phänomens erhoffte. Alles in
allem jedoch lag kaum etwas vor, das mehr als ein Stirnrunzeln bei
jenen hervorrufen konnte, die die neuesten Entwicklungen in den Naturwissenschaften verfolgen.

All dies änderte sich im Frühherbst 1969, als die angesehene britische Zeitschrift *Nature* einen Brief von F. J. Donahoe vom Wilkes
College veröffentlichte, in dem dieser davor warnte, daß Polywasser,
das in die Umwelt gelange, die Umwandlung sämtlichen Wassers auf
dem Planeten in eine neue Form katalysieren könnte, wodurch unser
Planet Gefahr laufe, «zu einem veritablen Doppelgänger der Venus
zu werden». Er behauptete, Polywasser sei «der gefährlichste Stoff
auf der Erde», und beschwor die Forscher, beim Umgang damit die
größtmögliche Vorsicht walten zu lassen. Selbst in jenen Tagen, da
die Umweltbewegung noch in den Kinderschuhen steckte, rief diese
Warnung in den Medien eine Sensation hervor.

Anfang der siebziger Jahre begann ein regelrechter Wettlauf. Die
Russen führten ihre verwickelten Messungen der Eigenschaften von
Polywasser fort, und amerikanische und britische Labors produzier-
ten am laufenden Band hastig geschriebene Untersuchungen zu diesem Thema. Einige behaupteten, deutliche Unterschiede in der
Struktur von Polywasser und normalem Wasser entdeckt zu haben
(die vorgeschlagenen Strukturen sind in Abbildung 8-5 dargestellt).
Die Theoretiker begannen, an der Molekularstruktur der neuen Was-
serform zu arbeiten, und die Journalisten ersannen Schlagzeilen über

die in den Labors schwelenden Gefahren für das Leben auf Erden – all dies, bevor auch nur irgend jemand überprüft hatte, ob diese neue Form des Wassers wirklich existierte!

Der Polywasser-Boom ließ erst nach, als über Ergebnisse gründlicher Experimente berichtet wurde. Dasselbe Laborteam der University of Maryland, das die Struktur des Polywassers untersucht und erklärt hatte, es handle sich dabei um eine neue Form des Wassers, war nunmehr zu der Erkenntnis gelangt, diese Ergebnisse seien auf kleine Mengen von Verunreinigungen im Wasser zurückzuführen. Entfernten die Wissenschaftler solche Verunreinigungen aus ihren Wasserproben, ergab sich kein Anhaltspunkt für die Existenz von Polywasser. Andere Gruppen behaupteten, bei Polywasser handle es sich um ganz normales Wasser, das durch kleine Schweißanteile verunreinigt worden sei; oder die Verunreinigungen bestünden aus winzigen Siliziumpartikeln, die aus der Glasröhre ausgeschwemmt worden seien. Polywasser-Enthusiasten entgegneten, die Proben in anderen Labors seien möglicherweise durch unsauberes Arbeiten verunreinigt worden, ihre eigenen Proben jedoch würden nach wie vor dieselben Daten liefern. Am 17. August 1973 schließlich beugte sich Derjagins Gruppe den zunehmenden Gegenargumenten. Sie berichtete, daß es auch ihr nicht gelungen sei, Polywasser in Systemen zu erzeugen, die frei von Verunreinigungen waren.

Seither haben Wissenschaftstheoretiker Polywasser als Manifestation abnormer Naturwissenschaft untersucht und gewichtige Folgerungen aus dieser Geschichte gezogen. Meiner Meinung nach gibt es an der Polywasser-Episode nichts Abnormes zu entdecken. Ein schwieriges Experiment wurde durchgeführt, und auf der Grundlage des Ergebnisses wurde eine These aufgestellt. Zwei Jahre lang erregte diese These die Aufmerksamkeit der Naturwissenschaftler allerorten; weitere Forschungsarbeiten ergaben, daß die These falsch war. Dies zeigt vor allem, daß jeder wissenschaftliche Prozeß – überläßt man ihn nur sich selbst – Fehler schließlich aussondert. Das einzig Abnorme, das ich in der Polywasser-Episode zu erkennen vermag, ist die Tatsache, daß ein großer Teil der Auseinandersetzung in der Tagespresse statt in Fachzeitschriften stattgefunden hat.

Unglücklicherweise ist das bei der Polywasser-Debatte hervorgetretene Muster – die Beschwörung globaler Gefahren, die naturwissenschaftliche Forschung erzeuge – heute zu einem Ritual geworden.

In meinen trüberen Augenblicken empfehle ich deshalb meinen Freunden, die wieder einmal in der Zeitung auf die Ankündigung des bevorstehenden Weltuntergangs gestoßen sind, lieber das Trefilsche Gesetz zu beachten, das da lautet:

Trau keiner wissenschaftlichen Vorhersage, die auf einer Pressekonferenz präsentiert wird.

9 Schneebälle im August

«Aus wessen Schoß geht das Eis hervor, und
wer hat den Reif unter dem Himmel ge-
zeugt?»

Hiob 38,29

Mein Freund Nick Korosok, der dafür verantwortlich ist, daß der
Highway, der durch die Beartooth Mountains führt, passierbar bleibt,
erzählte mir, daß es an der Fernstraße eine Stelle gebe, die an jedem
Sommertag überlaufen sei. Es handelt sich um einen schattigen Ort
am Hang, wo sich gleich neben der Straße eine große Schneebank
befindet. Jeder Wagen aus einem anderen Bundesstaat, der Ausflüg-
ler zum Yellowstone National Park befördert, hält hier kurz an, und
die meisten Leute machen Aufnahmen von den Kindern, die mitten
im August eine Schneeballschlacht veranstalten. Schnee an einem
Ort, an dem es keinen geben sollte – das ist schon etwas Faszinieren-
des.

Wo heute diese Schneebank unschuldig in der Sonne gleißt, begann
sich vor 25 000 Jahren eine andere Schneebank zu bilden. Jahr für Jahr
blieb etwas mehr Schnee liegen, bis die Masse zu einem großen Gletscher angewachsen war, der das heute als Rock Creek Valley bekannte Tal schuf (siehe Foto auf der rechten Seite). Vor etwa 18 000
Jahren, als der Gletscher am größten war, bedeckten Inlandeismas-
sen weite Teile Nordamerikas und Eurasiens. Nach der Ausbreitung
schmolzen die Gletscher und ließen nur die ewigen Schneebänke und
Berggletscher in großen Höhen zurück. Angesichts des weiten Vor-
dringens der Gletscher und der Spuren, die sie in den Bergen hinter-
ließen, überrascht es einigermaßen, daß die Geologen erst um die
Mitte des 19. Jahrhunderts die Tatsache akzeptierten, daß es in der
Vergangenheit Eiszeiten gegeben hat.

Bergbewohner wissen, daß die Gletscher einst sehr viel größer ge-

wesen sind als heute, doch dieses Wissen wurde von den Naturwissenschaftlern ignoriert. Der schweizerisch-amerikanische Geologe Louis
Agassiz formulierte 1837 die erste moderne Fassung der «Gletschertheorie», nachdem sein alter Freund Jean de Charpentier, ein Berg-
bauingenieur, ihn auf diese Idee gebracht hatte. Die von Charpentier
angewandte Methode, Agassiz von seinen Ansichten zu überzeugen,
war denkbar einfach, und ich werde mich im Grunde derselben Methode bedienen, um meinen Lesern vor Augen zu führen, daß die
Gletscher in der Entwicklung der Erdoberfläche eine wesentliche
Rolle gespielt haben. Charpentier lud Agassiz einfach ein, mit ihm in
den Alpen zu wandern, und wies ihn auf Erscheinungen hin, durch die
er sich in seinem Glauben an die Existenz einstiger Gletscher bestätigt
sah. Agassiz war ein aufgeschlossener Mensch, und angesichts der
vorgeführten Indizien akzeptierte er die Theorie. Als junger Geo-

**Töchter und Schwiegervater des Autors genießen eine abgeschiedene Schnee-
bank im August. Shosone National Forest, Wyoming.**

Erratischer Block auf einer weiten Fläche, der nur dank der Gletschertätigkeit an diesen Ort gelangen konnte. Absarokee Wilderness Area, Montana.

Ein weiterer erratischer Block, diesmal in einem Tal, heute von Bäumen überwachsen. Beartooth Mountains, Montana.

loge, der sich bereits internationales Ansehen erworben hatte, war er wie kaum ein anderer geeignet, sie seinen Wissenschaftskollegen zu präsentieren.

Charpentier berichtet von einem alten Holzfäller, dem er in einem Schweizer Tal begegnete. Die beiden wanderten eine Wegstrecke zusammen und kamen dabei ins Gespräch. Als Charpentier am Wegesrand einen großen Findling bemerkte, begann er sofort, ihn zu untersuchen. Der Holzfäller erzählte ihm, der Stein stamme von einem mehrere Kilometer entfernten Ort und sei vom Grimsel-Gletscher an seinen derzeitigen Ruheplatz befördert worden. Beiläufig erwähnte er, daß dieser Gletscher sich einst über das ganze Tal erstreckt habe, fast bis dorthin, wo heute Bern liege. «Dieser gute alte Mann», fährt Charpentier fort, «hätte sich nie träumen lassen, daß ich ein Manuskript in meiner Tasche trug, das genau diese Hypothese stützte. Ich schenkte ihm etwas Geld, damit er auf das Andenken des alten Grimsel-Gletschers trinke.»

Die direkten Beweise für die Auffassung, daß Gletscher einst unsere Berge bedeckten, lassen sich in zwei Kategorien unterteilen: 1. Material, das von den Gletschern befördert und angelagert wurde, während diese schmolzen; und 2. die Spuren der Gletscher auf den Gesteinen. Der eindrucksvollste Beweis der ersten Kategorie sind Zeugen der Eiszeit wie jener, auf den Charpentier und der Holzfäller stießen – große Felsbrocken, die von den Gletschern meilenweit transportiert worden sind. Ein solcher Stein wird von Geologen als «erratischer Block» oder Findling bezeichnet. Wie die Fotos auf den Seiten 138 und 156 zeigen, kann ein Stein solchen Kalibers eine ziemlich spektakuläre Erscheinung sein – ein riesiger Stein mitten auf einer Wiese oder dem Grund eines Tals. Vor dem 19. Jahrhundert gaben solche Steine den Menschen Rätsel auf. Wie waren sie nur an ihren jetzigen Platz gelangt? Häufig kann man mit einem Blick erkennen, daß sie mit meilenweit entferntem Gestein in großen Formationen identisch sind. Offensichtlich sind die Findlinge befördert worden – aber wie?

Eine bevorzugte Erklärung lautete früher, die Sintflut habe sie dorthin getragen. Der Pferdefuß bei dieser Erklärung war, daß keine der bekannten Wasserströmungen solch große Gebilde kilometerweit befördern kann. Eine Variante der Fluttheorie, die eine Zeitlang sehr beliebt war, besagte, daß diese Steinblöcke einst im Innern großer

Ein typisches Gletschertal in U-Form. Rock Creek, Montana.

schwimmender Eisberge eingeschlossen gewesen seien. Als die Eisberge dann während der Flut schmolzen, seien die Steinblöcke herausgelöst worden und liegengeblieben. Diese Theorie konnte zwar die Beförderung der Steinblöcke erklären, doch gab sie keine befriedigende Antwort auf die Frage, weshalb diese Steine so häufig in Bergtälern und so selten anderswo anzutreffen sind.

Die von den Gletschern im Grundgestein hinterlassenen Spuren spielten eine wichtige Rolle bei dem Versuch, Agassiz' Zeitgenossen von der Stimmigkeit der Gletschertheorie zu überzeugen. Eine der offensichtlichsten Spuren ist die Form der Täler, die durch Gletscher entstanden sind. Durchschneidet ein Fluß ein Gebirge, so ist das entstandene Tal V-förmig, da das Wasser sich einen relativ engen Weg auf dem Grund bahnt. Ein Gletscher dagegen erzeugt ein U-förmiges Tal, indem er erhebliche Mengen Gestein über den Talgrund schiebt. Eine solche Form zeigt das Foto auf dieser Seite. Das Vorhandensein von U-förmigen Tälern unterhalb der heutigen Gletscherregion in den Alpen war ein stichhaltiger Beweis dafür, daß die inzwischen auf die hohen Gipfel begrenzten Gletscher sich einst ihren Weg durch die Täler hindurch gebahnt haben.

Wenn ein Gletscher anwächst und sich zu bewegen beginnt, hinterlassen zwei Vorgänge Spuren auf den Gesteinen an seinem Weg. An den Talseiten schleift die Bewegung des Eises das Gestein ab, an dem es sich reibt, was diesen ihr charakteristisches poliertes Aussehen verleiht. Poliertes Gestein zeigt das obere Foto auf Seite 160. Seine Oberfläche ist glänzend, und weiß man erst einmal, wonach man Ausschau halten muß, so kann man es nicht mehr übersehen. Je höher die polierte Gesteinsfläche reicht, um so dicker war der Gletscher. Die zerklüfteten Gipfel zum Beispiel (auf dem Foto im Hintergrund) ragten wahrscheinlich wie Inseln aus der Oberfläche des Gletschers heraus, und das polierte Gestein darunter zeigt, daß die Gipfel nur knapp davon verschont blieben, vom vordringenden Eis umschlossen und abgebrochen zu werden.

An anderen Orten zeichnen sich tiefe Furchen in dem Grundgestein ab, über das sich der Gletscher geschoben hat. Diese Furchen stammen von großen Felsbrocken, die vom Eis aufgenommen und über ihre verankerten Gegenstücke geschleppt worden sind. Dieses Ensemble aus Gletscher und Fels wirkte wie eine riesige Feile. die das Grundgestein, über das sie schrammte, mit zahllosen Kerben versah. Die so entstandenen Furchen sind in Europa wohlbekannt, und die Gletschertheorie lieferte eine einfache Erklärung für ihren Ursprung.

Die geologischen Formationen, die von den Gletschern beim Schmelzen hinterlassen wurden, bildeten das letzte Beweisstück. Wie wir später noch sehen werden, ist ein Gletscher kein statischer Eisblock, sondern ein dynamisches, fließendes System. Das Eis innerhalb eines Gletschers bewegt sich ähnlich wie das Wasser in einem Fluß. Das vom Eis «stromaufwärts» aufgelesene Gestein wird zum vorderen Gletscherrand befördert. An diesem Punkt schmilzt oder verdampft das Eis – das Gestein wird abgelagert. Wenn der Gletscher daher seine größte Ausdehnung erreicht hat, so erwartet man, eine große Menge Gesteinsschutt zu finden, der sich sowohl aus dem soeben beschriebenen Vorgang ergibt als auch durch zusätzliches Material, das von der Endkante der Eisplatte vorwärtsgeschoben wird. Dieser Gesteinsschutt wird als Gletschermoräne bezeichnet; eine kleine Moräne zeigt das untere Foto auf der folgenden Seite. Die meisten Moränen sind jedoch größer als diese und ähneln oft kleinen Hü-

Poliertes Gestein überzieht die Wände des Gletschertals. Bemerkenswert sind die Gipfel im Hintergrund, an deren Hängen sich die polierten Flächen nur teilweise abzeichnen. Custer National Forest, Montana.

Dieser durcheinandergewürfelte Steinhaufen in rund 2700 Meter Höhe markiert das weiteste Vordringen eines kleinen Gletschers. Absarokee Wilderness Area, Montana.

geln. Die detaillierten Karten der verschiedenen Gletscherbahnen, die man manchmal sieht, wurden erstellt, indem man feststellte, wo die Moränen sich im Moment befinden, und sie untereinander verband, um die Ausdehnung eines Gletschers zu bestimmen.

Die Anhaltspunkte, die Moränen lieferten, überzeugten in der Debatte des 19. Jahrhunderts nicht so sehr, wie man dies hätte vermuten können. Dies ist darauf zurückzuführen, daß es nicht etwa nur eine Eiszeit gegeben hat, sondern mehrere. Jeder Gletscher ist im Verlauf der vergangenen Hunderttausende von Jahren viele Male vorgedrungen und wieder zurückgewichen, und es ist leicht einzusehen, daß das Vordringen eines neuen Gletschers den von seinem Vorgänger hinterlassenen Gesteinsschutt zum größten Teil unkenntlich gemacht hat. Die Erforschung und Datierung von Moränen ist daher ein heikles Geschäft – keineswegs jene Art unwiderlegbaren Beweises, den man benötigt, um eine neue Idee in den Naturwissenschaften durchzusetzen.

Daß Agassiz' Kollegen die Gletscherhypothese nur widerstrebend akzeptierten, als sie zum erstenmal mit ihr konfrontiert wurden, lag teilweise daran, daß nur wenige unter ihnen zuvor in den Alpen gewandert waren, um die Dinge selbst in Augenschein zu nehmen. Doch die Beweise häuften sich, und um 1860 konnte Agassiz, der inzwischen in die Vereinigten Staaten übergesiedelt war und in Harvard lehrte, mit einiger Genugtuung feststellen, daß sich die meisten Geologen mit seinen Vorstellungen angefreundet hatten.

Von der Schneebank zum Gletscher

Der Vorgang, durch den ein Schneehaufen zu einem veritablen Gletscher anwächst, ist recht interessant. Natürlich fängt alles damit an, daß es schneit. Jeder weiß, daß der an einer beliebigen Stelle gefallenen Schnee vor dem im nächsten Winter einsetzenden Schneefall weggeschmolzen ist. Nur an wenigen Stellen in großer Höhe übersteht der Schnee vom Winter den nächsten Sommer. Dies sind die Nährgebiete der Gletscher.

Sind die Temperaturen während des Sommers so niedrig, daß sich Schnee anhäufen kann, verändert sich die Natur des Schnees auf dem Grund. Wenn er fällt, ist er leicht und flaumig. Die Flocken haben die

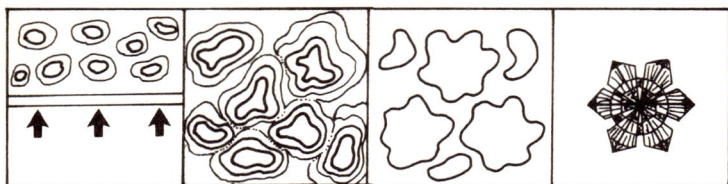

Abbildung 9-1

bekannte sechseckige, spitzenartige Form, die wir von Fotos und Illustrationen her kennen. Wegen der offenen Struktur seiner Flocken besitzt fallender Schnee eine sehr geringe Dichte. Es ist unmöglich, viele Flocken in einem bestimmten Volumen unterzubringen, ohne ihre Struktur zu verändern, da Neuschnee eine flaumige, pulvrige Substanz ist. Doch kaum ist er gefallen, werden die Flocken zusammengedrängt und daher verdichtet. Dieser Vorgang entsteht durch das Aufbrechen der Flocken in kleinere Bestandteile, die rundere Formen haben. Wird der Schnee vom Wind aufgewirbelt, so brechen die hervorstehenden Arme der Schneeflocken ab, was das Abrunden erleichtert.

Mit der Zeit drängen sich die abgerundeten Schneeflocken unter Einwirkung der Schwerkraft und des Gewichts des Neuschnees auf ihnen immer weiter zusammen. Es ergibt sich ein System, das im zweiten Quadrat von Abbildung 9-1 dargestellt ist. Die abgerundeten Schneekristalle werden zusammengedrängt, doch kann noch viel Luft zwischen ihnen zirkulieren. Die Dichte einer solchen Zusammenballung ist etwa halb so groß wie die des Gletschereises.

Der nächste Schritt in der Entwicklung der Schneeflocke ist im dritten Quadrat dargestellt. Wassermoleküle verdampfen an der Oberfläche der sphärischen Kristalle, schweben durch die Luft, kondensieren dann und gefrieren auf freien Oberflächen anderswo in der Zusammenballung. Das Ergebnis: Die ursprünglich im Eis gebildeten Luftpassagen werden eingekapselt. In diesem Stadium wird der Schnee «Firn» genannt.

Den Endzustand zeigt die Grafik im rechten Quadrat. Unter dem Druck der überlagernden Schneemassen beginnt der Firn zu kristallisieren. Ein Großteil der Luft wird hinausgepreßt, und nur gelegentlich werden Luftblasen darin eingeschlossen. Je mehr Luft entweicht, um so dichter wird der Schnee, und das Ganze verwandelt sich in echtes Gletschereis. Von da an besteht die einzige Veränderung in einer Kompression der Luftblasen und einer leichten Zunahme der Dichte bis zu etwa 90 Prozent derjenigen des Wassers, der normalen Dichte von Eis.

Nach seiner Entstehung beginnt der Gletscher sogleich, langsam bergab zu gleiten. Die Balance der Gletscherbewegung geht aus Abbildung 9-2 hervor. In höheren Lagen staut sich der Schnee von Jahr zu Jahr zu Gletschereis. Dieses gleitet bergab, bis es die Schneegrenze, die sogenannte Firnlinie, erreicht, unterhalb deren die Temperaturen im Sommer so ansteigen, daß das Eis wie der im Winter gefallene Schnee schmilzt. In diesem «Zehrgebiet» endet der Gletscher. Der innere Eisfluß in einem Gletscher läßt sich auf viele Arten messen. Zum Beispiel kann man zu diesem Zweck einen senkrechten Schacht bohren, wie links in Abbildung 9-3 dargestellt. Einige Jahre später ist der Schacht aufgrund der Gletscherbewegung verzogen (Abbildung 9-3 rechts). Eine andere Methode besteht darin, eine gerade Linie aus Markierungen (wie in Abbildung 9-4) quer über die Oberfläche des Gletschers anzubringen. Wiederum nach einigen Jahren, in denen sich das Eis fortbewegt hat, bilden diese Markierungen

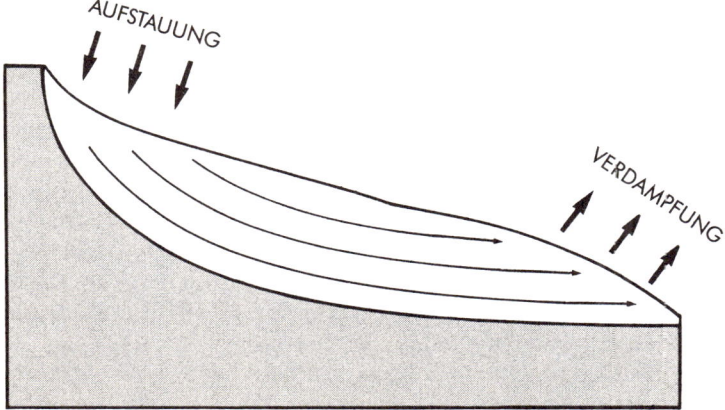

Abbildung 9-2

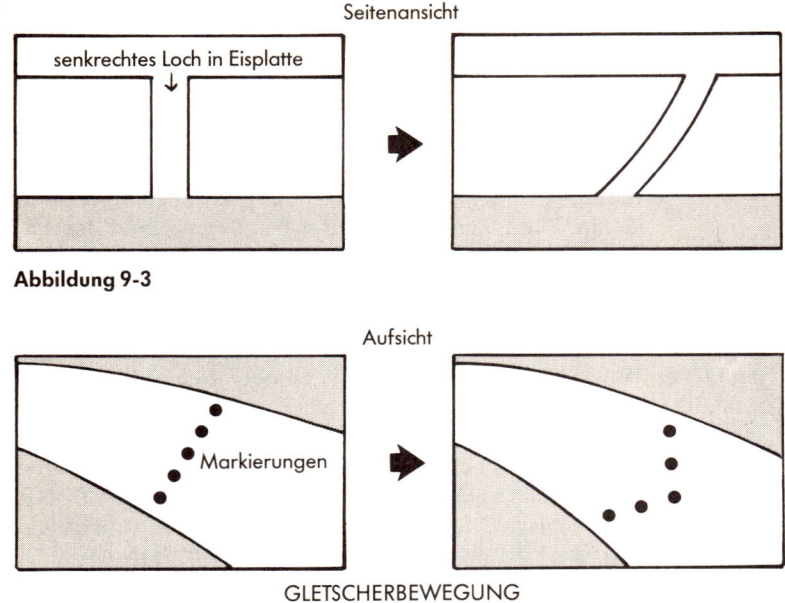

Seitenansicht

senkrechtes Loch in Eisplatte

Abbildung 9-3

Aufsicht

Markierungen

GLETSCHERBEWEGUNG

Abbildung 9-4

eine gekrümmte Linie. Beide Experimente (oder andere, etwas verfeinerte Versionen) zeigen eindeutig, daß der Eisfluß in einem Gletscher dem Fluß eines sehr dicken, viskosen Fluids ähnelt.

Auf einen Aspekt der Gletscherbildung gründet sich ein wichtiges Forschungsgebiet der modernen Geochemie. Wie erwähnt, werden bei der Gletscherbildung Luftblasen im Eis eingeschlossen. Die Luft in diesen Blasen gibt Aufschluß über die chemische Zusammensetzung der Atmosphäre zur Zeit der Gletscherbildung. Wenn wir das ganze Ausmaß der Luftverschmutzung durch die moderne Industrie ermessen wollen, so können die Luftblasen in den Gletschern zu wertvollen Indikatoren dafür werden, wie sauber die Luft vor Beginn der industriellen Revolution war. Wenn sich ausschließen läßt, daß die Luftblasen nach ihrer Abkapselung von der Atmosphäre verunreinigt worden sind (was nicht leicht ist), kann uns die Analyse der Luftblasen im Gletschereis darüber Auskunft geben, wie eine «normale», unbelastete Umwelt ausgesehen hat. Dieses Wissen wiederum kann für Gesetzgeber und Luftschadstoffkontrolle von unschätzbarem Wert sein.

Die Eiszeiten

Die Geologen haben herausgefunden, daß das Pleistozän, das vor rund 2,5 Millionen Jahren begann und mit dem Verschwinden der letzten Gletscher vor zehntausend Jahren endete, mindestens aus vier größeren Perioden der Vereisung (sogenannten Glazialen) bestand. Darüber hinaus gilt es als nachgewiesen, daß es vor dem Pleistozän, vielleicht sogar bis hin zum Präkambrium vor mehr als 570 Millionen Jahren, weitere Eiszeiten gegeben hat. Das Anwachsen und Verschwinden der riesigen Eisplatten ist demnach keine Anomalie der Erdgeschichte, etwas, das erst vor kurzem geschah. Es scheint vielmehr ein integraler Bestandteil der Entwicklung unseres Planeten zu sein, etwa wie der Wechsel von Tag und Nacht. Wenn wir daher nach den Gründen für die Eiszeiten Ausschau halten, so bedeutet dies, daß wir uns nicht mit Erklärungen zufriedengeben dürfen, die nur auf eine oder zwei Eiszeiten zutreffen; es muß irgendeinen Mechanismus geben, der den Vorgang viele Male wiederholt.

Aus meiner Beschreibung der Entstehung von Gletschern geht hervor, daß die Sommertemperatur in Regionen, in denen sich Schnee anhäuft, der wichtigste Einzelfaktor ist, der den Beginn einer Eiszeit bewirkt. Sind die Sommertemperaturen in den nördlichen Breitengraden niedrig genug, so beginnt der Schnee sich zu verdichten und in Eis umzuwandeln. Die Eisplatten breiten sich dann von vielen Zentren, darunter einige Berge, langsam aus. Andere größere Gletscher fließen nur von einem zentralen Nährgebiet nach außen. Gletscher dieses Typs bedecken zur Zeit Grönland und die Antarktis.

Der Mann, der den Mechanismus entdeckte, durch den die Sommertemperaturen im Norden steigen und fallen können, hieß Milutin Milanković. Er stammte aus Serbien und ist vielleicht einer der interessantesten und zugleich am wenigsten bekannten Forscher, denen wir unser modernes Weltbild verdanken. 1904 promovierte er am Technischen Institut in Wien. Nachdem er dort einige Jahre lang über die Konstruktion von Betonstrukturen gearbeitet hatte, übernahm er zum Erstaunen seiner Freunde einen Lehrstuhl für Angewandte Mathematik an der Universität Belgrad. Daß sich ein junger Mann entschließt, die funkelnde Welt eines Kulturzentrums wie Wien gegen ein Leben in einer recht provinziellen, abgelegenen Stadt einzutauschen, mag seltsam erscheinen, doch Milanković bewegte ein starkes Motiv: die Freiheit, seine eigenen Forschungen zu betreiben, jene Art Freiheit, die gewöhnlich nur im akademischen Umfeld zu finden ist.

In seinen Memoiren schildert er ein Erlebnis in Belgrad, das sein Leben veränderte. Ein Freund (ein Lyriker) und er waren in einem Kaffeehaus, um die Veröffentlichung eines Buches mit patriotischen Versen jenes Dichters zu feiern. Anscheinend wurden die neubestallten Professoren damals nicht besser bezahlt als heute, denn die beiden konnten sich lediglich Kaffee als Getränk leisten. Ein Mann am Nebentisch, ein Bankier, fragte nach dem Anlaß der Feier. Als man ihm den genannt hatte, bat er darum, das Buch sehen zu dürfen. Da er ein serbischer Patriot war, ergriffen ihn die Gedichte so sehr, daß er auf der Stelle zehn Exemplare kaufte. Nun hatten die Freunde erst recht Grund zum Feiern! Nach der ersten Flasche Wein «blickten wir auf unsere früheren Leistungen zurück und befanden, daß sie eng und begrenzt waren». Nachdem die dritte Flasche geleert war, nahm sich der Lyriker vor, ein Epos zu schreiben – und Milanković, der seinem Freund in nichts nachstehen wollte, beschloß, «das ganze Universum zu erfassen und Licht bis in die dunkelste Ecke zu tragen».

Die meisten Menschen wären am Morgen danach mit einem wehmütigen Lächeln zur Tagesordnung übergegangen. Nicht so Milanković, der an seinem Entschluß festhielt: Er wollte eine Klimatheorie begründen, die sämtliche Klimate auf sämtlichen Planeten im Sonnensystem erklären sollte. Methodisch machte er sich ans Werk, indem er einen bestimmten Teil seines täglichen Arbeitspensums der Entwicklung dieser Theorie widmete.

Nach Ausbruch des Ersten Weltkrieges geriet Milanković, der als Stabsoffizier zur serbischen Armee einberufen worden war, in ungarische Gefangenschaft. Dann geschah etwas, das heutzutage unmöglich erscheint, damals jedoch kein ungewöhnlicher Vorfall war. Ein Mitglied der Ungarischen Akademie der Wissenschaften sorgte dafür, daß Milanković freikam, brachte ihn nach Budapest, verschaffte ihm einen Arbeitsplatz in der Akademie und ermöglichte es ihm, für die Dauer des Kriegs an seiner Klimatheorie weiterzuarbeiten. Durch diese 1920 veröffentlichte Theorie erregte Milanković die Aufmerksamkeit all jener Wissenschaftler in Europa, die an einer Erklärung der Eiszeiten interessiert waren. Zu den wichtigsten gehörten Alfred Wegener und sein Schwiegervater Wladimir Koppen in Hamburg. Milanković schickte ihnen die aus seiner Theorie abgeleiteten Vorhersagen, und die beiden stellten fest, daß diese mit den damals bekannten Daten über das Auftreten der Eiszeiten in Einklang standen. Die alsdann entwickelte Theorie zur Erklärung dieses Phänomens ist im wesentlichen noch heute gültig.

Das von Milanković vorgeschlagene Modell ist recht einfach. Aus der Newtonschen Himmelsmechanik wissen wir, daß sowohl die Erdumdrehung als auch die Erdumlaufbahn unter dem Einfluß der Gravitation anderer Mitglieder des Sonnensystems periodischen Veränderungen unterliegen. Diese Schwankungen wirken sich auf das Sonnenlicht, das auf die nördliche Erdhalbkugel fällt, auf zweierlei Weise aus: Es verändern sich die Entfernung zwischen Erde und Sonne sowie die Neigung der Erdoberfläche im Verhältnis zum einfallenden Sonnenlicht. Diese beiden Wirkungen verändern die Menge des in den nördlichen Breitengraden einfallenden Sonnenlichts und verursachen eine Anhäufung des Schnees von Jahr zu Jahr.

So sind im wesentlichen drei Bewegungen als Ursachen der Eiszeiten wirksam. Am leichtesten ist die sogenannte Präzession der Rotationsachse unseres Planeten zu verstehen. Setzt man einen Kinderkreisel in Gang, so bemerkt man manchmal, daß seine Achse, um die er sich dreht, selbst eine müde Kreisbewegung vollführt. Diese Art der Bewegung nennt man Präzession. Die Erde ist darin einem Kreisel vergleichbar. Sie dreht sich ebenfalls schnell um ihre Achse, und diese folgt einer langsamen Kreiselbewegung, wobei sie für einen Präzessionsumlauf etwa 25 800 Jahre benötigt. Die heutige Situation ist in Abbildung 9-5 unten dargestellt. Wenn im Januar und Februar die Erde sich der Sonne am nächsten befindet, ist die nördliche Erdhalbkugel von der Sonne abgewandt. Während des Sommers, wenn die nördliche Erdhalbkugel der Sonne zugewandt ist, erreicht die Entfernung zwischen Erde und Sonne ihr Maximum. Diese Situation führt in den nördlichen Breitengraden zu relativ kühlen Sommern und warmen Wintern.

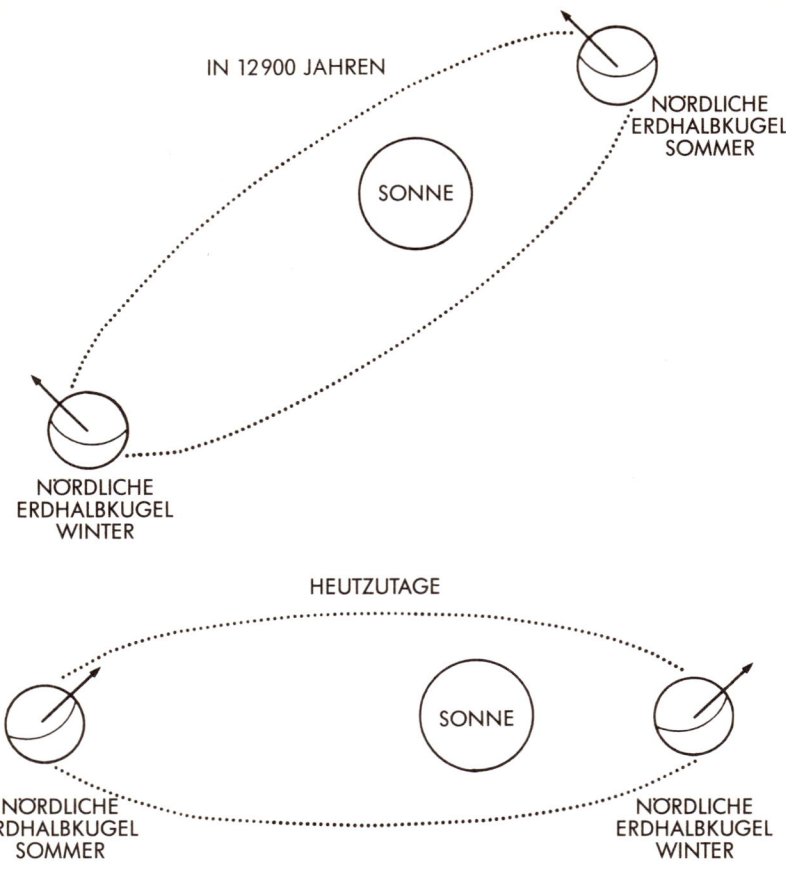

Abbildung 9-5

In 12900 Jahren wird die Rotationsachse aufgrund der Präzession einen halben Umlauf vollzogen haben, und es ergibt sich die Situation oben in Abbildung 9-5. In diesem Fall ist dann Sommer, wenn die Erde der Sonne am nächsten kommt, und Winter, wenn sie am weitesten von ihr entfernt ist. Es dürfte klar sein, daß in 12900 Jahren die

Sommer wärmer und die Winter kälter sein werden als heutzutage. Wäre dies der einzige astronomische Vorgang, der auf das Erdklima einwirkte, so könnten wir sagen, daß die Erde sich gegenwärtig in einer Periode mit warmem, gletscherfreiem Klima befindet.

Die Präzession ist jedoch nur ein Teil des Gesamtgeschehens. Zur Zeit steht die Rotationsachse der Erde in einem Winkel von etwa 23 Grad zur Ebene des Sonnensystems, wie links in Abbildung 9-6 dargestellt. Dieselben Schwerkräfte, die die Präzession verursachen, erzeugen eine leichte Schaukelbewegung der Achse mit einer Periode von etwa 41 000 Jahren. Diese der Präzession der Achse übergelagerte Bewegung wird Nutation genannt.

Im Augenblick bewegt sich die Achse auf die Senkrechte zur Erdbahnebene zu, so daß irgendwann in der Zukunft die Erde so ausgerichtet sein wird wie rechts in Abbildung 9-6. Die Zeichnung gibt die Verhältnisse der Deutlichkeit halber nicht maßstäblich wieder – die tatsächliche Veränderung des Achsenwinkels beträgt etwa ein Grad. Trotzdem geht eindeutig daraus hervor, daß die Achse sich zur Senkrechten hin bewegt und die Unterschiede zwischen Winter und Sommer langsam verschwinden werden; die Winter werden wärmer und die Sommer kälter. Daher heben sich die Wirkungen der Nutation (kühlere Sommer) und der Präzession (wärmere Sommer) derzeit auf.

Doch es ist wichtig, darauf hinzuweisen, daß dies nicht immer zutrifft. Hat zum Beispiel irgendwann in der Vergangenheit die Nutation die Erdachse veranlaßt, sich von der Senkrechten *fort*zubewegen, als die Präzession in der gleichen Phase war wie heute, so addieren sich diese beiden Wirkungen. Es zeigt sich, daß das Zusammenspiel von Nutation und Präzession eine abwechslungsreiche Geschichte des Aufwärmens und Abkühlens über lange Perioden hinweg erzeugen kann.

Der dritte wesentliche astronomische Einfluß auf das Erdklima

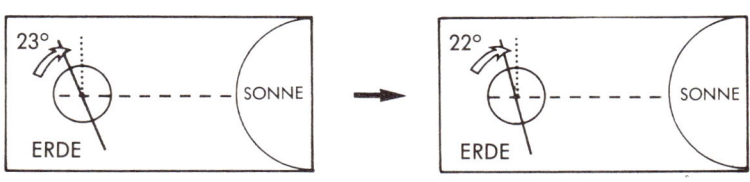

Abbildung 9-6

Abbildung 9-7

hängt mit Veränderungen in der Form der Umlaufbahn zusammen, die von den Gravitationswirkungen der anderen Planeten hervorgerufen werden. Wie in Abbildung 9-7 gezeigt, entspricht die Erdumlaufbahn um die Sonne nicht exakt einem Kreis: sie ist vielmehr leicht elliptisch. Die anderen Planeten können bewirken, daß diese Ellipse abflacht oder kreisförmiger wird. Die Erdumlaufbahn selbst vollendet daher etwa alle 93 000 Jahre einen Zyklus, wie er in Abbildung 9-7 dargestellt ist. Sie geht von einer elliptischen in eine eher kreisförmige und danach wieder in eine elliptische Form über.

Zur Zeit ist die Erdumlaufbahn auf dem Weg, kreisförmiger zu werden. Natürlich gleichen sich mit den Entfernungen zwischen Erde und Sonne auch die Unterschiede zwischen den Sommer- und Wintertemperaturen aus, was bedeutet, daß zur Zeit dieser besondere Gravitationseffekt dazu beiträgt, die Sommer kälter und die Winter wärmer werden zu lassen, genau wie bei der Nutation. Als die Bewegung in vergangenen Zeiten von der kreisförmigen zur elliptischen Form überging, nahmen die Unterschiede zwischen Sommer und Winter zu.

Milanković fiel nun auf, daß es ihm durch die gleichzeitige Berücksichtigung aller drei Einwirkungen auf diese zyklischen Bewegungen

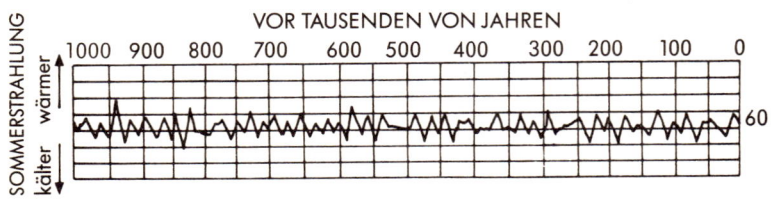

Abbildung 9-8

möglich war vorauszusagen, wieviel Energie in Form von Sonnen-
strahlung die nördliche Erdhalbkugel in früheren Sommern absorbiert hatte. Als er diese Berechnungen anstellte, ergab sich eine
Kurve, wie sie in Abbildung 9-8 dargestellt ist. Die tief abfallenden
Kurvenverläufe, die niedrige Sommertemperaturen in großen Höhen
repräsentieren, entsprechen Perioden, in denen das Inlandeis wachsen konnte. Zugleich entsprechen sie präzise den geschätzten Perioden der Eiszeiten. In den vergangenen Jahren ist immer deutlicher
geworden, daß die Bewegungen der Erde unter dem Einfluß der Gravitation anderer Himmelskörper des Sonnensystems die Hauptursa-
che für die wiederkehrenden Eiszeiten sind, die sich in den geologischen Formationen abzeichnen.

Die Zukunft der Erde

Eine Frage, die sich bei dieser Betrachtung über Gletscher unweigerlich ergibt, betrifft die Zukunft. Wann müssen wir mit der nächsten
Eiszeit rechnen? Es ist gar nicht so einfach, eine richtige Antwort zu
finden – allerlei Schätzungen sind in Umlauf, die sich irgendwo zwischen einigen hundert und zwanzigtausend Jahren bewegen.

Gehen wir nur von Milankovićs Theorie aus und berechnen, wann
der nächste merkliche Abfall der Sonnenstrahlenzufuhr fällig ist, so
ergibt sich, daß dies in den kommenden zwanzigtausend Jahren nicht
eintreten wird. Dies folgt aus der widersprüchlichen Situation, in der
wir uns befinden, da eine Einwirkung (die Präzession) eine Erwärmung, die beiden anderen (Nutation und Form der Erdumlaufbahn)
dagegen eine Abkühlung des Erdklimas bewirken. Andere Vorhersagen gründen sich auf noch unsicherere Daten. Zum Beispiel ergibt
sich durch einfache Extrapolation der beobachteten Abkühlungsten-
denz, die das Erdklima seit den vierziger Jahren des 20. Jahrhunderts
bestimmt, daß in ungefähr siebenhundert Jahren Eiszeittemperatu-
ren erreicht sein werden. Doch eine solche Extrapolation, die sich auf
kurzfristige Daten stützt, ist bekanntermaßen riskant. Man stelle sich
nur vor, welche Preise wir heute zu zahlen hätten, wenn wir einfach
die zweistellige Inflationsrate der siebziger Jahre bis heute fortschrei-
ben würden!

Im übrigen sind Vorhersagen über das zukünftige Klima von der

Wirkung eines Vorgangs abhängig, mit dem die Forscher gerade umzugehen lernen – vom sogenannten Treibhauseffekt. Beim Verbrennen fossiler Substanzen wie Kohle und Öl entsteht als Nebenprodukt Kohlendioxid. Beim Eintritt in die Atmosphäre hält dieses Gas Wärme zurück, die sonst in das All abstrahlen könnte. Es wirkt wie eine um die Erde gehüllte Decke; je mehr Kohlendioxid, um so dicker die Decke und um so höher die daraus resultierende Temperatur auf der Erde. So wird etwa die gegenwärtige Oberflächentemperatur auf der Venus, über 400 Grad Celsius, der Konzentration von Kohlendioxid in der Atmosphäre des Planeten zugeschrieben.

Falls das Verbrennen fossiler Substanzen unvermindert anhält, werden wir in einigen hundert Jahren sämtliche in den Brennstoffen unter der Erde lagernden Kohlenstoffatome entfernt, mit Sauerstoff zusammengebracht und dann als Decke aus Kohlendioxid in die Atmosphäre befördert haben. Man schätzt, daß die Atmosphäre tausend Jahre bräuchte, um einen solchen Überschuß zu beseitigen. Während dieser Zeitspanne wäre mit einer weltweiten Erwärmung zu rechnen.

Wenn wir uns tatsächlich, wie Milankovićs Theorie nahelegt, an der Schwelle zu einer neuen Eiszeit befinden, wäre es möglich, daß die Wirkungen des Kohlendioxids das Unvermeidliche noch eine Weile aufschieben. Unser Wissen darüber, wie unser Klima eigentlich funktioniert, ist in Wirklichkeit so ungesichert, daß wir nicht sagen können, wie sich die Temperatur entwickeln wird – ob sie steigt (wenn der Treibhauseffekt vorherrscht), sinkt (wenn der Milanković-Effekt die Oberhand gewinnt) oder ob diese beiden Effekte einander aufheben und alles so bleibt, wie es ist.

Doch gibt es Anhaltspunkte, die uns in dieser Frage weiterhelfen könnten. Ich habe bereits erwähnt, daß die Blasen im Gletschereis Luftproben aus der Atmosphäre zur Zeit der Gletscherbildung enthalten. Durch die Analyse dieser Luftblasen könnten wir feststellen, wieviel Kohlendioxid in der Atmosphäre konzentriert war, bevor im 18. Jahrhundert die Verbrennung fossiler Brennstoffe im großen Umfang einsetzte. Die Ergebnisse würden eine der Schwierigkeiten beheben helfen, denen Menschen begegnen, die eine Erwärmung durch die Ansammlung von Kohlendioxid vorhersagen wollen: Zuverlässige Daten über die Gasmengen in der Atmosphäre gibt es erst seit den fünfziger Jahren unseres Jahrhunderts. Es ist noch nicht genug

Zeit vergangen, um eine langfristige Klimatendenz auszumachen. Die Untersuchung der Luftblasen in den Gletschern würde uns in die Lage versetzen, die Gaskonzentrationen aus verschiedenen Epochen miteinander zu vergleichen und, zumindest im Prinzip, den zukünftigen Klimaverlauf vorherzusagen. Es scheint also, daß die Gletscher selbst uns mitteilen könnten, wann sie wieder zu wachsen beginnen.

10　Fenster zum All

«Libuše stieg auf den Gipfel und prophe-
zeite: ‹Ich sehe eine große Stadt, deren
Ruhm bis zu den Sternen hinaufreicht...›»

Cosmas von Prag (1045–1125)

Fast in jeder kulturellen Tradition gibt es eine mythische Gestalt, die
auf der Suche nach Erleuchtung einen Berggipfel erklimmt. Moses,
der die zehn Gebote entgegennimmt, ist nur ein Beispiel, die im
Motto zitierte Prophezeiung der Zukunft Prags aus der böhmischen
Sagenwelt ein anderes. Der Schriftsteller John Barth hat festgestellt,
daß der Aufstieg zum Berggipfel ein Topos der Heldenepen aus den
Kulturen Afrikas, Asiens, Europas und Amerikas ist. In der Menschheitsgeschichte scheint der Berggipfel mit jener Erfahrung gleichge-
setzt zu werden, die uns Erkenntnisse über die Zusammenhänge der
Welt und unseren Platz darin gewährt.

In einem sehr realen Sinne lebt diese Tradition heute fort. Den
Großteil unseres Wissens von der physikalischen Beschaffenheit des
Universums verdanken wir den Teleskopen, die auf Berggipfeln rund
um die Welt verteilt sind. Wenn wir etwas über die Welt erfahren
wollen, müssen wir nach wie vor einen Berg erklimmen. Allerdings
sind wir heute in der Lage, weit über die sich von einem Berggipfel aus
bietende Sicht hinaus zu gelangen: Wir können nunmehr unsere Erkenntnisse aus den Tiefen des Weltalls gewinnen.

Weshalb werden Teleskope auf Berggipfeln installiert? Die Aufgabe eines Teleskops besteht natürlich darin, Licht einzufangen, das
von fernen Quellen ausgesandt wird. Durch die Analyse dieses Lichts
erfahren wir etwas über das emittierende Objekt, gleich ob es sich
dabei um einen nahen Satelliten, einen Nachbarplaneten oder eine
Galaxie am Rand des beobachtbaren Universums handelt. Manchmal
ist dieses Wissen ziemlich einfacher Natur – wir erfahren etwas über

Größe und Form eines Objekts mehr oder weniger durch einfache Betrachtung. In anderen Fällen unterwerfen wir das einfallende Licht einer komplexeren Analyse und messen Eigenschaften wie etwa Temperatur und chemische Zusammensetzung. Doch gleich welcher Art die Analyse ist, die wir durchführen, stets wird unser Tun durch die unserem Instrument zur Verfügung stehende Lichtmenge begrenzt.

Normalerweise nehmen wir an, daß die Erdatmosphäre vollkommen transparent ist, da wir häufig Dinge in verblüffend großen Entfernungen sehen können. Zum Beispiel erinnere ich mich daran, daß ich nachts einmal von einem Tafelberg in der Nähe von Los Alamos aus die Straßenlichter im etwa 150 Kilometer weit entfernten Albuquerque gesehen habe. Jeder, der schon einmal an einem klaren Tag über Land geflogen ist, hat ähnlich weit entfernte Städte oder Berggipfel erblickt. Aus solchen alltäglichen Erfahrungen schließen wir, daß Licht ohne weiteres die Atmosphäre durchdringt. Weshalb nehmen wir dann die Strapaze auf uns, Straßen bis zu den Berggipfeln hoch zu bauen, um unsere Teleskope ein paar Kilometer näher an die Lichtquelle heranzubringen? Würde ein Teleskop auf Meereshöhe nicht ebensogut funktionieren?

Die Antwort auf diese Fragen hängt davon ab, was wir untersuchen möchten. Wollen wir relativ helle Objekte in der Nähe beobachten, reichen Teleskope auf Meereshöhe für diesen Zweck aus. Galileo sah Sonnenflecken und Mondgebirge von seinem Balkon in Florenz aus, und die Planeten Neptun und Uranus wurden mit Hilfe von Bodenteleskopen entdeckt, die in der Nähe größerer europäischer Städte (Berlin bzw. London) standen. Auch heutzutage werden Messungen von Positionen naher Sterne (ein als Astrometrie bekanntes Gebiet) mit solchen Teleskopen durchgeführt. Die präzise Positionsbestimmung ist von großer praktischer Bedeutung, da sie der Satellitennavigation dient, doch stehen solche Untersuchungen nicht im Zentrum astronomischer Aktivität.

Sehr viel häufiger werden Teleskope bei der Beobachtung weit entfernter, lichtschwacher Objekte eingesetzt, sei es ein Stern, eine Galaxie oder eine interstellare Wolke. Seit Mitte des 19. Jahrhunderts geht es in der Astronomie nicht mehr allein um die Bestimmung der Positionen und Bewegungen von Objekten, sondern vor allem um die Frage, um was für Objekte es sich handelt. Um sie zu beantworten, bedarf es einer ausgeklügelten Analyse des einfallenden Lichts. Im allgemeinen gilt: Je lichtschwächer das Objekt, um so schwerer ist es, eine so große Lichtmenge einzufangen, daß es zu einer Analyse reicht. Die Lage eines Astronomen gleicht häufiger der eines Meinungsforschers, der einen Wahlausgang vorherzusagen versucht, indem er zwei Wähler befragt – in beiden Fällen liegen nicht genug Daten vor.

Ist schließlich ein Objekt sehr weit von der Erde entfernt, erscheint es sehr klein, so daß es schwierig ist, es selbst unter den günstigsten Umständen zu erkennen, und die Luftverschmutzung in städtischen Regionen verhindert dies vollends. Noch größere Schwierigkeiten bereitet die Lichtschwäche, wenn wir die innere Struktur ferner Objekte analysieren wollen. Die Probleme der Lichtschwäche und der Luftverschmutzung haben dazu geführt, daß die Astronomen auf die Berggipfel gezogen sind.

Doch damit nicht genug. Stellen Sie sich vor, Sie fahren an einem warmen Tag auf einer einsamen Landstraße und möchten die Schrift auf einem weit entfernten Schild lesen. Verschiedene Umstände können ein solches Unterfangen schwierig gestalten. Ist die Landstraße von der Sonne erwärmt, können aufsteigende Luftströme dafür sorgen, daß Gegenstände in der Ferne flimmern. Wegen dieses Flimmerns fällt es Ihnen schwer, die Buchstaben zu erkennen. Eine weitere Schwierigkeit taucht auf, wenn die Sonne hinter dem Schild auf- oder untergeht. Dann müssen Sie die Augen abschirmen, um etwas sehen zu können. Diese beiden Effekte – das Flimmern und die Beeinträchtigung durch andere Lichtquellen – schränken unsere Fähigkeit, die Sterne mit unseren Teleskopen zu beobachten, erheblich ein. Sie spielten deshalb ebenfalls eine bedeutende Rolle bei der Entscheidung, diese Instrumente auf den Berggipfeln zu installieren.

Das Flimmern der Luft an einem heißen Tag und das Funkeln der Sterne in der Nacht entspringen demselben Vorgang. Wird Luft erhitzt, dehnt sie sich wie jede andere Substanz aus. Die erwärmten Luftschichten über der Landstraße verursachen eine Beugung der Lichtstrahlen, wie in Abbildung 10-1 dargestellt. Dieser Effekt liegt den bekannten Luftspiegelungen zugrunde, die man beim Fahren erblickt: Das Stück Straße, das vor einem liegt, scheint mit Wasser bedeckt zu sein. Nähert man sich jedoch der «Pfütze», so stellt sich heraus, daß die Oberfläche ganz trocken ist. In diesem Fall ist der Lichtstrahl so gebeugt worden, wie es die Abbildung zeigt, und was

TATSÄCHLICHE LAGE

SCHEINBARE LAGE

Abbildung 10-1

man tatsächlich sieht, ist der freie Himmel. Dieser scheint sich auf der Straßendecke zu befinden, weil der abgelenkte Lichtstrahl in einem bestimmten Winkel auf das Auge des Betrachters trifft und dieser ihn als von der Straße selbst kommendes Licht wahrnimmt.

Erzeugt die Sonnenwärme statt der relativ stabilen Schichten erwärmter Luft (Abbildung 10-1) eine Reihe aufsteigender Luftblasen (siehe erstes Kapitel), ergibt sich eine Situation wie in den Abbildungen 10-2a und 10-2b. Während die Luftblasen emporsteigen, lenken sie die Lichtstrahlen von den Gegenständen am Horizont vorübergehend ab. Geschieht dies wie in Abbildung 10-2a dargestellt, so scheint das vom Horizont kommende Licht von einem Punkt unterhalb seiner tatsächlichen Quelle zu stammen. Einen Augenblick später, wenn die Blase vorübergezogen ist, ergibt sich die normale Situation wie in Abbildung 10-2b. Die vorüberziehende Luftblase ruft also eine scheinbare zeitweilige Standortverlagerung eines fernen Gegenstands hervor. Die Beugung von Lichtstrahlen in den aufsteigenden Luftblasen verursacht das Flimmern am Horizont.

Wenden wir uns nun der Beobachtung der Sterne bei Nacht zu. Es mag ein überraschender Gedanke sein, die kühle Nachtluft nicht anders zu betrachten als die über dem heißen Asphalt der Landstraße erwärmte Luft, doch der Unterschied ist nur ein quantitativer. Nach dem Sonnenuntergang kühlt die Luft schnell ab, während der Erdboden relativ warm bleibt. Durch diesen Temperaturunterschied steigen kleine Blasen warmer Luft auf. Die Wirkung ist dieselbe wie im Fall der Landstraße; jedesmal wenn eine Luftblase unsere Sichtlinie zu einem Stern kreuzt, scheint sich dessen Standort geringfügig zu

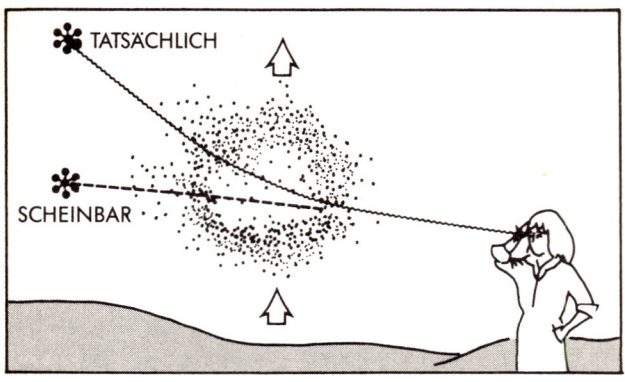

Abbildung 10-2a

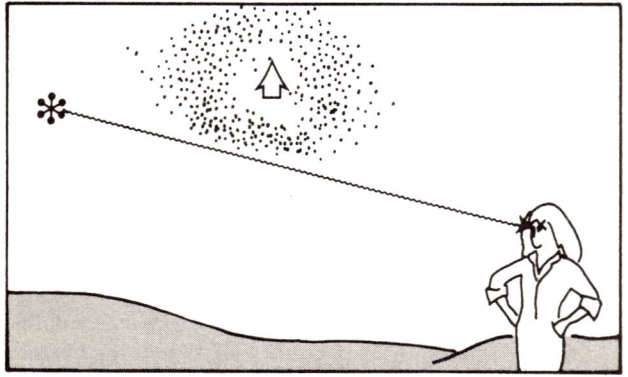

Abbildung 10-2b

verändern, wie links in Abbildung 10-3 dargestellt. Das Ergebnis (so wie ein Betrachter es wahrnimmt) wird rechts gezeigt. Der Standort des Sterns scheint herumzuhüpfen. Unser Auge kann diese schnellen Fluktuationen nicht verfolgen, und wir nehmen einen verwackelten, funkelnden Punkt am Himmel wahr.

Auf seinem Weg bis zur Meereshöhe muß das Licht die Hunderte

Kilometer dicke Atmosphäre durchqueren, wobei es vielen Temperaturschwankungen ausgesetzt ist. Beobachter am Boden sehen, wie das Licht mehr als zehnmal pro Sekunde seinen Standort wechselt, so daß sich kein klares Bild ergibt. Ein Vorteil von Observatorien auf Berggipfeln ist offensichtlich – es liegt einfach weniger Luft zwischen dem Teleskop und dem Objekt im Weltall. Folglich zeichnen sich die Sterne von dort oben betrachtet viel schärfer ab als vom Boden aus gesehen. Dies kann jeder nachvollziehen, der schon einmal eine Nacht in den Bergen unter freiem Himmel verbracht hat. Dieser Vorteil wird noch durch die Tatsache verstärkt, daß die Dichte der Atmosphäre mit der Höhe abnimmt, so daß hohe Berggipfel wie Inseln über den dichtesten Schichten der Atmosphäre aufragen. Hat man erst einmal eine Höhe von fünftausend Metern erreicht, liegt der größte Teil der atmosphärischen Masse unter einem, und je weniger Luft vorhanden ist, um so geringer fällt die Lichtbeugung aus.

Ein weiterer Vorteil von Berggipfeln liegt darin, daß sie sich gewöhnlich weitab von fremden Lichtquellen befinden – Quellen, die die gleiche Wirkung haben können wie die auf- oder untergehende Sonne in unserem Landstraßen-Beispiel. Wenn es auch nicht immer zutrifft, daß Berggipfel von «Lichtverschmutzung» frei sind (worauf ich später noch zu sprechen komme), so ist es ganz sicher möglich, Berge weitab von Siedlungszentren zu finden. Dies ist von großer Bedeutung, da unsere Fähigkeit, lichtschwache Gegenstände zu erkennen, durch externes Hintergrundlicht in unserem Gesichtsfeld beeinträchtigt wird. Fliegt man zum Beispiel nachts über Land, so kann man häufig ein einzelnes Licht in einem Bauernhof am Boden erkennen, sogar aus drei- bis sechstausend Meter Höhe. Dies ist möglich, weil das Licht, wie relativ schwach auch immer es ist, nicht

SCHEINBARER STANDORT
DES STERNS

INTEGRIERTES
BILD

Abbildung 10-3

mit irgendeiner anderen Lichtquelle im Hintergrund konkurrieren muß. Würde man am hellichten Tag über dieselbe Stelle fliegen, so wäre man nicht in der Lage, es zu sehen. Das Tageslicht würde das schwache Lichtsignal vom Bauernhof «aushellen». Auf genau dieselbe Weise geht die Emission lichtschwacher Objekte am Himmel leicht im Streulicht der Stadtbeleuchtung oder im Mondschein unter.

Die Astronomie des 20. Jahrhunderts begann im eigentlichen Sinne mit dem Bau eines 2,5-Meter-Teleskops auf dem Mount Wilson in der Nähe von Los Angeles in den frühen zwanziger Jahren. Dank des bis dahin unerreichten Auflösungsvermögens des neuen Instruments konnte Edwin Hubble, ein an diesem Observatorium arbeitender Astronom, nachweisen, daß unsere Milchstraße nur eine Galaxie unter sehr vielen anderen im Universum ist. Die von ihm verwendete Technik war, zumindest im Prinzip, einfach.

Es gibt eine bestimmte Gruppe veränderlicher Sterne, Cepheiden genannt, deren Helligkeit innerhalb eines Zeitraums zwischen einem Tag und einigen Wochen erheblich schwankt. Bei der Untersuchung von Cepheiden fand man heraus, daß die Periode, die jeder Stern braucht, um einmal seinen Zyklus zu durchlaufen, von der Gesamtmenge seines abgestrahlten Lichts abhängt. Dies bedeutet: Mißt man die Menge des veränderlichen Sternenlichts, das auf das Teleskop fällt, so kann man anhand dieser Werte die Entfernung des Cepheiden berechnen. Scheint ein Stern lichtschwach zu sein, obwohl seine Periode darauf hindeutet, daß er in Wirklichkeit sehr hell leuchtet, so läßt sich daraus schließen, daß er sehr weit entfernt ist. Auf ähnliche Weise kommt man zu dem Schluß, daß ein Stern sich in der Nähe befindet, wenn er hell leuchtet, seine Periode jedoch darauf hindeutet, daß er lichtschwach sein muß.

Da Hubble den Andromedanebel teilweise in Einzelsterne auflösen konnte, war er in der Lage nachzuweisen, daß dessen Distanz zur Erde mehr als zwei Millionen Lichtjahre beträgt. Die Gegenüberstellung dieser zwei Millionen Lichtjahre mit dem Durchmesser der Milchstraße – «nur» 100 000 Lichtjahre – führte Hubble zu der Schlußfolgerung, daß die Ansammlung der Sterne im Andromedanebel eine unserer Galaxie ähnliche «Welteninsel» bildet. Binnen kurzer Zeit erweiterte sich der Horizont der Astronomie um ein Vielfaches: Nicht mehr eine einzelne Galaxie war nun ihr Untersuchungsgegenstand, sondern ein Ensemble von Milliarden Galaxien, die unser Universum enthält.*

Hubbles Entdeckung mit ihren gewaltigen Auswirkungen auf unser Weltbild war der Tatsache zu verdanken, daß er in einer zwei Millionen Lichtjahre entfernten Galaxie einzelne Sterne auszumachen vermochte. Dies ist ein bekanntes Muster in der Geschichte der Naturwissenschaften; der größte intellektuelle Fortschritt hängt häufig davon ab, daß wir die Kleinarbeit bei der Bedienung technischer Geräte beherrschen. In Hubbles Fall war der Erfolg der Fähigkeit zu verdanken, ein weit entferntes Objekt mit sehr geringer scheinbarer Helligkeit zu erkennen. Um so weit zu kommen, benötigte er sowohl ein nach dem neuesten Stand der Technik gefertigtes Teleskop wie auch einen Berggipfel, auf dem man es installieren konnte.

Leider sind inzwischen sowohl das 2,5-Meter-Teleskop auf dem Mount Wilson als auch das berühmte 5-Meter-Teleskop auf dem Mount Palomar – zwei der leistungsfähigsten Instrumente in der Geschichte der Astronomie – durch die Lichter der Städte Los Angeles und San Diego erheblich beeinträchtigt. Als die Teleskope gebaut wurden, waren diese beiden Städte noch nicht sehr groß, doch im Verlauf der letzten fünfzig Jahre ist die Bevölkerung Südkaliforniens explosionsartig angewachsen und damit zugleich das zur Beleuchtung in den Abendstunden benötigte Licht. Naturwissenschaftler sprechen in diesem Zusammenhang von «Lichtverschmutzung» und betrachten sie als Schreckgespenst der modernen Astronomie. Glücklicherweise scheint die Stadtverwaltung San Diegos dazu beitragen zu wollen, daß die Teleskope funktionstüchtig bleiben – sie hat Vorschriften bezüglich der Menge und des Typs der erlaubten Beleuchtung erlassen. Es liegt jedoch in der Natur der Dinge, daß diese beiden Teleskope schließlich von den anschwellenden Bevölkerungsmassen um sie herum eingeschlossen sein werden.

Teilweise ist es auf diese Entwicklung zurückzuführen, daß die Zentren für praktische Astronomie in den Vereinigten Staaten in die Wüsten im Süden Arizonas und auf einen hohen Berggipfel in Hawaii

---

* Dieselbe Untersuchung zeigte auch, daß sich die Galaxien voneinander entfernen, ein Ergebnis, das zu unserem Bild eines sich ausdehnenden, in einem Urknall entstandenen Universums führte. Detaillierter gehe ich auf dieses Thema in meinem Buch *Im Augenblick der Schöpfung* (Basel 1984) ein.

verlagert worden sind. Die Wüste im Südwesten bietet mancherlei Vorteile, wenn auch die dortigen Berggipfel relativ niedrig sind. Zum einen war die Bevölkerungsdichte, jedenfalls bis vor kurzem, in dieser Gegend noch sehr gering. Zum anderen ist dort der Himmel häufig sternenklar, eine Voraussetzung, dank deren bei diesen Teleskopen mehr Zeit für Beobachtungen zur Verfügung steht als bei anderen.

Die Berggipfel, auf denen sich die Teleskope befinden, sind allerdings besiedelter, als man glaubt (siehe Foto S. 185). Der Grund dafür ist einfach: Es ist kostspielig, einen fernen Ort als Standort für ein Observatorium zu erschließen. Eine Straße muß häufig durch zerklüftetes und unwirtliches Gelände hindurch gebaut und instandgehalten werden. Strom- und Wasserversorgung müssen gewährleistet sowie Unterkünfte auf dem Gipfel errichtet werden.

Es zeigt sich also, daß die Astronomen in ihren Sternwarten mit zwei größeren Problemen konfrontiert sind. Erstens müssen sie, um den Himmel zu durchmustern, durch Atmosphäreschichten hindurchsehen, die die Sicht beeinträchtigen. Diese Einschränkung ist grundlegender Natur; sie ergibt sich aus Naturgesetzen. Das zweite Problem, die Lichtverschmutzung, ist zwar nicht so fundamental, doch genauso schädlich und unvermeidbar wie das erste Problem.

Bei Teleskopen in den unteren Schichten der Atmosphäre stellt sich noch ein drittes Problem ein. Ich habe bereits erwähnt, daß die Atmosphäre für gewöhnliches Licht durchlässig ist, was einer Anomalie gleichkommt, denn fast alle anderen Arten von Strahlung läßt sie nicht auf die Erdoberfläche gelangen. Dies ist von großer Bedeutung, da die meisten Objekte, die Astronomen untersuchen möchten, nicht nur sichtbares Licht emittieren, sondern auch Strahlung in vielen anderen Frequenzbereichen. Die Tatsache, daß nur ein geringer Teil dieser Strahlung die Erde oder gar nur die Berggipfel erreicht, hat zur Folge, daß bestimmte Informationen uns versagt bleiben, solange die Astronomie erdgebunden arbeitet.

Um zu verstehen, um was für andere Strahlungsarten es sich dabei handelt und warum diese so wichtig sind, braucht man sich nur zu vergegenwärtigen, was man sieht, wenn man in ein Kohlefeuer schaut. Nachdem die Kohlen Feuer gefangen haben, glühen sie zuerst hellrot, danach orangefarben, schließlich weiß auf. In der Esse eines Schmieds, wo ein großer Blasebalg dem Feuer Luft zuführt, findet man Kohlestücke, die in leicht bläulicher Tönung glühen. Diese Beobachtungen zeigen uns, daß die Farbe des Lichts, das ein Gegenstand abstrahlt, von dessen Temperatur abhängt. Bei niedriger Temperatur ist diese Strahlung rötlich, bei hoher dagegen eher bläulich. Der einzige Unterschied zwischen dem roten und dem blauen Licht liegt in der Wellenlänge der emittierten Strahlung. Eine rote Lichtwelle ist etwa achttausend, eine blaue dagegen rund viertausend Atome lang. Rotes und blaues Licht unterscheiden sich also nicht stärker voneinander als zwei verschieden große Wasserwellen.

Doch die Kohlen in einem Feuer strahlen nicht nur sichtbares Licht ab. Auch wenn das Feuer erloschen ist, kann man weiterhin die Wärme spüren, wenn man seine Hand über die Asche hält. Zu diesem Zeitpunkt emittieren die Kohlen eine Strahlung, die eine noch größere Wellenlänge als das rote Licht hat: die Infrarotstrahlung. Wenn sie auch mit bloßem Auge nicht zu entdecken ist, so können wir sie doch mit den Händen oder mit Spezialinstrumenten aufspüren. Die Infrarotstrahlung gehört wie das sichtbare Licht zu der großen Kategorie von Wellen, aus denen das sogenannte «elektromagnetische Spektrum» besteht.

Während die Kohlenrückstände weiter abkühlen, wird die abgegebene Strahlung immer langwelliger und durchläuft den Mikrowellenbereich bis hin zu den Kurz- und Mittelwellen. Wenn die Kohlen dagegen sehr heiß werden, geht auf ähnliche Weise ihre Strahlung bald über den sichtbaren Bereich am anderen Ende des Spektrums hinaus und erreicht Wellenlängen, die kleiner sind als die des blauen Lichts und die wir als Ultraviolettstrahlung bezeichnen. Dieser Anteil der Strahlung im Sonnenlicht verursacht Sonnenbrand; wie also bereits im Fall der Infrarotstrahlung kann unser Körper auch die ultraviolette Strahlung wahrnehmen, während die Augen dazu nicht in der Lage sind. Stiege die Temperatur der Kohlen noch weiter an, würde die Wellenlänge so klein, daß wir sagen könnten, die Kohlen emittierten Röntgenstrahlen. Alle Wellen zusammen, von den Längstwellen bis zur Gammastrahlung, bilden das elektromagnetische Spektrum. Die wichtigsten Bereiche des Spektrums sind in der folgenden Tabelle (S. 184) aufgeführt.

Jeder Körper im Universum strahlt. Die sehr warmen Körper emittieren energiereiche kurzwellige Strahlung, zum Beispiel Röntgenstrahlen; «gewöhnliche» Sterne wie die Sonne geben vor allem im Bereich des sichtbaren Lichts Strahlen ab; kältere Objekte dagegen

Das elektromagnetische Spektrum	
Wellenbereich	*Ungefähre Wellenlänge*
Gammastrahlen	Größe eines Atomkerns
Röntgenstrahlen	Größe eines Atoms
Ultraviolett (UV)	Hunderte von Atomen
Sichtbares Licht	4000–8000 Atome
Infrarot	Zehntausende von Atomen
Mikrowellen	1 Millimeter bis 10 Zentimeter
Rundfunkwellen	1 Meter bis 1 Kilometer
Lang- und Längstwellen	1 bis 100 Kilometer

im Bereich zwischen der Infrarotstrahlung und den Längstwellen. Diese ganze Strahlung, Indiz für den Reichtum an Informationen über sämtliche Arten von Himmelskörpern, strömt auf die Erdatmosphäre nieder. Was für Geheimnisse könnten wir erfahren, wenn wir sie nur zu interpretieren wüßten!

Leider ist dies nicht einfach. Wie bereits angedeutet, absorbiert und reflektiert die Atmosphäre den größten Teil des elektromagnetischen Spektrums. Es gibt ein «Fenster», durch welches das sichtbare Licht große Entfernungen in der Luft zurücklegen kann, und ein weiteres «Fenster», das langwelliger Strahlung dasselbe ermöglicht – und das war's dann auch schon. Jede andere Strahlungsart, von der infraroten bis zur ultravioletten, wird ganz oder zum großen Teil von der Atmosphäre daran gehindert, die Erdoberfläche zu erreichen. Betrachtet man den Himmel durch irgendein Teleskop am Erdboden, sei es auf einem Berggipfel oder in einer Stadt, so ist man gezwungen, durch eine atmosphärische Decke hindurchzublicken, die eine große Menge Informationen aus dem All wegfiltert. Aus diesem Grund bediente sich die Astronomie bis vor kurzem entweder der großen opti-

Teleskope sprenkeln den erschlossenen Standort des Kitt Peak National Observatory in der Nähe von Tucson, Arizona. Der Gipfel im Hintergrund heißt Baboquivari (die Nadel, die Himmel und Erde verbindet) und weist im Mythos der Papago-Indianer auf das Zentrum des Universums.

schen Teleskope des Typs, den ich beschrieben habe, oder der riesigen, schüsselförmigen Radioteleskope.

Es sei hinzugefügt, daß es einige Ausnahmen in dieser allgemein unbefriedigenden Situation gibt. Die Infrarotstrahlung wird vom Wasserdampf in der Atmosphäre absorbiert; daher vermag sie nicht aus dem Weltraum bis zur Meereshöhe vorzudringen. Jeder, der schon einmal in den Bergen gewandert ist, weiß, daß die Feuchtigkeit während des Anstiegs rapide abnimmt. Wassermoleküle neigen dazu, sich in niedriger Höhe zu binden. Daher befinden sich die Observatorien auf Berggipfeln oberhalb der größten Konzentrationen von Wasserdampf in der Atmosphäre, und ein großer Teil der Infrarotstrahlung, die nicht bis zur Meereshöhe gelangt, erreicht Orte wie Kitt Peak (siehe Foto) oder Mauna Kea auf Hawaii (wo das Observatorium sich auf etwa 4300 Meter Höhe befindet).

Trotz der geschilderten Beeinträchtigungen sind die vergangenen Jahrzehnte für die Astronomie so etwas wie ein Goldenes Zeitalter gewesen, und das ist im wesentlichen der Technik zu verdanken. Seit den fünfziger Jahren, als es zum erstenmal gelang, primitive Raketen einige Minuten lang über die Atmosphäre hinaus zu befördern, haben sich unsere Möglichkeiten, Meßinstrumente oberhalb der absorbierenden Schichten in eine Umlaufbahn zu bringen, stetig erweitert. Die Folge war, daß wir ein Fenster nach dem anderen im elektromagnetischen Spektrum öffnen und den Himmel in seiner ganzen Pracht betrachten konnten.

Wir haben am Himmel viele Quellen von Röntgenstrahlen und ultraviolettem Licht entdeckt. Diese Regionen kennzeichnen Orte, an denen die Temperaturen ungewöhnlich hoch sind und physikalische Prozesse ungewöhnlich heftig ablaufen. Einige dieser Regionen befinden sich in unserer eigenen Galaxis – Orte, von denen wir annehmen, daß sich dort Sterne bilden. Die Röntgenquellen sind nicht immer leicht zu interpretieren, doch viele Astronomen nehmen an, daß zumindest einige von ihnen teilweise aus einem Schwarzen Loch bestehen.

Schwarze Löcher sind derart kompakte und schwere Körper, daß sich nicht einmal Licht aus der Gravitationswirkung an der Oberfläche befreien kann. Wenn die Sonne ein Schwarzes Loch wäre, so hätte sie nur einen Durchmesser von anderthalb bis drei Kilometern. Ein Schwarzes Loch kann man sich als eine Art kosmischer Einbahnstraße vorstellen; Materie und Strahlung können zwar hineinfallen, aber nicht wieder ins Universum hinausgelangen. Ein Schwarzes Loch kann nie im herkömmlichen Sinne «gesehen» werden, da jedes Licht, das in seine Nähe kommt, sofort von ihm verschluckt wird (daher die Bezeichnung «schwarz»). Den heutigen Theorien zufolge emittieren allerdings geladene Teilchen wie Elektronen, während sie in ein Schwarzes Loch stürzen, Energie in Form von Röntgenstrahlen. Es gibt einige Röntgenquellen, die den erwarteten Mustern entsprechen, und Astronomen vermuten, daß es sich dabei um Doppelsternsysteme handelt, bei denen einer der Partner ein Schwarzes Loch ist. Man stellt sich vor, daß in solchen Systemen die vom Schwarzen Loch ausgehende enorme Gravitation dem gewöhnlichen Stern Materie entzieht, die unter dieser Sogwirkung meßbare Strahlung abgibt. Daher liefert uns die Röntgenstrahlung im Spektrum einen – zumin-

Das Hubble Space Telescope der NASA spürt noch Objekte auf, deren scheinbare Helligkeit um das Fünfzigfache geringer ist als die jener Himmelskörper, die sich von den herkömmlichen Sternwarten aus beobachten lassen. Das 1990 in eine Umlaufbahn geschossene, 11500 Kilogramm schwere und 13 Meter lange Weltraum-Teleskop ist das größte naturwissenschaftliche Instrument, das je im Weltraum stationiert wurde. Es wird als internationale Einrichtung betrieben und hat eine voraussichtliche Lebensdauer von fünfzig Jahren. *(Mit freundlicher Genehmigung der Perkin-Elmer Corporation.)*

dest indirekten – Beweis dafür, daß Schwarze Löcher in der Natur tatsächlich existieren.

Aus technischen Gründen ist die Auswertung des Röntgenstrahlenspektrums weit fortgeschrittener als die anderer Strahlenarten. Die ersten Röntgensonden wurden in den frühen sechziger Jahren von Raketen ins All befördert. Sie konnten bis zu fünf Minuten lang Meßwerte zur Erde funken. Später lieferte der 1970 gestartete Satellit Uhuru eine grobe Analyse der Röntgenstrahlung im Weltraum, und der 1978 gestartete Satellit Einstein (der 1982 seine Übertragung einstellte) ermöglichte uns eine detailliertere Kartierung der Regionen, die in diesem Bereich des Spektrums strahlen. An einem ständigen Weltraum-Observatorium für Röntgenstrahlen, dem AXAF (Advanced X-ray Astronomy Facility), wird zur Zeit gearbeitet.

Die beiden Satelliten Kopernikus (1972–1981) und der (1968 gestartete) International Ultraviolet Explorer haben UV-Strahlung emittierende Regionen untersucht. Insgesamt gesehen ist das kurzwellige, hochenergetische («heiße») Ende des elektromagnetischen Spektrums bereits ausführlich analysiert worden.

Dies gilt nicht in gleichem Maße für die längerwellige, insbesondere die Infrarotstrahlung. Die Ursache ist leicht erklärt. Wie erwähnt, strahlen kältere Körper im Infrarotbereich. Montiert man einen Detektor im Innern eines Teleskops, so gibt das Teleskop selbst Energie in den Detektor ab, und es ist nicht möglich, zwischen der von den Sternen und der vom Teleskop stammenden Infrarotstrahlung zu unterscheiden. Die einzige Methode zu verhindern, daß das Instrument «sich selbst sieht», besteht darin, alles bis auf den Punkt abzukühlen, an dem die emittierte Strahlung unterhalb des Infrarotbereichs liegt. Dies erreicht man, indem das komplette Meßgerät in flüssiges Helium getaucht wird, das eine Temperatur von $-269\,°C$, nur 4 Grad über dem absoluten Nullpunkt, besitzt. Führt man diese Maßnahme durch, kann ein Infrarotteleskop im Weltraum tatsächlich funktionieren.

Doch diese Lösung bringt sofort eine Reihe neuer Probleme mit sich. So gut auch immer man das flüssige Helium einkapselt und isoliert, es verdampft schließlich doch. Findet man keinen Weg, dieses Teleskop mit neuem Helium zu betanken, wird es, sobald der Heliumvorrat zur Neige gegangen ist, keine Meßwerte mehr liefern.

Der erste Infrarotsatellit wurde IRAS genannt (für InfraRed

Astronomy Satellite) und im Januar 1983 in eine Umlaufbahn gebracht. Das Helium an Bord reichte bis zum November desselben Jahres. Während dieser kurzen Zeit zeigte der Satellit, daß Infrarotstrahlung im All eine größere Rolle spielt als erwartet. Kühle Staubwolken wurden in Regionen entdeckt, wo niemand sie vermutet hatte, Trümmerhaufen um nahe Sterne, die womöglich mit der Planetenentstehung zusammenhängen, sowie büschelige, zirrusartige Wolken, die anscheinend unsere Galaxis durchdringen. Wie im Fall der Röntgenastronomie arbeitet die NASA intensiv an einem ständigen Infrarot-Weltraum-Observatorium, das unter dem Kürzel SIRTF (Satellite InfraRed Telescope Facility) bekannt ist; es soll bis zur Jahrtausendwende auf eine Umlaufbahn gebracht werden.

Somit zeichnet sich folgender Trend ab: Nachdem es den Astronomen gelungen ist, einige vorläufige Messungen im Bereich der vom Erdboden aus normalerweise nicht wahrnehmbaren Wellenlängen durchzuführen, wollen sie nunmehr von Observatorien im Weltraum aus detaillierte Untersuchungen vornehmen. Das erste dieser nicht erdgebundenen Observatorien wurde 1990 auf eine Umlaufbahn gebracht und umkreist seitdem die Erde: das Hubble Space Telescope. Es ist das erste einer Reihe von Instrumenten, dank deren die Astronomie von den durch die Lufthülle verursachten Einschränkungen befreit wird. Sein Auflösungsvermögen ist zehnmal größer als das eines jeden erdgebundenen Teleskops. Wenn es zum Beispiel auf die äußeren Planeten ausgerichtet wird, so liefert es so klare und detaillierte Fotos wie die letzten NASA-Raumsonden. Mit dem Space Telescope sind Astronomen in der Lage, die Struktur solch weit entfernter Objekte wie der Quasare zu untersuchen, die, so hoffen sie, den Schlüssel zum Geheimnis der Schöpfung bergen.

Nachdem ich beschrieben habe, was das Space Telescope leistet, ist es auch wichtig zu erwähnen, was es nicht zu leisten vermag. Zum einen ist es zu dem Zweck gebaut worden, nur die sichtbare Strahlung zu messen, mit einer kleinen Überlappung zum ultravioletten Bereich hin. Aus diesem Grund wird es keine neuen Abschnitte des elektromagnetischen Spektrums erkunden und kartieren. Zur Erfüllung einer solchen Aufgabe müssen wir auf AXAF und SIRTF warten. Auch wird das Space Telescope die Bergobservatorien nicht vollständig ersetzen können, auch nicht auf optischem Gebiet.

Diese letzte Aussage widerspricht anscheinend dem, was ich bisher

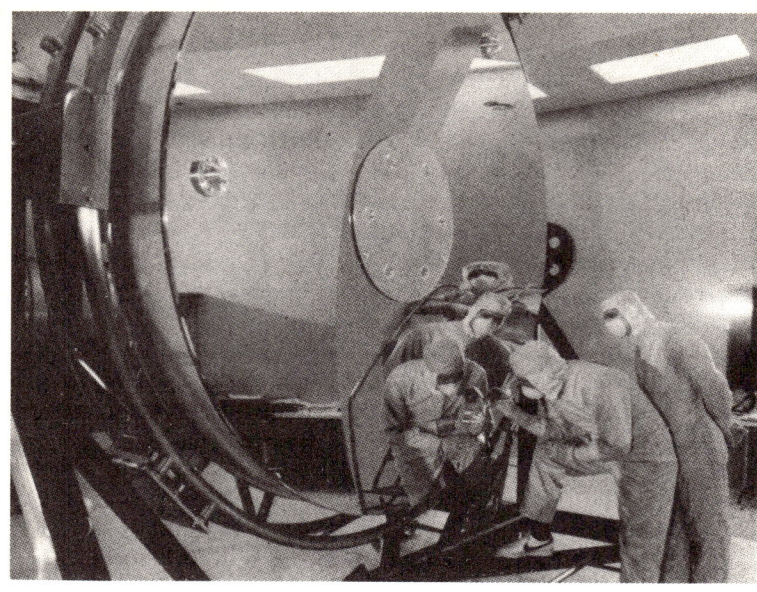

«Kronjuwel» des Hubble Space Telescope der NASA und wichtigstes Element der von der amerikanischen Firma Perkin-Elmer hergestellten optischen Teleskopbauteile ist der 2,40 Meter große Primärspiegel. Dieser perfekteste aller je gefertigten Spiegel dieser Größe ist mit einem reflektierenden, ein Millionstel Zentimeter dünnen Film aus reinem Aluminium überzogen, der von einer weiteren, ein Vierhunderttausendstel Zentimeter dünnen Schicht aus Magnesiumfluorid geschützt wird. *(Mit freundlicher Genehmigung der Perkin-Elmer Corporation)*

über die der Astronomie von der störenden Lufthülle auferlegten Beschränkungen gesagt habe, doch in Wirklichkeit läßt sie sich damit vereinbaren. Astronomen erwarten von ihren Geräten zweierlei – die Fähigkeit, Objekte klar und deutlich zu sehen, und die Fähigkeit, sehr lichtschwache Körper aufzuspüren. Das Space Telescope übertrifft hinsichtlich der ersten Erwartung jede Sternwarte auf der Erde, wenigstens noch eine Zeitlang. Ob Fortschritte in der elektronischen Daten- und Bildverarbeitung schließlich die erdgebundenen Astronomen in die Lage versetzen werden, atmosphärische Einwirkungen auszugleichen, ist unter Fachleuten umstritten. Es steht jedoch außer Zweifel, daß Bodenteleskope auch mit der heute verfügbaren Technik sehr viel lichtschwächere Himmelskörper aufspüren als das Space Telescope. Um lichtschwache Objekte zu sehen, benötigt man einen großen Lichtkollektor, den Astronomen «lightbucket» – «Lichteimer» – nennen. Da der Spiegel in den Space Shuttle passen muß, durfte seine Öffnung nur einen Durchmesser von 240 Zentimetern haben; damit verfügt er nur über einen Bruchteil des Lichtbündelungsvermögens großer erdgebundener Teleskope. Da Objekte nahe dem Rand des Universums eher lichtschwach sind, wird vermutlich dieses wichtige Forschungsgebiet weiterhin von den Bergobservatorien beherrscht werden.

Fred Chaffee, Direktor des Multiple Mirror Telescope der Smithsonian Institution, formuliert es so: «Wenn man Lichtschwaches sehen möchte, muß man das Licht sammeln. Letzten Endes entscheidet die Fläche.» Zweifellos werden die Bergobservatorien uns noch eine Zeitlang wertvolle Dienste leisten.

11 Wildwasser

«‹Die Zeit gleicht einem Fluß, der endlos
durch das Universum strömt, und du kannst
in denselben Fluß nicht zweimal steigen...›
‹Erklär mir das, Heraklit.›
‹Du gehst zum Fluß und steigst hinein,
wieder heraus und erneut hinein, doch das
Wasser, in das du gestiegen bist, ist unterdessen stromabwärts geflossen, und wäre
etwas, eine Wasserwanze zum Beispiel, auf
dem Wasser gewesen, so befände sie sich
mittlerweile weiter stromabwärts. Es sei
denn, sie wäre stromaufwärts geschwom-
men, in welchem Fall sie älter und eine andere Wasserwanze wäre.›»

Severen Darden,
The Philosophy Lecture

Vom schmelzenden Packeis hervorgebracht, aus zahlreichen Bächen
in den Almen gebildet, stürzt das Wildwasser kaskadenartig in
Gischtschauern talwärts. Die Kraft des Wassers ist dermaßen groß,
daß die Ströme beim Abtragen der Berge, in denen sie entstehen, eine
wesentliche Rolle spielen. Ihre Stromschnellen sind für Sportler vieler Disziplinen wichtig, von den Anglern bis hin zu den Kajakenthu-
siasten. Man kann eine Menge über Naturwissenschaften erfahren,
wenn man am Ufer eines reißenden Flusses in den Bergen sitzt und
dessen Wasser beobachtet.

Genau das tat ich an einem Nachmittag, als mir etwas sehr Seltsames auffiel. Es ist eine vertraute Erscheinung, daß Wasser, das
schnell über ein steiniges Flußbett hinwegströmt, eine Menge Schaum
und Blasen erzeugt – eben das, was wir als «Wildwasser» bezeichnen.
Das Foto auf Seite 194 zeigt einen typischen Wildwasserabschnitt.
Das strömende Wasser bildet hier eine klassische Welle, unterschei-

det sich jedoch von ihr in einem wichtigen Aspekt. Der Strom auf dem Foto fließt nach rechts, und die turbulente Krone befindet sich auf der linken Seite der Welle. Mit anderen Worten, die Welle verläuft *in die falsche Richtung*!

Dies ist eine einfache Beobachtung, die jeder machen kann, der einen reißenden Fluß betrachtet. Denkt man jedoch eine Weile darüber nach, so wird einem klar, daß diese gegenläufigen Wellen im Wildwasser ein seltsames Phänomen sind. Der Instinkt sagt einem nämlich, daß ein Stein im Flußbett die Strömungsoberfläche nach oben stößt und daß sich eine dort erzeugte Welle an der stromabwärts gelegenen Seite des Steins brechen müßte. Jedenfalls sollte an der stromaufwärts gelegenen Seite keine Gischt entstehen.

Wie die meisten habe ich diese Erscheinung jahrelang beobachtet, ohne sie bewußt wahrzunehmen. Als ich dies schließlich tat, war ich sehr verblüfft. Meinen Studenten versuche ich weiszumachen, daß die Gesetze der Physik alles im Universum erklären. Ich habe keinerlei Probleme, ihnen das Verhalten ferner Galaxien oder die inneren Geheimnisse der Quarks zu erklären; hier jedoch, beim Wildwasser, gab es ein einfaches Phänomen, das ich nicht begriff.

Wenn man etwas nicht versteht, sollte man es sorgfältig beobachten und soviel wie möglich darüber herauszufinden versuchen. Ich betrachtete das Wellenspiel eine Weile und bemerkte, daß die Welle nicht gleichblieb. Sie tauchte auf, hielt sich ein paar Sekunden lang und verschwand alsdann; sie schien stromabwärts weggewaschen worden zu sein. Dann baute sie sich wieder auf und durchlief erneut den ganzen Kreislauf. Ich watete ein Stück in den Fluß hinaus, wobei ich mit Hilfe eines Stocks den Boden ertastete. Erstaunt stellte ich fest, daß er unter der intermittierenden Welle, die ich beobachtet hatte, eben war. Die Welle wurde nicht etwa durch einen Stein hervorgerufen, sondern schien spontan über einem vollkommen glatten Teil des Flußbettes aufzutauchen. Es gab allerdings einen großen Stein etwas stromaufwärts von der Welle – und ebenso verhielt es sich bei allen anderen Wellen dieser Art, die ich sah.

Nachdem ich diese Beobachtungen abgeschlossen hatte, kam mir etwas in den Sinn, das ich vor vielen Jahren in einem Kurs über Strömungsmechanik gelernt hatte. Die Welle war ein Beispiel für einen «hydraulischen Sprung» (Drucksprung), eine Erscheinung, die so alltäglich ist, daß wir sie kaum bemerken.

Beispiel für einen hydraulischen Sprung: Das Wasser fließt nach rechts, und doch befindet sich die Gischt auf der linken Wellenseite.

Bevor ich erkläre, was ein hydraulischer Sprung ist, möchte ich noch auf andere Orte hinweisen, an denen man diesem Phänomen begegnet. Wenn Sie das nächste Mal den Wasserhahn in Ihrer Küche aufdrehen, achten Sie einmal darauf, was geschieht, wenn das Wasser auf dem flachen Boden des Spülbeckens auftrifft. Ist der Hahn nicht voll aufgedreht, so erkennen Sie ein kreisförmiges Muster im Wasser. Um die Aufprallstelle herum entsteht eine dünne Wasserschicht, die nach außen strebt, eine Schicht, die sich in einiger Entfernung von der Aufprallstelle plötzlich zu einem Kreis verdickt (Abbildung 11-1). Dieselbe Erscheinung beobachten Sie, wenn Sie Speiseöl in eine Bratpfanne gießen. Die Kreise sind hydraulische Sprünge, die durch denselben Mechanismus entstehen wie die beschriebene Welle im Wildwasser. Ein weiteres Beispiel für einen hydraulischen Sprung kann man manchmal am Strand beobachten. Fällt er sanft zum Wasser hin ab und ist die Brandung nicht zu hoch, kann sich eine Situation wie die auf Seite 196 gezeigte ergeben. Während eine Welle den Strand hinabrollt, beginnt eine andere hinaufzurollen. Die ankommende Welle

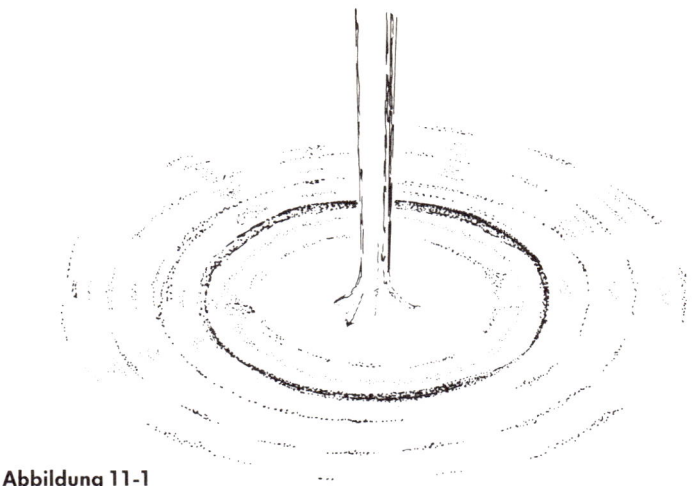

Abbildung 11-1

hat nicht die gewohnte nach vorn gekrümmte Gestalt eines Brechers, sondern rollt langsam vorwärts in Form einer ein paar Zentimeter hohen, fast senkrechten Wasserwand. Diese Welle ist zudem laut. Sie hat einen krachenden Ton wie nichts anderes am Strand (eine Tatsache, die zeigt, daß die kinetische Energie der Wasserwelle irgendwie in die Energie einer Schallwelle umgewandelt wird). Diese besondere Art des hydraulischen Sprungs ist als einstürzender Brecher bekannt.*

Angesichts so vieler Beispiele für einen hydraulischen Sprung in unserer Umgebung mag es viele überraschen, daß dieses Phänomen gewöhnlich nur auf den letzten Seiten von Ingenieurlehrbüchern erwähnt wird. Dieser Sachverhalt ist vermutlich entstanden, weil bei Flüssigkeiten so viele seltsame Prozesse ablaufen können, daß eine

---

* Ausführlicher befasse ich mich in meinem Buch *Physik im Strandkorb* mit den verschiedenen Wellengestalten in der Brandung.

Ein hydraulischer Sprung am Strand. Vorn kann man eine abrollende Welle sehen, und die gerade Linie aus Gischt ist der Sprung. Point Reyes National Seashore, Kalifornien.

Erscheinung mehr oder weniger den Experten kaum wichtig erscheint. Tatsächlich ähneln die hydraulischen Sprünge, wie wir noch sehen werden, einem Phänomen, das sehr viel bekannter ist – dem Überschallknall. Wollen wir also die Vorgänge erklären, die wir in einem Wildwasserstrom sehen, dann müssen wir die alten Bücher entstauben und den hydraulischen Sprung in seiner ganzen Komplexität verstehen.

Zuerst zwei einfache Regeln, die für Wasser wie auch alle anderen Flüssigkeiten gelten. Erstens: Die mit beliebiger Geschwindigkeit beförderte Flüssigkeitsmenge ist in einem tiefen Kanal größer als in einem flachen. Zweitens: Auf der Oberfläche einer sich bewegenden Flüssigkeit können Wellen erzeugt werden, und deren Geschwindigkeit hängt von der Art der Bewegung ab, der die Flüssigkeit unterliegt.

Der erste Punkt ist leicht zu erklären. Durch einen Korridor schleust man doppelt so viele Leute, wenn man sie in zwei Reihen statt in einer hindurchleitet. Auf entsprechende Weise befördert ein Fluß von einem Meter Tiefe bei einer Geschwindigkeit von 20 Stundenkilometern nur halb soviel Wasser wie ein zwei Meter tiefer Fluß bei gleicher Geschwindigkeit. Im allgemeinen ergibt sich die Wassermenge, die ein bestimmtes Flußbett entlangfließt, aus der Menge des Tag für Tag schmelzenden Schnees oder des Quellwassers aus dem Gebiet, in dem der Fluß entspringt.

Ist die Gesamtwassermenge, die durch einen bestimmten Teil des Stroms fließt, konstant, folgt daraus, daß die Wassertiefe im Flußbett sich automatisch den Verhältnissen anpaßt. Bewegt sich das Wasser schnell fort (zum Beispiel einen steilen Abhang hinunter), so kann die Wassertiefe geringer sein, als wenn das Wasser langsam flösse. Solange dieselbe Gesamtwassermenge durch das System abfließt, funktioniert die Variante «schnell und flach» so gut wie «langsam und tief».

Wellen auf dem Wasser sind eine vertraute Erscheinung. Wenn wir einen Stein in ein stehendes Gewässer werfen, breitet sich auf dessen Oberfläche, vom Eintrittspunkt des Steins ausgehend, eine kreisförmige Welle aus, wie links in Abbildung 11-2 dargestellt. In der Seitenansicht hat die entstehende Welle die rechts dargestellte Erscheinungsform: ein Wellenprofil, das sich nach links, und ein anderes, das sich nach rechts bewegt.

Für unsere Zwecke ist hier die Tatsache am wichtigsten, daß die Geschwindigkeit, mit der sich die Welle auf dem Wasser ausbreitet, nicht davon abhängt, wie sie erzeugt wurde. Ob wir einen Stein wer-

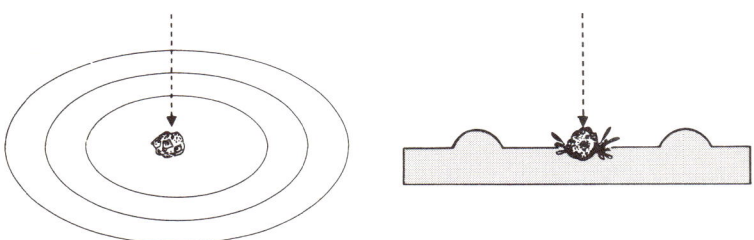

Abbildung 11-2

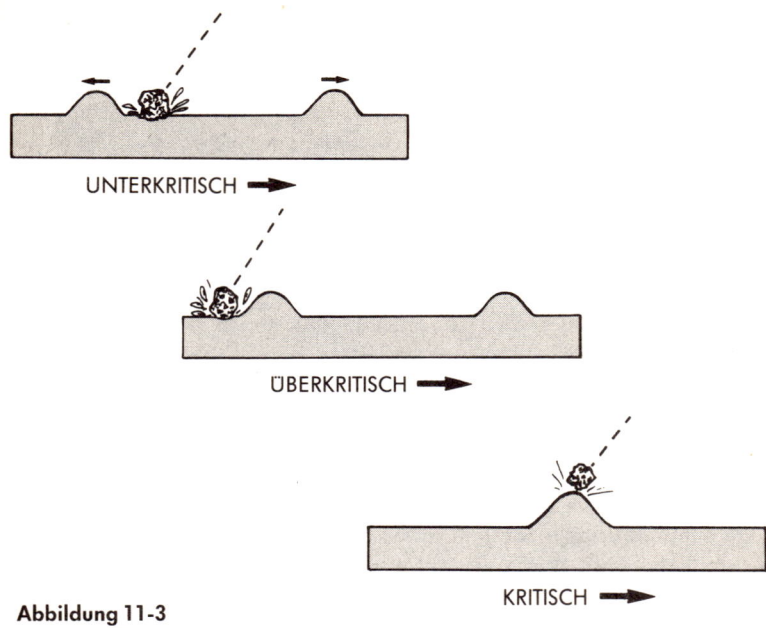

UNTERKRITISCH ➡

ÜBERKRITISCH ➡

KRITISCH ➡

Abbildung 11-3

fen, mit unserer Hand durch das Wasser fahren oder eine Luftblase an die Oberfläche steigen lassen, das Ergebnis wird stets dieselbe kreisförmige Welle sein – ist sie erst einmal entstanden, führt sie ein Eigenleben. Ihre Geschwindigkeit hängt vielmehr von den Eigenschaften der Flüssigkeit ab, in der sie sich fortbewegt. Bei einem Fluß, in dem die Wasserwellenlänge gewöhnlich weit über und die Wassertiefe in einem Wildwassergebiet weit unter einem Meter liegt, hängt die Geschwindigkeit der Wellen nur von der Wassertiefe ab – je tiefer das Wasser, um so schneller die Welle.

Wenn wir verstehen wollen, was wir in einem Wildbach sehen, müssen wir uns natürlich vergegenwärtigen, was geschieht, wenn sich das Wasser, auf dem sich eine Welle ausbreitet, seinerseits bewegt. Klar ist, daß in diesem Fall das kreisförmige Muster, das sich in einem stehenden Gewässer bildet, stromabwärts befördert wird. In der Seitenansicht ist dieses Geschehen oben in Abbildung 11-3 dargestellt.

Fließt das Wasser nach rechts, hat sich der stromabwärts gelegene Wellenteil weiter von seinem Ursprungsort fortbewegt (im Verhältnis zu einem Beobachter am Ufer) als der stromaufwärts gelegene.

Es ist wichtig festzuhalten, daß bei einer sich auf fließendem Wasser befindlichen Welle zwei Geschwindigkeiten beteiligt sind, und diese beiden Geschwindigkeiten hängen nicht voneinander ab. Die eine ergibt sich aus der allgemeinen Fortbewegung des stromabwärts fließenden Wassers und wird von der Wassermenge bestimmt, die durch den Kanal fließen muß. Die andere ist die Eigengeschwindigkeit der Welle und hängt allein von der Tiefe des Wassers ab. Wir können es also mit drei verschiedenen Fällen zu tun bekommen (Abbildung 11-3):

1. *Unterkritische Strömung:* Die Geschwindigkeit des Wassers ist geringer als die der Welle, so daß es durch eine Störung dazu kommen kann, daß eine Welle erzeugt wird, die sich auch stromaufwärts gegen die Strömung fortbewegt.
2. *Überkritische Strömung:* Die Geschwindigkeit des Wassers ist größer als die der Welle, so daß diese sich nicht stromaufwärts bewegen kann.
3. *Kritische Strömung:* Das Wasser hat die gleiche Geschwindigkeit wie die Welle. In diesem Fall wird der stromabwärts fließende Wellenteil fortgeschwemmt, während die stromaufwärts gerichtete Welle für einen Beobachter am Ufer stillsteht. Die Bewegung der Welle stromaufwärts wird durch die Bewegung des Wassers stromabwärts genau aufgehoben.

Natürlich kann derselbe Fluß an verschiedenen Stellen in seinem Lauf mal über- und mal unterkritisch sein. Ebenso ist anzumerken, daß die Kategorisierung unter- oder überkritisch nicht von der absoluten Geschwindigkeit der Strömung abhängt, sondern von ihrer relativen Geschwindigkeit im Verhältnis zu der einer Welle. Eine sich rasch fortbewegende, flache Strömung etwa kann überkritisch sein, weil die Wellengeschwindigkeiten niedrig sind, während eine andere Strömung, die sich mit derselben Geschwindigkeit fortbewegt, aber tiefer ist, unterkritisch sein kann, einfach weil die Wellengeschwindigkeiten höher sind.

Damit wissen wir genug von Strömungen, um den hydraulischen

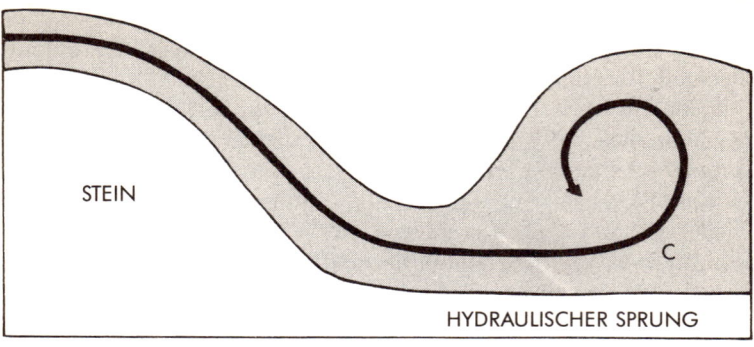

STEIN

HYDRAULISCHER SPRUNG

Abbildung 11-4

Sprung zu ergründen. Ein großer Stein stromaufwärts war der Schlüssel zum Verständnis dessen, was im Wildwasser meine Aufmerksamkeit gefesselt hatte. Wie in Abbildung 11-4 dargestellt, fließt das Wasser, das über einen Stein schießt, einen Abhang hinunter, der steiler ist als das allgemeine Gefälle des Stroms an dieser Stelle. Daher ist der Wasserfluß auf diesem Teil des Steins schneller; und da die Wassermenge, die über den Stein hinwegbefördert werden muß, etwa genauso groß ist wie die durch irgendein anderes Strömungsgebiet mit gleich großer Durchschnittsfläche fließende, bedeutet die schnelle Wasserströmung an der steilen Seite hinab, daß das über den Stein strömende Wasser im Verhältnis zur Umgebung flach ist. Sie können diesen Vorgang leicht nachvollziehen, wenn Sie sich vergegenwärtigen, daß man häufig durch das über die stromabwärts gelegene Seite eines Steins hinunterstürzende Wasser hindurch den Grund sehen kann, während es unmöglich ist, an irgendeiner anderen Stelle den Boden des Flußbetts zu erkennen. Dies ist möglich, da die Wasserschicht auf dem Stein dünner ist als anderswo.

Trifft das den Stein hinabfließende Wasser auf die langsamere Strömung im Hauptteil des Stroms, wird es abgebremst. Etwas Ähnliches geschieht, wenn man rennt, um eine Bahn noch zu erreichen, dann aber an den Fahrkartenschalter gelangt, wo die Bewegung viel langsamer vonstatten geht. Dabei nimmt die Zahl der Leute auf dieser Wartespur zu; eine Menschentraube entsteht. Genauso kommt es zu einem Stau, wenn das sich schnell fortbewegende Wasser seinen Fluß verlangsamen muß. Muß ein offener Strom mehr Wasser aufnehmen, bleibt ihm nur die Möglichkeit, seine Gesamttiefe zu vergrößern. Deshalb ist die Wassertiefe in einiger Entfernung vom Stein größer als dort, wo das Wasser zur Unterseite des Steins strömt. Bleibt nur zu klären, ob die Wassertiefe sich allmählich oder plötzlich verändert.

Es ist leicht einzusehen, daß sich eine Situation ergibt, bei der die schnelle, flache Wasserströmung am Stein hinunter überkritisch und die tiefe, langsamere Wasserströmung stromabwärts unterkritisch ist. Tritt dieser Fall ein, muß es irgendeinen Punkt geben (in Abbildung 11-4 mit C gekennzeichnet), an dem die Wasserströmung genau kritisch ist. Wird in dieser Umgebung eine Welle erzeugt, hat ihre flußaufwärts gerichtete Bewegung die gleiche Geschwindigkeit wie die Strömung flußabwärts. Einem Betrachter am Ufer erscheint sie also als statisch.

Doch warum sollte überhaupt eine Welle entstehen? Wäre das Flußbett vollkommen glatt, so würde sich theoretisch keine Welle aufbauen. In einem echten Fluß dagegen besteht das Bett aus Kieseln und Sand. Wasser, das über diesen rauhen Untergrund hinwegströmt, erzeugt ständig Wellen.

Unter normalen Verhältnissen heben sich die vielen winzigen Wellen, die beim Hinwegströmen über einen rauhen Grund entstehen, in der Gesamtbewegung des Flusses gegenseitig auf. Doch an einer Stelle, an der die Wasserströmung kritisch ist, steht die stromaufwärts tendierende Welle still. Dies bedeutet, daß die von einem bestimmten Kiesel im Flußbett erzeugten nachfolgenden Wellen zusammenbleiben und sich gegenseitig verstärken, bis die Gesamtmenge eine große stehende Welle im Strom ergibt. Dieser Typ einer großen stehenden Welle (Abbildung 11-4) wird hydraulischer Sprung genannt. Um eine solche Welle zu erzeugen, benötigen wir lediglich einen Übergang zwischen einer über- und einer unterkritischen Wasserströmung. Der herkömmliche Prozeß der Wellenerzeugung durch rauhen Untergrund liefert die übrigen Elemente, aus denen sich der Sprung ergibt.

Hydraulische Sprünge müssen nicht zwangsläufig groß und turbulent sein. Je nach Strömungsgeschwindigkeit kann der Sprung alle Zwischenstufen von kaum wahrnehmbarem Kräuseln bis hin zu einer großen stehenden Welle einnehmen. Der hydraulische Sprung im Spülbecken (den ich gleich erklären werde) ist fast immer eine sanfte Variante.

Weiß man, wie ein hydraulischer Sprung entsteht, so fällt es nicht mehr schwer, die von mir früher beschriebenen Beobachtungen zu verstehen. Das Flußbett unterhalb des Sprungs braucht keinerlei besondere Eigenschaften zu haben – es ist lediglich der Ort, an dem die Wasserströmung den kritischen Zustand durchläuft.

Ebenso ist die intermittierende Natur des Sprungs leicht zu verstehen, wenn wir uns daran erinnern, daß die Oberfläche eines reißenden Flusses uneben ist. Dies hat zur Folge, daß der Wasserstand an der stromaufwärts gelegenen Seite des Steins unregelmäßig schwankt, da Wellenkämme und -täler ihn überspülen. Wenn der Wasserstand hinter dem Stein sinkt, verringert sich auch die den Stein hinabstürzende Wassermenge. Im extremsten Fall ist der Stein zeitweise unbedeckt, und der Sprung verschwindet.

Auch wenn es der intuitiven Einsicht zuwiderläuft – der Sprung löst sich auch dann auf, wenn sich der Wasserstand an der stromaufwärts gelegenen Seite des Steins erhöht. In diesem Fall nimmt die Wassermenge zu, die den Stein hinunterbefördert werden muß, was dazu führt, daß das Niveau des Wassers, das den Stein hinabstürzt, ansteigt. Obwohl diese dickere Wasserschicht sich ebenso schnell wie in jedem anderen Moment fortbewegt, bedeutet ihre größere Tiefe, daß die Geschwindigkeit der Wellen in ihr hoch ist. Erhöht sich folglich der Wasserstand hinter dem Stein, kann die Strömung den Stein hinab unterkritisch werden, *obwohl das Wasser nicht langsamer fließt*. Trifft diese unterkritische Wasserströmung auf den Hauptkörper des Stroms, wird sie verlangsamt, und der Gesamtwasserstand steigt an. Dennoch wird die Strömung zu keinem Zeitpunkt während dieses Vorgangs kritisch. Sie fällt lediglich von einem unterkritischen Wert in den nächsten. Daher bewegen sich alle Wellen, die auf der stromabwärts gelegenen Seite entstanden sind, von ihrem Ursprungsort fort und bauen sich nicht zu jenem Typ einer stehenden Welle auf, den wir hydraulischen Sprung genannt haben.

Anhand dieses Gedankengangs können wir sehen, daß der Sprung sowohl bei steigendem als auch bei sinkendem Wasserstand stromaufwärts verschwindet. Nur innerhalb eines relativ schmalen Spektrums unterschiedlicher Wasserstände erfüllt also das den Stein hinabfließende Wasser die zur Erzeugung einer kritischen Strömung und einer stehenden Welle nötigen Bedingungen.

Die erwähnten hydraulischen Sprünge im Spülbecken und in der Pfanne lassen sich auf dieselbe Weise wie der hydraulische Sprung im Fluß erklären. Wir brauchen nur in Gedanken den dünnen Wasserfluß über den Stein durch die Flüssigkeit in der senkrechten Säule in Abbildung 11-5 zu ersetzen. Wenn die Flüssigkeit in der Säule auf den Boden des Spülbeckens oder der Pfanne auftrifft, strömt sie schnell vom Aufprallpunkt weg. Diese Strömung ist überkritisch, da sich die Flüssigkeit schnell fortbewegt. Durch die Reibung zwischen Boden und Flüssigkeit verringert sich die Geschwindigkeit, und die Strömung wird unterkritisch. Nun stellt sich dieselbe Situation ein, der wir zuvor schon begegnet sind: In der Nähe des Aufprallpunkts ist die Strömung überkritisch, weiter von ihm entfernt ist sie unterkritisch, und irgendwo dazwischen muß sie kritisch sein. Am kritischen Punkt baut sich die stehende Welle auf, und die Tiefe der Flüssigkeit verändert sich abrupt. Hydraulische Sprünge im Wildwasser und im Spülbecken unterscheiden sich im Prinzip nur darin, daß sich im letzteren Fall die Flüssigkeit vom Mittelpunkt aus strahlenförmig ausbreitet, so daß der Sprung kreisförmig ist, während er bei einem Wasserlauf eine kurze Linie darstellt, die rechtwinklig zur Strömungsrichtung steht.

Am Strand ähnelt der hydraulische Sprung mehr jenem in einem Wildbach. Dabei entspricht der sanft abfallende Strand dem Stein, das Wasser, das den Strand hinunterfließt, dem Wasser an der stromabwärts gelegenen Seite des Steins und die ankommende Welle dem allgemeinen Wasserstrom im Bach. Hat man die Akteure auf diese

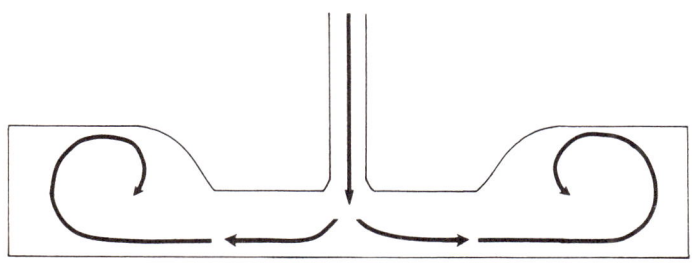

Abbildung 11-5

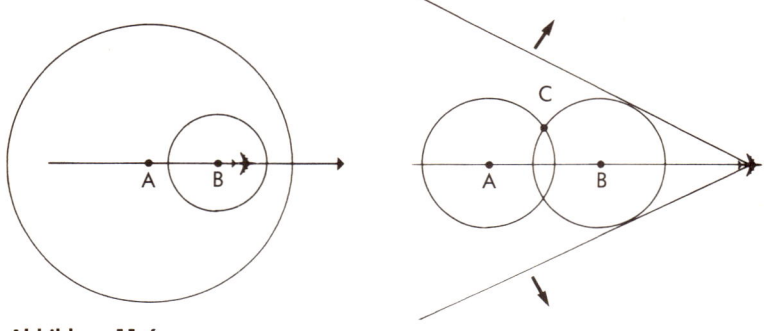

Abbildung 11-6

Weise identifiziert, ist der Entstehungsmechanismus des Sprungs genau derselbe. Die auf Seite 196 abgebildete Flutwelle ist hochturbulent, genauso wie die stehende Welle im Wildwasser auf Seite 194.

Der Zusammenhang zwischen einem Überschallknall und dem hydraulischen Sprung im Wasserlauf ist etwas weniger direkt als dessen Analogie zu den anderen Phänomenen, über die ich geschrieben habe. Die wesentliche Ähnlichkeit liegt darin, daß beiden Erscheinungen die Verstärkung von Wellen zugrunde liegt, die zu verschiedenen Zeitpunkten erzeugt wurden. Beim hydraulischen Sprung verstärken diese Wellen sich gegenseitig, weil es sich bei allen Wellen stromaufwärts im kritischen Zustand um stehende handelt. Beim Überschallknall liegen die Einzelheiten etwas anders, wie Abbildung 11-6 zeigt.

Zu jedem Zeitpunkt breitet sich der von einem Flugzeug ausgehende Schall vom Entstehungspunkt kreisförmig aus. Da sich ein Flugzeug ständig vorwärts bewegt, hat jede von ihm ausgehende Schallwelle ein anderes Zentrum. Diese Schallwellen erscheinen in der Darstellung als Kreise.

Fliegt das Flugzeug mit Unterschallgeschwindigkeit, so ergibt sich eine Situation wie die links in der Abbildung. Die vom Flugzeug an Punkt A erzeugte Schallwelle hat Punkt B schneller erreicht als das Flugzeug. Die an Punkt B erzeugte Welle ihrerseits wird nie die an Punkt A erzeugte Welle einholen, so daß sich diese beiden Wellen

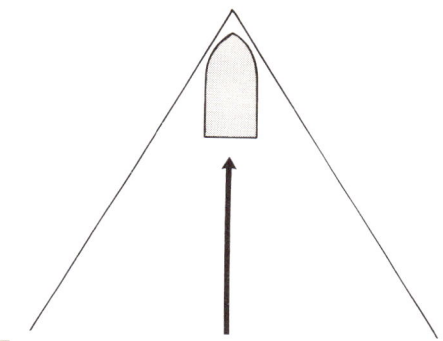

Abbildung 11-7

nicht überlagern und verstärken können. Jemand, der sich in der Nähe der Flugroute am Boden befindet, hört eine Folge von Schallwellen, die an seinem Horchposten eintreffen, und sein Ohr übersetzt diese Wellen in jenes stetige Donnern, das jeder kennt, der schon einmal einige Zeit an einem Flughafen verbracht hat.

Fliegt das Flugzeug hingegen schneller als der Schall, ergibt sich eine ganz andere Situation. Wie rechts in Abbildung 11-6 dargestellt, überholt das Flugzeug die an Punkt A erzeugte Schallwelle, so daß es sich, wenn an Punkt B eine weitere Welle von ihm ausgeht, weit außerhalb der kreisförmigen Störung der ersten Welle befindet. Dies bedeutet: Die an Punkt A und die an Punkt B erzeugten Wellen können sich überlagern und an Punkt C verstärken. So ergibt sich ein Wellenkegel, der hinter einem Überschallflugzeug zurückbleibt, ein Kegel, der durch die Überlagerung der Schallwellen entsteht, die von einem Flugzeug in jedem Moment an jeweils verschiedenen Punkten auf seiner Flugroute erzeugt werden. Innerhalb des Kegels verstärken die Wellen einander und bauen sich auf, genauso wie die kleinen stehenden Wellen sich zu einem hydraulischen Sprung aufbauen. Jeder, der sich auf dem Weg dieser Wellen befindet, vernimmt einen plötzlichen, scharfen Knall – die als Überschallknall bekannte Erscheinung. Ein solcher Knall kann Geschirr zum Klirren bringen, Fensterscheiben zum Zerspringen und im Extremfall die Fundamente eines Hauses erschüttern.

In gewisser Weise ist es höchst angemessen, sich mit dem Überschallknall in einem Buch zu befassen, das vom Bergwandern handelt. Wegen möglicher Schäden sind Überschallflüge auf dünnbesiedelte Gebiete beschränkt. Paradoxerweise hört deshalb jemand, der sich in abgelegene Wildnis begibt, um der Zivilisation zu entfliehen, gelegentlich den Knall eines Militärflugzeugs, das die Schallmauer durchbricht.

Wir können unseren Exkurs zu den Mechanismen der Wellenüberlagerung beschließen, indem wir uns eine andere berühmte Situation vergegenwärtigen, in der diese sich selbst verstärkenden Prozesse auftreten. Wenn ein Boot durch tiefes Wasser fährt, zieht es, wie in Abbildung 11-7 dargestellt, ein V-förmiges Kielwasser hinter sich her, das als Bugwelle bezeichnet wird. Sie taucht immer dann auf, wenn die Geschwindigkeit des Bootes die Geschwindigkeit, mit der Wellen sich im Wasser fortbewegen können, übersteigt. Der einzige Unterschied zwischen einer Bugwelle und dem Überschallknall besteht darin, daß die Geschwindigkeit einer Welle im tiefen Wasser von ihrer Wellenlänge abhängt, während für die Schallwellen in der Luft (oder die Wellen im seichten Wasser) gilt, daß sie sich alle mit derselben Geschwindigkeit ausbreiten. Die Wirkung dieser Komplikation führt dazu, daß eine Bugwelle etwas verwischt und nicht so scharf und abrupt auftritt wie der Überschallknall. Die Erklärung der Bugwelle entspricht jedoch genau der des Überschallknalls. Sie können testen, ob Ihnen all die bisher erwähnten Erscheinungen klargeworden sind, indem Sie die Überlegungen im Zusammenhang mit Abbildung 11-6 noch einmal durchspielen, wobei Sie das Flugzeug in der Luft durch das Boot im Wasser ersetzen.

12 Von Fallschirmspringern und gegenläufigen Meteoriten

«Ich plaudre mit dem Steingeröll
In munterstem Diskante,
Ich wirble lustig Well' um Well',
Ich spiel' mit Kies und Sande...
Und wieder lustig vorwärts geht's,
Dem Strom zu eil' ich heiter,
Denn Menschen nah'n und scheiden stets,
Doch ich muß immer weiter!»

Alfred Lord Tennyson,
«Der Bach»

Aus der Beobachtung des Wassers in Wildbächen kann man viel lernen. Dabei ist nicht alles so heikel und schwierig wie der hydraulische Sprung. Stromschnellen unterscheiden sich vom gemächlich dahinziehenden Fluß vor allem durch die zahlreichen Hindernisse in der Wasserrinne. Um stromabwärts zu gelangen, muß sich das Wasser um sehr viele Steine herum seinen Weg bahnen. Dieser Vorgang trägt dazu bei, daß Berge abgetragen werden. Zugleich ist es schwer, die Strömung eines Fluids um Festkörper herum zu beschreiben: dieses Problem war (und bleibt) Gegenstand heftiger Debatten in der Naturwissenschaft.

Es macht sich weit über die Beschreibung eines Wildwassers hinaus in vielen Anwendungsbereichen bemerkbar. Bei der Konstruktion von Schiffen, Autos und Flugzeugen ist es äußerst wichtig, die Wirkung eines Fluids, zum Beispiel Luft oder Wasser, auf die Bewegung des Gebildes zu kennen. «Stromlinienförmig» ist ein vertraut gewordener Begriff, der den Versuch bezeichnet, die auf ein in Bewegung befindliches Fahrzeug einwirkenden Kräfte des Mediums, durch das es sich bewegt, auf ein Minimum zu beschränken. Zweck dieser Stromlinienform ist es, sicherzustellen, daß bei der Überwindung des Luft- oder Wasserwiderstands möglichst wenig Kraftstoff verbraucht wird.

Der Widerstand, den die Luft einem Körper entgegensetzt, der durch sie hindurch bewegt wird, ist ein Beispiel für eine Eigenschaft, die sämtlichen Fluiden* gemeinsam ist: die sogenannte Viskosität. Dieser Begriff bezieht sich auf die Wirkungen der inneren Reibung in der Strömung eines Fluids. Für unseren Zusammenhang sind zwei Aspekte der Viskosität wichtig: die Reibung, die entsteht, wenn sich Teile eines Fluids gegeneinander bewegen, und die Reibung, die entsteht, wenn ein Fluid einen Festkörper umfließt. Letztere bezeichnen wir als Strömungswiderstand.

Reibung ist ein so alltägliches Phänomen, daß wir sie als selbstverständlich betrachten. Nimmt man den Fuß vom Gaspedal und läßt seinen Wagen ausrollen, so wird er langsamer, weil die Reibung der Reifen gegen den Asphalt die Bewegung abbremst. Wegen der Reibung währt keine Bewegung ewig, auch nicht die von Fluiden. Läßt man Wasser in seine Badewanne ein, wird seine Oberfläche, ganz gleich, wie schnell es zuvor geflossen ist, nach einer Weile glatt und still, wenn man den Wasserhahn zudreht. So wie dem ausrollenden Wagen gebietet die Reibung auch dem Wasser schließlich Einhalt.

Zuerst mag es schwerfallen, sich die Wirkung der Reibung innerhalb eines bewegten Fluids bildhaft vorzustellen, doch man weiß, daß sie vorhanden sein muß. Denken Sie daran, was geschieht, wenn Sie an einem kalten Morgen Sirup über Ihre Brotschnitte gießen wollen. Etwas verlangsamt den Fluß, und bei diesem Etwas kann es sich nur um irgendeinen inneren Reibungseffekt handeln. Ein einfaches Bild von dieser Wirkung in einem Fluid zeigt Abbildung 12-1. Stellen Sie sich vor, das Fluid sei in eine Reihe dünner Schichten unterteilt. Bewegt es sich, können diese dünnen Schichten übereinandergleiten. Dieser Fließbewegung vergleichbar ist das Ergebnis, das man erhält, wenn man einen Papierstapel auf dem Tisch mit der Hand zuerst vorwärts bewegt, dann plötzlich innehält. Die oberen Blätter neigen dazu, sich weiter fortzubewegen. Sie gleiten weiter nach vorn, reiben gegen die Blätter darunter, die ihrerseits nach vorn gezogen werden und auf den nächstunteren Blättern gleiten. Das Resultat ist ähnlich wie in der Grafik: Die Gesamtbewegung der gestapelten Platten vollzieht sich durch das Übereinandergleiten der Platten. Dieses Gleiten

---

* Der Begriff «Fluid» ist eine allgemeine Bezeichnung für strömende Flüssigkeiten oder Gase.

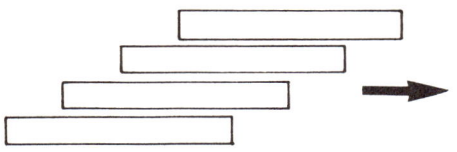

Abbildung 12-1

ist Reibung, und von solcher Art ist die Viskosität genannte Wirkung in der Strömung eines Fluids, das wir beobachten. Motoröl mit hoher Viskosität zum Beispiel ist ein Öl, bei dem die innere Reibung groß und die Bewegung langsam ist. Kalter Sirup ist ein weiteres Fluid mit hoher Viskosität. Ein Fluid mit geringer Viskosität dagegen fließt leicht. Wenn die Bewegung eines Fluids wie in Abbildung 12-1 dargestellt werden kann, so sagt man, es handle sich um eine laminare (von *lamina* = Blech, dünne Scheibe) oder Schichtenströmung. Die Strömung eines tiefen Flusses ist ein gutes Beispiel für eine laminare Strömung.

Dieses Strömungsmodell eines viskosen Fluids ist einfach und den Naturwissenschaftlern seit langem bekannt. Die erwähnte historische Debatte ergab sich, als man dieses einfache Bild auf den Fall einer Strömung um ein Hindernis herum anwenden wollte. Es ist leicht einzusehen, daß das Ausmaß der inneren Reibung in einer bewegten Flüssigkeit davon abhängt, wie schnell sich die Geschwindigkeit von einer Schicht zur nächsten verändert. Gleitet eine Schicht mit hoher

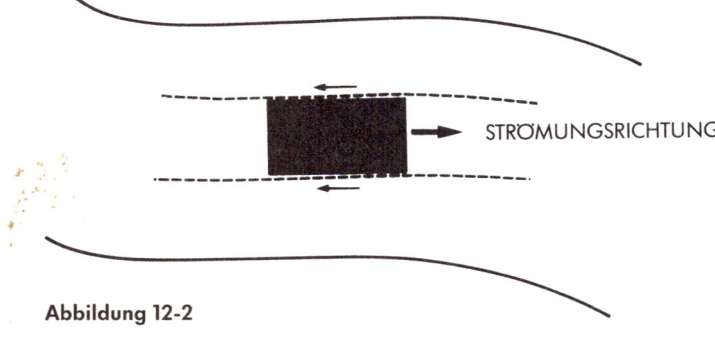

STRÖMUNGSRICHTUNG

Abbildung 12-2

Geschwindigkeit über eine andere, so entsteht eine größere Reibung, als wenn sie langsam darüberglitte, etwa so, wie man seine Hände um so stärker erwärmt, je schneller man sie aneinanderreibt. Bei Wasser ist die Gesamtveränderung der Geschwindigkeit zwischen den Schichten in fast allen Situationen recht klein, so daß die Reibungswirkungen innerhalb der Flüssigkeit und die zwischen der Flüssigkeit und einem Festkörper in der Regel gering sind.

Die als Hydrodynamik bekannte Wissenschaft entwickelte sich im Laufe des 18. und 19. Jahrhunderts durch Ausarbeitung dieses einfachen Gedankengangs. Die Annahme, es sei legitim, die Viskosität in Strömungen von Flüssigkeiten wie Wasser zu vernachlässigen, wurde in eine mehr quantitative Form wie die folgende gebracht: Nehmen wir einen Fluidquader in einer bewegten Schicht, wie in Abbildung 12-2 dargestellt. Es gibt offensichtlich eine aus der Reibung entstehende Kraft, die darauf hinwirkt, den Quader abzubremsen, eine Kraft, die mit zwei zur Strömungsrichtung entgegengesetzten Pfeilen gekennzeichnet ist. Die Frage, ob diese Kraft berücksichtigt werden muß, hängt davon ab, wie stark sie auf die Bewegung des Fluidquaders einwirkt. Da der Quader sich bewegt, besitzt er eine gewisse Trägheit, eine Tendenz, sich weiterzubewegen und jegliche Kraft zu überwinden, die ihn abzubremsen versucht. Ist die Trägheit des Quaders im Verhältnis zur Reibungskraft sehr groß, kann der Block in jeder Hinsicht so behandelt werden, als wäre er keinerlei Reibung unterworfen, ähnlich wie ein Schlitten, der über eine glatte Eisfläche gleitet – die Verlangsamung aufgrund der Reibung ist kaum spürbar. Wenn andererseits die Reibungskraft so groß ist wie die Trägheit des Blocks oder sogar größer, so muß die Reibung bei sämtlichen Berechnungen berücksichtigt werden.

Um das Verhältnis der Trägheits- zu den Reibungskräften in einer reibungsbehafteten Strömung darzustellen, benutzen Physiker eine Kennzahl, die nach Osborne Reynolds, einem britischen Physiker des 19. Jahrhunderts, als Reynolds-Zahl (Re) bezeichnet wird. Die Betrachtungen auf den vorhergehenden Seiten laufen auf folgendes hinaus: Ist Re größer als 1, kann man die Reibung unberücksichtigt lassen, andernfalls ist dies nicht möglich.

Bei fast jeder Wasserströmung, so stellt sich heraus, können wir aufgrund dieser Regel die Reibung vernachlässigen. Dies ist ein glücklicher Umstand, denn müßte man die Reibung berücksichtigen,

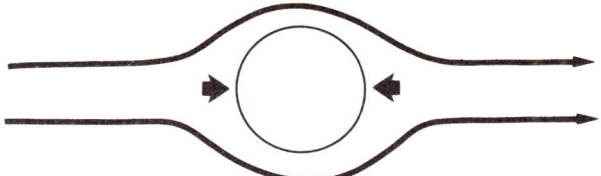

Abbildung 12-3

wären die Probleme fast immer so schwierig, daß man sie nur mit
Hilfe leistungsstarker Rechner lösen könnte. Im 18. und 19. Jahrhundert erlebte die Hydrodynamik als theoretische Wissenschaft ihre
Blütezeit. Viele Strömungserscheinungen des Wassers wurden erforscht; unter anderem entstanden die Theorie der Meeresgezeiten,
eine Wellentheorie, die zahlreiche Phänomene, von der Brandung bis
hin zu Flutwellen, beschrieb, und die Theorie der Konvektionszellen.
Im großen und ganzen waren diese Naturwissenschaftler bei ihren
Unternehmungen sehr erfolgreich. In einigen besonders einfachen
Fällen, wie der Strömung durch ein zylinderförmiges Rohr oder um
eine glatte Kugel herum, konnten sie sogar bei ihren Berechnungen
die Reibung berücksichtigen.

Aus diesem gewaltigen Fortschritt in der Theoriebildung ergab
sich allerdings ein gewichtiges Problem. Wann immer Hydrodynamiker ihre Erkenntnisse auf das Geschehen anwenden wollten, das zu
beobachten ist, wenn sich Hindernisse im strömenden Wasser befinden, lagen sie mit ihren Voraussagen weit daneben. Ingenieure, die
Kanäle, Schleusen, Schiffe und andere Konstrukte entwerfen müssen, bei denen die Kräfte des Wassers eine wesentliche Rolle spielen,
gaben schließlich diese Theorie auf und begründeten eine vollkommen eigenständige Disziplin, die Hydraulik. Sie beruhte fast vollständig auf der Sammlung experimenteller Daten und war entschieden
empirisch ausgerichtet. Beabsichtigte man, einen Damm zu bauen, so
beauftragte man einen Hydraulikingenieur; wollte man etwas über
die Strömung freier Flüssigkeiten erfahren, zog man einen Hydrodynamiker zu Rate. Hatte man dagegen Schwierigkeiten mit der Wasserströmung in einem Fluß um Hindernisse herum, gab es leider niemanden, an den man sich hätte wenden können.

Dieser Sachverhalt läßt sich am besten anhand eines einfachen Problems illustrieren. Nehmen wir einmal an, ein Strom, wie er in Abbildung 12-3 dargestellt ist, umfließt einen unter Wasser befindlichen Stein, der in der Aufsicht kreisförmig sein soll. Im Mittel sind die relativen Bewegungen zwischen benachbarten Wasserschichten in der Strömung ziemlich klein, so daß die durchschnittlichen Reibungskräfte gering sind. Aus diesem Grund können wir die Viskosität vernachlässigen und die Strömung der Flüssigkeit sofort berechnen. Ein Fluid, ob viskos oder nicht, übt auf einen Festkörper eine Kraft aus – eine Tatsache, die man jederzeit überprüfen kann, zum Beispiel indem man den Wasserstrahl aus einem Schlauch auf den Bürgersteig richtet. Die gewöhnlichen Trägheitskräfte, die von der Wasserströmung erzeugt werden, können gegen die Vorderseite eines solchen Hindernisses wie den Stein drücken. Das Problem ist, daß das Wasser, wenn es, wie in der Abbildung dargestellt, um den Stein herumfließt, auch gegen die Hinterseite des Steins drückt, wodurch die auf die Vorderseite einwirkenden Kräfte aufgehoben werden. Befaßt man sich etwas eingehender mit dem Geschehen, so kommt man zu dem Schluß, daß die Wasserströmung bei nicht vorhandener Viskosität überhaupt keine Kraft auf den Stein ausüben kann! Dieses Ergebnis ist als d'Alembertsches Paradox bekannt.

Es freute mich besonders zu erfahren, daß dieses alte Paradoxon in der Geschichte der Strömungslehre eine solch wichtige Rolle spielt, denn Jean-Baptiste le Rond, genannt d'Alembert, gehört schon seit langem zu meinen Lieblingsgestalten aus der Geschichte. Geboren 1717 als unehelicher Sohn eines Kavallerieoffiziers und einer Dame der Gesellschaft, die einen Pariser Salon unterhielt, wurde er einer der führenden Physiker und Mathematiker seiner Zeit, und es gibt eine Vielzahl von Theoremen, die nach ihm benannt wurden. Einer meiner alten Mathematiklehrer erzählte uns, d'Alembert sei ein Findelkind gewesen und von armen, aber redlichen Pflegeeltern großgezogen worden. Nachdem er berühmt geworden sei, hätten sich seine natürlichen Eltern zu ihm bekannt, seien aber von d'Alembert mit der Begründung zurückgewiesen worden, daß er die Menschen, die ihn aufgezogen hätten, als seine wahre Familie betrachte.

Ich weiß, diese Geschichte ist zu schön, um wahr zu sein; das Leben ist nie so einfach. Dennoch mochte ich sie so sehr, daß ich mich, seit ich vor zwei Jahrzehnten von d'Alemberts Lebensumständen erfuhr, standfest geweigert habe, in eine Bibliothek zu gehen, um die Wahrheit über das Leben dieses Gelehrten in Erfahrung zu bringen. Und das werde ich jetzt auch nicht tun.

Wie auch immer d'Alemberts Leben verlief, seine Schlußfolgerungen über die Krafteinwirkung eines strömenden Mediums auf einen Körper verdeutlichen die Frustrationen von Ingenieuren angesichts der eleganten Arbeiten der Hydrodynamiker. Wenn Wasser auf einen Stein keine Kraft ausüben kann, wieso wird dann der Stein stromabwärts befördert? Offensichtlich fehlt etwas in diesem Bild.

Dieses fehlende Element zu finden war bis zu Beginn des 20. Jahrhunderts eine große wissenschaftliche Herausforderung. Der deutsche Physiker Ludwig Prandtl von der Universität Göttingen löste schließlich 1904 das Problem und überbrückte damit zugleich die Kluft zwischen Theorie und Experiment in der Strömungsmechanik. Wir können seinen Beitrag verstehen, wenn wir auf das Bild der dünnen Schichten in der Strömung zurückgreifen. Nehmen wir an, ein Stapel dieser dünnen Schichten trifft auf ein Hindernis, wie in Abbildung 12-4 dargestellt.

Was passiert? Wenn zwischen dem Wasser und dem Hindernis eine Reibung entsteht, wie dies ja im wirklichen Ablauf eines solchen Vorgangs geschieht, so wird die unterste Schicht, die mit dem Stein in Berührung kommt, gestoppt. Die darüber befindliche Schicht gleitet auf der untersten, die dritte auf der zweiten und so weiter. Ist die Reibungswirkung zwischen den Schichten wie beim Wasser gering, gleiten nur die ersten paar Schichten aufeinander. Darüber hinaus beeinträchtigt das Hindernis die Bewegung der Schichten kaum.

Ein anschauliches Bild von der Begegnung zwischen einer Flüssigkeit und einem Hindernis ergibt sich, wenn man sich einen gut geölten

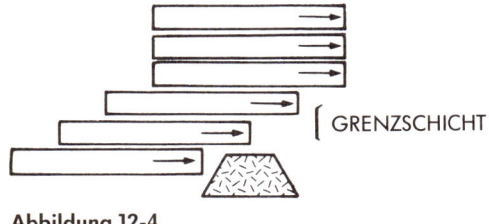

GRENZSCHICHT

Abbildung 12-4

Stapel von Metallplatten vorstellt. Stößt die unterste Platte gegen ein Hindernis, so stoppt sie, und die ersten paar Platten gleiten aufeinander. Der größte Teil der Metallplatten jedoch bewegt sich weiter, und die Gleitaktivität der unteren Platten absorbiert sämtliche Wirkungen des Hindernisses.

Prandtl erkannte nun, daß dieses Bild deutlich machte, weshalb solche Probleme beim Verständnis der Umströmung von Hindernissen aufgetaucht waren. Betrachten wir die bewegten Schichten einer Flüssigkeit *als Einheit*, so trifft es sicherlich zu, daß es in der Gesamtbewegung wenig relative Bewegung zwischen den Schichten gibt und daher auch wenig Reibung. Andererseits gilt für die wenigen Schichten in der Nähe des Hindernisses, daß sie mit einer hohen Geschwindigkeit aufeinander gleiten und dabei eine große Reibungskraft erzeugen. In Wirklichkeit hatten die Theoretiker sich über den von einem Hindernis etwas weiter entfernten Bereich geäußert – einen Bereich, in dem die Reibung vernachlässigt werden kann. Da sich der größte Teil der Flüssigkeit in diesem Bereich bewegt, lassen sich die Grundmuster der Strömung mit Gleichungen beschreiben, in die die Reibung als Größe nicht eingeht. Zugleich müssen die Reibungskräfte in der Nähe des Hindernisses beherrschend sein, da die relative Viskosität zwischen den Schichten groß ist. Dies ist der Bereich, auf den die Hydrauliker ihre Aufmerksamkeit gerichtet hatten. Das große Schisma ist also allein auf die Tatsache zurückzuführen, daß zwei rivalisierende Gruppen sich auf unterschiedliche Teile desselben Strömungsmusters konzentriert hatten. Nun offenbarte sich der Gesamtmechanismus: In mehr als 99 Prozent der Flüssigkeit ist die relative Bewegung der Schichten gering, während die relative Geschwindigkeit der Schichten in einem Prozent der Flüssigkeit nahe dem Hindernis sehr groß ist. Und genau dieses eine Prozent bestimmt die Wechselwirkung zwischen der Flüssigkeit und dem Hindernis.

Prandtl führte zur Bezeichnung dieser dünnen Schicht, in der die Reibungskräfte bestimmend sind, den Begriff «Grenzschicht» ein. Es war einer jener Einfälle in der Naturwissenschaft, die so offensichtlich richtig und so einfach sind, daß man im selben Augenblick, da man von ihnen hört, unwillkürlich ausruft: «Natürlich, so muß es sein.» Schon bald nach Bekanntwerden des Grenzschichtkonzepts wurden erste Modelle der Wechselwirkung zwischen Fluiden und umströmten Objekten entwickelt. Es stellte sich heraus, daß diese Umströmung von Hindernissen je nach Größe des Objekts und der Strömungsgeschwindigkeit des Fluids verschiedene Formen annimmt. Alle wesentlichen Strömungsphasen können Sie in einem beliebigen Wildbach beobachten.

Laminare Strömung

Ist die Strömung einer Flüssigkeit langsam und das Hindernis klein genug, kann sich eine Situation wie in Abbildung 12-5 ergeben. Die Flüssigkeit strömt sanft um den Stein herum und vereinigt sich stromabwärts ohne Anzeichen von Kräuselung oder Turbulenz. Die beiden Pfeile stellen jene Kraft dar, die aufgrund der Reibung zwischen Stein und Wasser auf den Stein wirkt. Offensichtlich erlaubt uns die Berücksichtigung der Viskosität, um das d'Alembertsche Paradox herumzukommen, da sie es uns ermöglicht, die Reibungskraft in das Problem einzubeziehen, wodurch sich eine stromabwärts auf den Stein gerichtete Kraft ergibt.

Das Umströmen eines Zylinders ist eine dieser einfachen Situationen, die die Hydrodynamiker zu lösen vermochten. Dasselbe gilt für ein damit verwandtes Problem – den Fluß um eine Kugel herum. In beiden Fällen gilt, daß die auf einen Festkörper ausgeübte Kraft von der Viskosität der Flüssigkeit und der Querschnittsfläche des Festkörpers abhängt. Erwartungsgemäß wächst die Kraft, wenn einer dieser beiden Parameter größer wird. Die Wirkung der Reibungskraft auf eine Kugel führt zu einigen interessanten Einblicken in das Verhalten von Dingen, die durch die Atmosphäre zum Erdboden fallen.

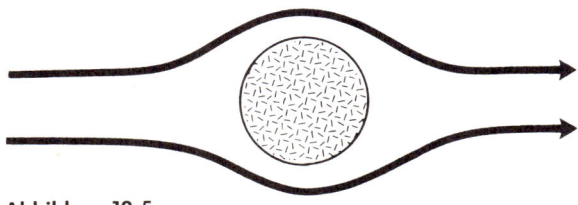

Abbildung 12-5

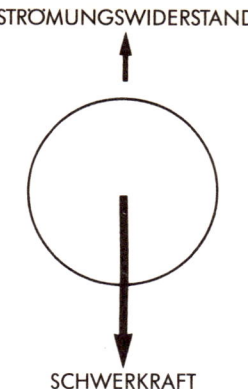

STRÖMUNGSWIDERSTAND

SCHWERKRAFT

Abbildung 12-6

Richten wir unsere Aufmerksamkeit auf einen kleinen Tropfen, so erkennen wir zwei auf ihn einwirkende Kräfte, wie in Abbildung 12-6 dargestellt. Zum einen gibt es die allgegenwärtige Schwerkraft, die den Tropfen in seiner Abwärtsbewegung beschleunigt, zum anderen die Reibungskraft (der Strömungs-, in diesem Falle Luftwiderstand), die der abwärts gerichteten Kraft entgegengesetzt wirkt. Beginnt der Tropfen seinen freien Fall, wird er beschleunigt, und seine Viskosität ist gering. Deshalb ist auch der Luftwiderstand, der dem Fall entgegenwirkt, gering – viel zu klein, um die Wirkung der Schwerkraft aufzuheben. In dieser Phase der Bewegung wird der Tropfen beschleunigt, jedoch nicht so schnell, wie dies der Fall wäre, wenn er auf gar keinen Luftwiderstand stieße. Während der Tropfen jedoch an Geschwindigkeit gewinnt, nehmen auch die Reibungskräfte zu. Nach einer Weile erreicht die Fallgeschwindigkeit einen Wert, bei dem der Luftwiderstand genau die Schwerkraft ausgleicht. An diesem Punkt nimmt die Beschleunigung nicht mehr zu, und der Tropfen fällt mit einer konstanten Geschwindigkeit, die als Endgeschwindigkeit bezeichnet wird. Mit anderen Worten, ein Körper, der durch die Luft fällt, erreicht eine Grenzgeschwindigkeit, die er während der restlichen Fallstrecke beibehält. Dies gilt für kleine Regentropfen, bei denen der Luftstrom sanft ist, ebenso wie für größere Körper (zum

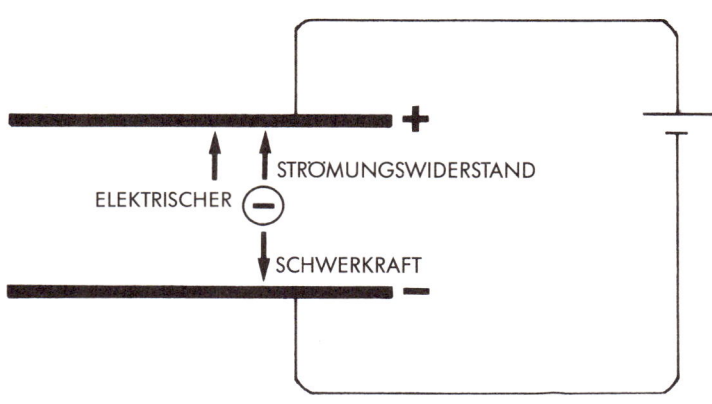

Abbildung 12-7

Beispiel Fallschirmspringer), bei deren Fall Turbulenzen zu berücksichtigen sind. Mehr darüber später.

Das Phänomen der Endgeschwindigkeit machte sich 1910 der amerikanische Physiker Robert Andrews Millikan zunutze, als er zum erstenmal die Ladung des Elektrons bestimmte. Eine grobe Skizze von Millikans Versuchsgerät ist in Abbildung 12-7 dargestellt. Die zugrundeliegende Idee ist einfach. Ein kleiner Öltropfen wird einer Strahlung ausgesetzt, so daß er sich elektrisch auflädt. Wird der Tropfen danach zum freien Fall zwischen zwei großen Platten gebracht, die mit den Polen einer Batterie verbunden sind, wirken drei Kräfte auf ihn ein: die Schwerkraft und der Luftwiderstand, wie im Fall des Regentropfens, sowie die im Zusammenhang mit den Platten aufwärts gerichtete elektrische Kraft (die Anziehung zwischen dem negativ geladenen Tropfen und dem positiv geladenen Pol der Batterie). Der Durchgang des Tropfens wird mit Hilfe eines kleinen Teleskops aufgezeichnet, und es werden seine Reaktionen auf die Kräfte gemessen. Die elektrische Kraft wird durch Veränderung der Spannung an der Batterie variiert, die Bewegung wird gemessen; dann wird die Ladung des Tropfens durch weitere Bestrahlung verändert, und die Bewegung wird wiederum registriert; und so weiter. Schließlich sind genug Daten zusammengetragen, um nachzuweisen, daß die Ladung des Tropfens stets ein ganzzahliges Vielfaches einer Grundeinheit beträgt. Millikan identifizierte diese Grundeinheit als die Ladung eines Elektrons; sie wird Elementarladung genannt.

Vor einiger Zeit wurde eine moderne Variante von Millikans Verfahren bei der Suche nach Quarks eingesetzt, jenen Teilchen, von denen wir annehmen, daß sie die elementaren Bausteine des Atomkerns sind. In den meisten modernen Experimenten fällt der Tropfen in einem reibungsfreien Vakuum, so daß kein Strömungswiderstand auftritt.

Trennungsflächen

Eine Möglichkeit, Umströmen eines Zylinders wie in Abbildung 12-5 zu beschreiben, besteht darin, sich vorzustellen, daß das auf der Vorderseite auftreffende Wasser beschleunigt wird, bis seine Geschwindigkeit ihren Höhepunkt erreicht, und dann an der Rückseite so weit abgebremst wird, daß es sich wieder in den Hauptstrom eingliedern kann. Solange die Reibungskräfte klein bleiben, verhält sich die Strömung auf genau diese Weise. Betrachtet man den Stein im Fluß, sieht man stromabwärts weder Kräuselungen noch Blasen, sondern nur eine glatt fließende Strömung.

Wächst die Strömungsgeschwindigkeit, nimmt auch die Trägheit zu. Ist die Strömung so schnell, daß die Reynolds-Zahl größer als 1 wird (eine Situation, in der die Trägheit somit größer als die Reibung ist), verändert sich der Charakter der Strömung drastisch. Kommt es zu einer Beschleunigung der Flüssigkeit an der stromaufwärts gelegenen Steinseite, wird ein Teil ihrer Energie aufgrund der Reibung in Wärme umgewandelt. Wenn die Flüssigkeit auf die abbremsenden Kräfte an der stromabwärts gelegenen Steinseite trifft, verfügt sie daher nicht mehr über ausreichend Energie, um diese zu überwinden. Etwas Ähnliches geschieht, wenn man einen Ball in eine Mulde rollen läßt. Ist keine Reibung vorhanden, rollt der Ball in die Mulde hinein und an der anderen Seite hinauf bis zu der Höhe, die seinem Ausgangspunkt entspricht. Befindet sich jedoch eine Menge loser Sand in der Mulde, kann der Ball an der anderen Seite nicht hoch hinaufrollen. Genauso wie der einen Hang hinunterrollende Ball durch die Schwerkraft beschleunigt wird, wird die Flüssigkeit an der stromaufwärts gelegenen Steinseite durch Druck beschleunigt, und genauso

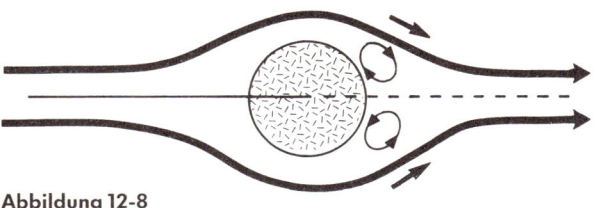

Abbildung 12-8

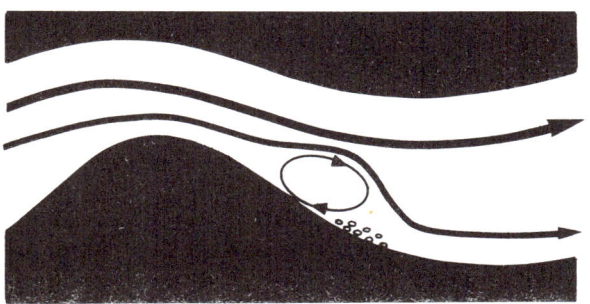

Abbildung 12-9

wie die Reibung verhindert, daß der Ball auf seine ursprüngliche Höhe gelangt, verhindert sie, daß die Flüssigkeit ihre ursprüngliche Geschwindigkeit an der stromabwärts gelegenen Steinseite zurückgewinnt.

Wenn dies geschieht, kann die Flüssigkeit hinter dem Stein ihre Strömungsrichtung umkehren (Abbildung 12-8). Kleine Wirbel spalten sich von der Hauptströmung ab – eine Wirkung, die sich leicht in einem Fluß beobachten läßt. Für den weiteren Verlauf unserer Überlegungen sollten wir festhalten, daß sich diese Art Strömungsmuster gewöhnlich dann ergibt, wenn die Reynolds-Zahl größer als 4 ist.

Derselbe Effekt tritt in der in Abbildung 12-9 dargestellten Situation auf, wenn sich ein Fluß plötzlich verengt. Dieser Wirbeltyp ist Ihnen vermutlich viel vertrauter. Da Flüssigkeiten an Stellen, wo sich die Strömungsrichtung umkehrt, zur Stockung neigen, lagern sich die von der Strömung beförderten Rückstände an den Wirbeln ab, so daß sie jedem Spaziergänger auffallen.

Es gibt viele andere Bereiche, in denen die Entstehung von Wirbeln eine wichtige Rolle spielt, so etwa, was viele sicher überraschen wird, in der Medizin, zum Beispiel bei der Erforschung der Arterienverkalkung. Ein Modell der Entstehung dieser Erkrankung sieht folgendermaßen aus: Das Blut strömt durch eine Arterie (die wir uns als zylindrisches Rohr vorstellen können) und stößt auf eine kleine Verengung, genau wie der Fluß in Abbildung 12-9. Auf der stromabwärts gelegenen Seite der Verengung bilden sich Wirbel; auch Rückstände sammeln sich dort an. Da das Blut an der Stelle, wo es stockt, die Arterienwand nicht reinigt, können dort relativ ungestört komplexe chemische Prozesse stattfinden, die dazu führen, daß sich Fettschichten ablagern, die die Blutströmung noch weiter einschränken. Diese weitere Verengung führt zur Entstehung neuer großer Wirbel, die ihrerseits zu weiteren Ablagerungen führen. Es ist leicht vorauszusehen, daß dieser sich selbst verstärkende Prozeß letztendlich die Arterie vollständig verstopfen wird.

Die einzigen Unterschiede, die ein Theoretiker zwischen den Wirbeln in Arterien und solchen in offenen Strömen erkennt, sind im Grunde relativ geringfügiger Natur: der Unterschied in den Eigenschaften von Blut und Wasser sowie der Unterschied zwischen den starren Ufern eines Stroms und den elastischen Wänden der Arterien. In allen anderen Aspekten sind diese beiden Probleme identisch, so daß ein umfassenderes Verständnis dessen, was geschieht, wenn ein Strom auf ein Hindernis trifft, zu besseren Behandlungsmethoden bei (oder zur Vorbeugung von) Arterienerkrankungen führen kann.

Ablösungswirbel

Mit der Strömungsgeschwindigkeit steigt auch die Reynolds-Zahl. Erreicht diese einen Wert um 40, geschieht etwas Neues. Die Wirbel hinter dem Stein beginnen sich von allein zu lösen und werden stromabwärts getrieben. Eine Kette aus Wirbeln bildet sich hinter dem Stein (Abbildung 12-10). Wir sagen, daß die Wirbel sich ablösen, zuerst von rechts, dann von links, mit entsprechendem Drehsinn. Dies

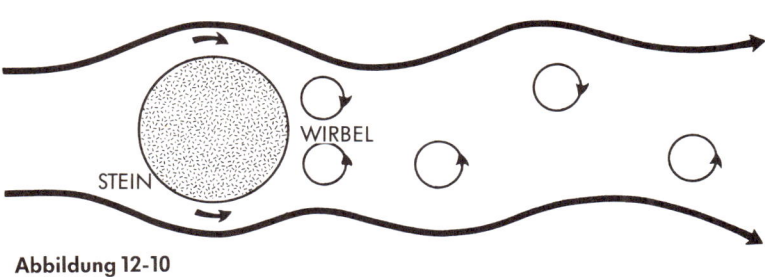

Abbildung 12-10

ist die sogenannte Kármánsche Wirbelstraße, benannt nach Theodore von Kármán, einem ungarischen Pionier der Strömungsmechanik, dessen Arbeiten über turbulente Strömungen am California Institute of Technology in Pasadena die Grundlagen für die moderne Wissenschaft der Aerodynamik schufen.

Jeder kennt Kármánsche Wirbel aus eigener Erfahrung, nur ahnen viele nicht, worum es sich dabei handelt. Wenn Sie nächstes Mal auf der Autobahn fahren und ein großer Lastwagen Sie (wie üblich) überholt, so achten Sie einmal auf Ihr Lenkrad. Zieht der Lastwagen auf gleiche Höhe mit Ihnen, werden Sie bemerken, daß Ihr Auto vom Lastwagen weg zur Seite gedrückt zu werden scheint. Hat er Sie schließlich überholt, wird Ihr Wagen zuerst in die eine, dann in die andere Richtung gedrückt. Es mag vier oder fünf solcher Luftstöße geben, bevor der Lastwagen sich so weit von Ihnen entfernt hat, daß seine Luftdruckwirkungen nicht mehr spürbar sind.

Die auf Ihr Auto einwirkenden Kräfte sind in Abbildung 12-11 dargestellt. Sie spüren den ersten Seitendruck, wenn Sie in den Windschatten geraten, den die von dem Lastwagen verdrängte Luft erzeugt (Punkt A). Das Rütteln nach dem Vorbeiziehen des Lastwagens an-

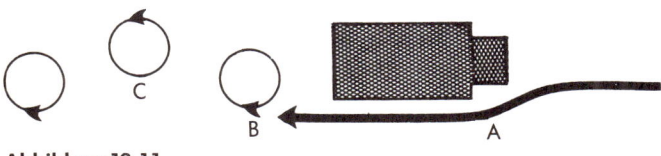

Abbildung 12-11

dererseits wird von Ihrem Wagen erzeugt, wenn er in die Wirbelstraße gerät. Am Punkt B werden Sie nach rechts, am Punkt C nach
links gedrückt und so weiter.

Wenn die Wirbel sich ablösen, wird auf den Körper, von dem Sie
sich ablösen, eine Kraft ausgeübt. Vollziehen sich solche Ablösungen
mit einer bestimmten Periode, kann dies bei größeren Bauwerken,
die dem Wind ausgesetzt sind, gefährliche Konsequenzen haben. Es
ist bekannt, daß Brücken (um nur ein Beispiel anzuführen) Schaden
nehmen, wenn sie in regelmäßigen Zeitintervallen Impulsen ausgesetzt sind – aus diesem Grund sagt man Soldaten vor der Überquerung
einer Brücke, sie sollen nicht im Gleichschritt marschieren. 1940
wurde eine kurz zuvor erbaute Brücke über die Meerenge von Ta-
coma im Bundesstaat Washington zerstört, nachdem Windböen sie
zum Schwanken gebracht hatten. In meinen Kursen für Studenten der
Ingenieurwissenschaften führe ich gern die Dokumentaraufnahmen
von dieser Katastrophe vor, um sie davor zu bewahren, allzu großspu-
rig zu werden.

Wenn man Hochspannungsleitungen im Wind «singen» hört, so
kann man sicher sein, daß sie von den Kräften «gezupft» werden, die
von den Ablösungswirbeln im vorbeiziehenden Luftstrom stammen.
Kármánsche Wirbel kann man sogar «sehen», wenn man an einem
trockenen Herbsttag mit dem Auto eine Straße hinunterfährt und im
Sog hinter sich das welke Laub aufwirbelt.

Turbulenz

Nimmt die Strömungsgeschwindigkeit des Fluids weiter zu, bleibt die
beschriebene grundlegende Wirbelstruktur erhalten, vermischt sich
jedoch zunehmend mit einer allgemeinen Turbulenz. Wenn der Strudel an der stromabwärts gelegenen Seite eines Steins in einem ge-
schwind dahinfließenden Strom nichts anderes zu sein scheint als Blasen und Schaum, so liegt die Frage nahe, wo die Wirbel abgeblieben
sind. Könnte man sich eine Zeitlupenaufnahme des Strudels ansehen,
würde man zwar noch Regionen erkennen, die sich im vertrauten
Wirbelmuster fortbewegen, doch die Gesamtbewegung würde mit
einer Art unregelmäßigen Zitterns einhergehen. In einem Fluß begegnet man kaum Reynolds-Zahlen, die ein paar tausend übestei-

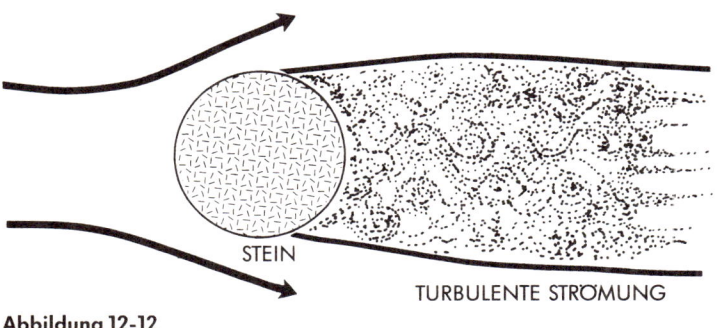

STEIN

TURBULENTE STRÖMUNG

Abbildung 12-12

gen, so daß sich die bisher geschilderten Strömungsphänomene alle auf einer Bergwanderung beobachten lassen. Bei der Konstruktion eines Flugzeugs oder Raumfahrzeugs jedoch bekommt man es mit Situationen zu tun, in denen der Luftstrom um das Flugzeug von Reynolds-Zahlen bestimmt ist, die weit über einer Million liegen. Bei solch hohen Geschwindigkeiten werden sogar die Grenzschichten turbulent, und der Strudel sieht aus wie in Abbildung 12-12. Die Geschwindigkeit ist so groß, daß die Grenzschicht von der Vorderseite der Kugel weggeblasen wird, und dahinter entsteht ein turbulenter Strudel (mit einigen grundlegenden Wirbelstrukturen). Ist die Geschwindigkeit der Kugel groß genug, können die Reibungskräfte sie erheblich erwärmen, eine Tatsache, die erklärt, warum es so wichtig ist, daß eine Raumfähre für den Wiedereintritt in die Atmosphäre mit Hitzeschilden ausgerüstet ist.

Fallschirmspringer und gegenläufige Meteoriten

Da wir nunmehr verstehen, wie die Wechselbeziehungen zwischen Fluiden und Hindernissen auf ihrem Weg aussehen oder, was auf dasselbe hinausläuft, wie Festkörper sich durch ein Fluid bewegen, können wir einen Blick auf einige interessante Anwendungsbereiche werfen. Wir haben zum Beispiel gesehen, daß ein durch die Luft fallender

Regentropfen schließlich eine Endgeschwindigkeit erreicht, bei der die Reibungskräfte die abwärts gerichtete Schwerkraft ausgleichen. In diesem Fall tritt um den fallenden Körper eine laminare Strömung auf – kein Strudel, keine Turbulenz.

Bei größeren Körpern oder bei höheren Geschwindigkeiten beginnen sich Wirbel abzulösen, und der Mechanismus, durch den Energie von fallenden Körpern auf die Luft übertragen wird, verändert sich. Bei der laminaren Strömung ist dieser Mechanismus die gewöhnliche Reibung. Sobald jedoch Wirbel entstehen, kommt eine andere Energieübertragung ins Spiel: die Bewegung des Fluids kann entweder in Wärme (wie bei der laminaren Strömung) oder in wirbelnde Bewegung im Fluidstrudel umgewandelt werden. Ist die laminare Strömung erst einmal überwunden, erhöhen sich die Energieverluste aufgrund des Strömungswiderstands sehr schnell. Im Falle der laminaren Strömung führt eine Verdopplung der Geschwindigkeit des Körpers zu einer Verdopplung des Energieverlustes. Doch kaum beginnen sich Wirbel zu bilden, steigt die Kurve steil an: Eine Verdopplung der Geschwindigkeit bei hohen Reynolds-Zahlen hat eine Vervierfachung des Energieverlustes zur Folge.

Dies bedeutet, daß sich die Endgeschwindigkeiten bei großen und bei kleinen Körpern stark voneinander unterscheiden können. Hat zum Beispiel der fallende Regentropfen die Größe eines Staubkörnchens, kann der Luftstrom um ihn herum laminar bleiben. In diesem Fall entspricht seine Endgeschwindigkeit etwa 5 Stundenkilometer. Doch wächst der Regentropfen zur Größe eines Salzkorns an, beginnen sich Wirbel von ihm abzulösen. Hat er schließlich die Größe, in der er zu Boden fällt, stößt er während des Falls einen komplexen turbulenten Strudel ab. Seine Endgeschwindigkeit dürfte bei etwa 30 Stundenkilometer liegen. Ein Fallschirmspringer andererseits ist so groß, daß er vom Start an Wirbel abstößt. Daher besteht über die Endgeschwindigkeit beim Fallschirmspringen kein Zweifel. Sie liegt, je nach Größe des Fallschirmspringers und der während des Sprungs eingenommenen Haltung, etwas höher als 160 Stundenkilometer.

Die Meteore, die in die Atmosphäre eintreten, stellen einen etwas anderen Fall dar als Regentropfen oder Fallschirmspringer. Meteore haben eine sehr hohe Anfangsgeschwindigkeit und werden beim Fall durch die Reibung, jedoch nie bis zur Endgeschwindigkeit, abgebremst. Gewöhnlich verbrennen sie oder schlagen auf die Erdoberfläche auf, bevor sie in einem nennenswerten Ausmaß abgebremst wurden.

Von den Körpern, die mit hoher Geschwindigkeit durch die Atmosphäre fliegen, interessieren mich nicht so sehr die Meteore, die aus dem Weltraum kommen, als vielmehr der umgekehrte Fall – die von der Erde in den Weltraum geschossenen Projektile, die ich gegenläufige Meteoriten nenne.

Jede Nutzlast, die heute in den Weltraum befördert wird, reist mit einer Trägerrakete. Diese Raumstartmethode hat einen gewaltigen Nachteil. Eine Rakete muß den Brennstoff, den sie zum Beispiel in 2 Kilometer Höhe verbraucht, von vornherein mitführen. Dies ist enorm unwirtschaftlich. Will man zum Beispiel eine 1 Kilogramm schwere Masse auf eine Erdumlaufbahn befördern, so beträgt die Energiemenge, die wir dafür aufwenden müßten, im Prinzip lediglich 8 Kilowattstunden – etwa die Menge, die eine Klimaanlage täglich verbraucht. Die Kosten belaufen sich auf etwa einen Dollar. Stellt man diesen Betrag den gewaltigen Kosten eines Raumträgerstarts (mehr als 1000 Dollar für dieselbe Masse) gegenüber, so erhält man eine gute Vorstellung von dem, was ich unter der Unwirtschaftlichkeit einer Rakete verstehe.

Der Physiker Gerard O'Neill aus Princeton hat eine alternative Methode des Frachttransports in den Weltraum vorgeschlagen, ein Gerät, das er Massentreiber nennt.* Ein Massentreiber ist im wesentlichen ein stationäres Gerät, das eine Nutzlast auf eine hohe Geschwindigkeit beschleunigt, indem es eine Energiequelle einsetzt, die sich am Boden befindet und selbst nicht in Bewegung versetzt wird. Hat die Nutzlast erst einmal eine hohe Geschwindigkeit erreicht, so durchdringt sie aus eigenem Antrieb die Atmosphäre – ein gegenläufiger Meteorit. In dieser Konstruktion muß die Energie lediglich für die Nutzlast aufgewendet werden; der Brennstoff bleibt am Boden.

Nach dem ursprünglichen Entwurf sollte der Massentreiber auf dem Mond eingesetzt werden. Da der Mond keine Atmosphäre besitzt, gibt es auch keinen Luftwiderstand, der die Nutzlast nach dem Start abbremsen könnte. Anfangs glaubte man, daß der Einsatz von

---

* Dieses Gerät, neben vielen weiteren Aspekten der künftigen Weltraumtechnologie, wird in O'Neills ausgezeichnetem Buch *Unsere Zukunft im Raum* (Stuttgart und Bern 1977) vorgestellt.

Massentreibern auf der Erde aufgrund der Atmosphäre unmöglich sei. Denkt man jedoch einen Moment lang darüber nach, erkennt man, daß diese Argumentation fehlerhaft ist. Meteoriten und wiederverwendbare Raumfahrzeuge überstehen die Reise aus dem Weltraum zur Erde. Weshalb sollten wir kein Fahrzeug konstruieren können, das in die entgegengesetzte Richtung reisen kann? Das einzige Problem, auf das ein erdgestützter Massentreiber stoßen könnte, ist atmosphärische Reibung und Luftwiderstand. Ist deren Wirkung sehr groß, könnte es einfach unwirtschaftlich sein, die zu ihrer Überwindung notwendige Energie aufzubringen, so daß wir wieder am Ausgangspunkt unserer Überlegungen angelangt wären.

Vor einigen Jahren haben Ray Cheng (damals Student an der University of Virginia) und ich einige einfache Berechnungen zu dieser Frage angestellt. Unser Ergebnis: Selbst im ungünstigsten aller Fälle, bei dem wir angenommen haben, daß kein Versuch unternommen würde, eine Stromlinienform für das Nutzlastfahrzeug zu finden, beläuft sich die zusätzliche Energie, die zur Überwindung der Reibungswirkungen in der Atmosphäre benötigt wird, auf den Faktor 3 gegenüber der für den Start von einem atmosphärelosen Himmelskörper benötigten Energie. Mit anderen Worten: Berücksichtigen wir die Atmosphäre, so liegen die Energiekosten für die Beförderung einer Masse von 1 Kilogramm auf eine Umlaufbahn zwischen 8 und 24 Kilowattstunden. Bei 6 Cent pro Kilowattstunde (der derzeitige Tarif im Bundesstaat Virginia) betragen die Kosten dafür zwischen 50 Cent und 1,50 Dollar. Gegenüber dem herkömmlichen Einsatz von Raketen auf jeden Fall eine gewaltige Ersparnis. Realistischere Kalkulationen, die von einer stromlinienförmigen Konstruktion ausgehen, deuten darauf hin, daß die zur Überwindung der Reibung benötigte zusätzliche Energie lediglich zwischen 10 und 20 Prozent liegt, weit unterhalb unserer Ergebnisse für den ungünstigsten Fall.

Kein Wunder, daß die Weltraumenthusiasten von Zeiten schwärmen, in denen es billiger sein wird, einen Brief von Cape Canaveral in den Weltraum zu schicken als nach New York. Von der schnelleren Zustellung ganz zu schweigen.

13 Der Weg ins Chaos

«Chaos ['kaːɔs] ... Im allgemeinen Sprach-
gebrauch soviel wie Durcheinander, totale
Verwirrung, Auflösung jeder Ordnung.»

Meyer Großes Taschenlexikon

Der Übergang von einer kaum wahrnehmbaren Kräuselung zu einem
Wildbach ist ein Beispiel für den «Umschlag in die Turbulenz». In der
chaotischen Bewegung des rasch dahinfließenden Wassers kommt ein
Geschehen zum Ausdruck, dessen Untersuchung eines der wichtigsten Forschungsgebiete der Physik geworden ist. Obwohl es ein Widerspruch in sich zu sein scheint, beschäftigt das Studium des «Chaos»
sowie chaotischer Systeme heute viele Naturwissenschaftler, und die
Ergebnisse ihrer Arbeit werden bereits in so weit entfernten Anwendungsbereichen wie dem Flugzeugbau und der Umweltökologie ge-
nutzt. Die Erscheinungen, die wir im Wildwasser beobachtet haben,
bieten ein lebendiges Beispiel für die Erforschung des Chaos.

Die meisten einfachen physikalischen Systeme zeigen ein soge-
nanntes lineares Verhalten. Hängt man ein Gewicht an eine Feder, so
dehnt sie sich. Verdoppelt man das Gewicht, verdoppelt sich auch die
Dehnung. Wenn man den Lautstärkeregler an einem Rundfunkgerät
aufdreht, so erhält man auf ähnliche Weise eine bestimmte Lautstärke. Dreht man den Knopf zweimal so weit auf, verdoppelt sich die
Lautstärke. Bei der glatten laminaren Strömung um ein Hindernis
herum ergibt sich derselbe Effekt: die auf das Hindernis wirkende
Kraft verdoppelt sich, wenn die Strömungsgeschwindigkeit doppelt
so groß wird.

In all diesen Fällen gibt es einen Punkt, an dem das einfache lineare
Verhalten endet. Bei der Feder wird er erreicht, wenn das Gewicht sie
dazu bringt, sich über ihre Elastizitätsgrenze hinaus zu dehnen. Von
diesem Punkt an kehrt die Feder nie mehr in ihre Ausgangslage zu-

rück, nachdem das Gewicht entfernt ist; jede geringe Gewichtszunahme bringt das Metall dazu, sich sehr weit zu dehnen und sogar entzweizubrechen. Auf ähnliche Weise wird das Rundfunkgerät die empfangende Sendung getreu wiedergeben, bis man den Lautstärkeregler über einen bestimmten Punkt hinaus aufdreht und der Ton sich verzerrt: Der Verstärker hat aufgehört, linear zu arbeiten. Bei der Wasserströmung um ein Hindernis herum tritt das Ende des linearen Verhaltens ein, wenn die ersten Wirbel auftauchen. Von diesem Punkt an verursacht eine Verdopplung der Strömungsgeschwindigkeit, wie wir gesehen haben, eine sehr viel raschere Zunahme der auf das Hindernis wirkenden Kraft, als dies bei der einfachen laminaren Strömung der Fall war.

In all diesen Beispielen haben wir es mit einem System zu tun, das zuerst in einer bestimmten und dann plötzlich in einer vollkommen anderen Weise auf Veränderungen der Bedingungen reagiert. In der Physik bezeichnet man solche Systeme als nichtlinear. Von Newtons Zeit an bis vor kurzem galt eine Art stillschweigende Vereinbarung unter Naturwissenschaftlern, sich besser nicht mit nichtlinearen Systemen zu beschäftigen. Dies hatte einen einfachen Grund: Die mathematischen Gleichungen zur Beschreibung nichtlinearer Systeme sind wegen der im Zusammenhang mit ihrer Lösung auftretenden Schwierigkeiten berüchtigt. Abgesehen von jenen wenigen Fällen, in denen jemand durch glückliche Umstände auf einen mathematischen Trick verfiel, mit dessen Hilfe sich einfache Lösungen für ein nichtlineares System finden ließen, beschränkten die Naturwissenschaftler ihre Forschungen auf lineare Systeme – Systeme, die sie mathematisch beschreiben konnten.

Dies ist die übliche Vorgehensweise auf jedem naturwissenschaftlichen Gebiet, auf dem ich mich auskenne. Die allgemeine Philosophie besagt, daß man das System so gut wie möglich innerhalb der Grenzen dessen beschreibt, was mathematisch lösbar ist. Die erwähnte gedehnte Feder zum Beispiel läßt sich mittels sehr einfacher Gleichungen im Rahmen des linearen Regimes beschreiben, und genau in diesem Bereich wurden Federn untersucht. Ist die Feder unumkehrbar gedehnt worden, wechselt das Problem ihrer Beschreibung aus dem Zuständigkeitsbereich des reinen Naturwissenschaftlers in den eines Ingenieurs über. Die Spaltung von Hydraulik und Hydrodynamik, die ich im zwölften Kapitel erwähnt habe, ist nicht das einzige

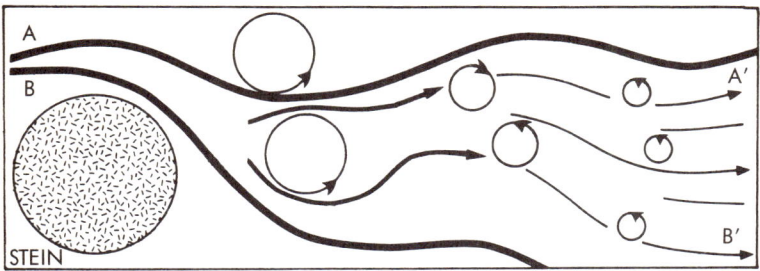

Abbildung 13-1

Beispiel einer solchen Scheidung zwischen Theorie und Empirie in den Naturwissenschaften.

In meiner Studentenzeit war ich überrascht, wie häufig Gastdozenten beteuerten, ihre Modelle der Wechselwirkungen von Elementarteilchen seien zwar ärmliche, unvollständige Beschreibungen, aber immerhin lösbar, was man von naturgetreueren Modellen nicht sagen könne. Die übliche Anekdote in diesem Zusammenhang handelt von einem Mann, der unter einer Straßenlaterne nach irgend etwas sucht. Ein Passant fragt ihn, was er dort mache, und der Mann antwortet ihm, er habe seinen Schlüssel verloren. Beide suchen nun eine Weile, dann fragt der Passant den Mann: «Sind Sie sicher, daß Sie ihn hier verloren haben?»

«Nein, ich hab ihn hier irgendwo auf der Straße verloren.»

«Aber warum suchen Sie ihn dann unter der Laterne?»

«Weil es hier hell ist!»

Wie so oft im Leben, kann man auch in diesem Fall sein Bestes nur mit dem geben, was man hat.

Die Entwicklung großer, schneller Computer in den letzten Jahrzehnten hat auch hinsichtlich nichtlinearer Systeme zu einer grundlegenden Veränderung der Situation geführt. Die Möglichkeit, die Komplexität zuvor unlösbarer Gleichungen mit Hilfe der ungeheuren Rechenkapazität zu entwirren, hat dazu geführt, daß eine Generation von Naturwissenschaftlern herangewachsen ist, die die Grenzen des Berechenbaren bis weit in den Bereich hinein ausdehnen konnten, der noch bis vor kurzem als Terra incognita galt. Durch diese Entwicklung haben wir einige überraschende Erkenntnisse über komplexe Systeme gewonnen.

Nehmen wir die Turbulenz in der Wasserströmung als Beispiel. Betrachten wir das Wildwasser stromabwärts von einem Hindernis in einem reißenden Fluß aus, sieht man Bewegungen, wie sie in Abbildung 13-1 dargestellt sind. Gleich hinter dem Stein entstehen jene großen Wirbel, auf die ich bereits im zwölften Kapitel hingewiesen haben. Weiter stromabwärts brechen sie ihrerseits in kleinere und diese wiederum in noch kleinere Wirbel auf. Dieser Vorgang setzt sich bis zu einer Wirbelgröße fort, bei der die Zusammenstöße zwischen den Atomen in dem wirbelnden Strudel und der Strömung selber erstere veranlassen, ihre überschüssige Energie abzugeben. An diesem Punkt lösen sich die Wirbel auf und vermischen sich mit der Grundströmung. Der Prozeß, in dessen Verlauf Energie von den großen Wirbeln so lange auf zunehmend kleinere übertragen wird, bis die Grundströmung die Anfangsenergie der größeren Wirbel absorbiert hat, kommt in sämtlichen fluiden Systemen vor, von Wasserläufen bis hin zur Gasbewegung in den Sternen.

Nehmen wir einmal an, wir setzten am Punkt A in Abbildung 13-1 ein Holzstück auf das Wasser. Es folgt irgendeinem komplizierten Weg durch die Wirbel hindurch und erreicht schließlich den als A' bezeichneten Punkt. Nun setzen wir ein anderes Holzstück auf Punkt B, nahe bei A, auf das Wasser. Es wird ebenfalls durch die Stromschnellen schwimmen, doch wird sich sein Weg wahrscheinlich von dem unterscheiden, den A genommen hat. In der Regel erreicht ein Holzstück, das in B gestartet ist, einen Punkt B' auf der anderen Seite. Tatsache ist, daß die Holzstücke, nachdem sie sich ihren Weg durch das turbulente Wasser gebahnt haben, weit voneinander entfernt sind, wie nah auch immer ihre Ausgangspunkte A und B gelegen haben.

Ein System, das sich sehr unterschiedlich entwickeln kann, obwohl die Anfangsbedingungen jeweils fast identisch waren, nennt man «chaotisch». Die Beziehung zwischen nichtlinearen und chaotischen Systemen ist alles andere als einfach. Sämtliche chaotischen Systeme sind nichtlinear, aber es gibt viele nichtlineare Systeme, die nicht chaotisch sind, und einige davon sehen wir uns später genauer an. Im Augenblick gilt für uns lediglich, daß ein System, bei dem zwei Punkte am Anfang nahe und schließlich nicht mehr nahe beieinanderliegen, als «chaotisch» bezeichnet werden kann.

Das Wort scheint durch die alltägliche Erfahrung gerechtfertigt. Läßt man einen Ball von einem Dach fallen, trifft er an Punkt A in der Nähe des Hauses auf. Bewegt man sich auf dem Dach ein paar Zentimeter nach links oder rechts und läßt ihn wiederum fallen, so trifft er an Punkt A' nahe der Stelle auf, an der er zuvor gelandet war. In diesem vertrauten Beispiel führt eine geringfügige Veränderung der Anfangsbedingungen (des Punktes, an dem der Ball losgelassen wird) zu einer ebenfalls geringfügigen Veränderung des Ergebnisses (des Punktes, an dem der Ball auftrifft). Der fallende Ball ist ein Beispiel für ein nichtchaotisches System, und es ist sehr viel leichter, sich mit dieser Art von Problemen zu befassen, als mit selbst den einfachsten chaotischen Prozessen.

Sieht man einmal von den Schwierigkeiten ab, sie in lösbaren Gleichungen zu beschreiben, so können wir chaotische Systeme dazu nutzen, eine alte Frage der Naturphilosophie zu klären – die Frage, ob das Weltgeschehen absolut vorbestimmt ist. In ihrer einfachsten Form lautet die Lehre des Determinismus, daß wir bei allumfassender Kenntnis des derzeitigen Zustands des Universums durch umsichtige Anwendung der Naturgesetze in der Lage sein müßten, seinen Zustand zu jedem beliebigen zukünftigen Zeitpunkt vorauszusagen. Der Physiker und Mathematiker Pierre Simon de Laplace brachte im 18. Jahrhundert diesen Gedanken auf den Punkt, als er in diesem Zusammenhang vom «rechnenden Dämon» sprach. Würde man Ort und Geschwindigkeit jedes Objekts im Universum zu irgendeinem gegebenen Zeitpunkt kennen und die die Bewegungen beschreibenden Gleichungen rasch genug lösen können, wäre man, behauptete er, in der Lage, Ort und Geschwindigkeit jedes dieser Objekte zu einem beliebigen zukünftigen Zeitpunkt vorherzusagen. Als Modell diente Laplace das Newtonsche Sonnensystem, in dem Planeten durch die Schwerkraft miteinander und mit der Sonne in Wechselwirkung stehen. Die Gleichungen, die die Schwerkraft beschreiben, sind einfach, und Laplace nahm an, daß sie irgendwann einmal vollständig gelöst sein würden. (Diese Erwartung wurde erst mit dem Aufkommen des Computers erfüllt. Selbst das Sonnensystem ist ein so komplexes System, daß es sich ohne Unterstützung von Großrechnern nicht erfassen läßt.) Der Laplacesche Dämon, die Vorstellung also, daß sämtliche zukünftigen Zustände des Universums im Prinzip vorhersehbar sind, hat auf die Philosophen der Aufklärung eine starke Faszination ausgeübt. Man denke nur, um ein Beispiel zu nennen, an die Konsequenzen dieser Idee für die Lehre vom freien Willen. Kann man von einem Menschen wirklich behaupten, er sei frei, wenn sich sein Ort und seine Geschwindigkeit zu jedem Zeitpunkt in der Zukunft mit Hilfe irgendeines Computers ausdrucken lassen?

Gewöhnlich wird behauptet, Laplaces Modell sei durch die Quantenmechanik zumindest fraglich geworden. Wir wissen heute, daß die dem Verhalten von Teilchen zugrundeliegenden Gesetze so beschaffen sind, daß es unmöglich ist, zugleich Ort und Geschwindigkeit eines einzelnen, geschweige denn jedes Teilchens im Universum zu irgendeinem Zeitpunkt zu bestimmen. Dennoch repräsentiert Laplaces rechnender Dämon im Räderwerk des Newtonschen Universums eine interessante «Was wäre wenn?»-Frage. Es stellt sich heraus, daß deterministische Systeme nur bestehen können, wenn wir die fundamentalen Gesetze der Quantenmechanik außer acht lassen, und das tun wir auch bei der Beschreibung alltäglicher Geschehnisse. Solange wir eine Reihe von Gleichungen haben – am besten solche, die wir lösen können –, kann die Welt als vorherbestimmt betrachtet werden, wie es sich Laplace gewünscht hat.

Leider hat nicht einmal diese Version des rechnenden Dämons Bestand, wenn wir chaotische Systeme in Augenschein nehmen. Um zu verstehen, warum sich dies so verhält, kehren wir zu Abbildung 13-1 zurück. Die Gesetze, welche die Strömung von Fluiden bestimmen, sind ziemlich einfach – scheinbar jedenfalls. Im Prinzip könnten wir sie anwenden, um die Orte der Punkte A' und B' vorherzusagen, wenn uns die Orte von A und B bekannt wären. Doch selbst ein rechnender Dämon würde uns nicht weiterhelfen können. Nehmen wir an, wir würden mit einer zwischen A und B aufgereihten Kette von Holzstükken starten. Chaotische Systeme sind von der Art, daß das Wissen, was mit einem Holzstück in A passiert, keine Rückschlüsse über das Verhalten eines Holzstücks in der Nähe von A zuläßt. Wie eng aneinander auch immer wir die Punkte A und B setzen, die Punkte A' und B' können unabsehbar weit voneinander entfernt liegen.

Die Tragweite dieses Sachverhalts wird klar, wenn wir uns vergegenwärtigen, was es bedeutet, den Ort von Punkt A zu messen. Wir können zum Beispiel den Ort des Holzstücks, das wir dort aussetzen, aufgrund seiner Entfernung zum Ufer des Flusses bestimmen. Doch wie auch immer wir verfahren, letztlich benutzen wir eine Meßlatte, um den Ausgangspunkt für unsere theoretische Vorhersage festzulegen. Und gleich welche Meßlatte wir benutzen, stets gibt es eine Grenze für die Genauigkeit, mit der wir diesen Ort bestimmen. Nehmen wir eine gewöhnliche Meßlatte. Mit ihrer Hilfe können wir den Ort von A mit einer Genauigkeit von einem Drittel Zentimeter bestimmen. So kommen wir zu Aussagen wie «Der Punkt A liegt zwischen 18 ⅓ und 18 ⅔ Zentimeter vom Ufer». Würden wir noch genauere Instrumente einsetzen, so könnten wir diese Ungenauigkeit bis auf ein Tausendstel Zentimeter oder mehr reduzieren; doch im Prinzip wird es immer einen kleinsten Bereich geben – die höchstmögliche Genauigkeit –, jenseits dessen wir die Ausgangsposition nicht bestimmen können. Dies bedeutet, wie in der Abbildung gezeigt, daß der Punkt A irgendwo innerhalb eines unscharfen Bereichs liegt, der durch die Genauigkeit unserer Messung bestimmt ist.

Kehren wir nun zu chaotischen Systemen zurück. Wir wissen, daß zwei Holzstücke, die von benachbarten Punkten innerhalb dieses Unschärfebereiches starten, das Ende der Turbulenz sehr weit voneinander entfernt erreichen können. Dies zeigen die in C und D beginnenden Wege in Abbildung 13-2. Auch haben wir festgestellt, daß man prinzipiell nie genau angeben kann, ob die Holzstücke in C oder in D gestartet sind. Genauer: Wenn wir den Startpunkt des Holzstücks betrachten, können wir nicht sagen, ob die Entfernung zum Ufer Punkt C oder D entspricht. Daher bleiben wir auf ewig im ungewissen darüber, welcher Wert in unsere Gleichungen einzusetzen ist, die zu der erhofften genauen Vorhersage führen sollen. Geben wir

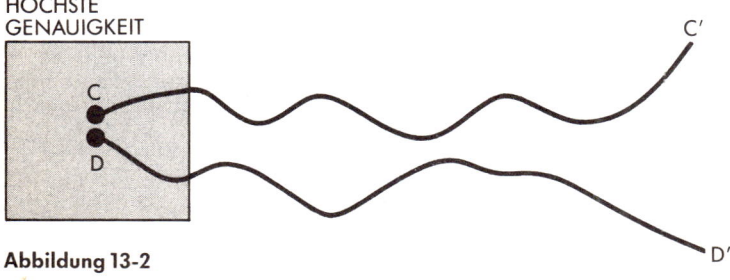

HÖCHSTE
GENAUIGKEIT

C

D

C′

D′

Abbildung 13-2

dem rechnenden Dämon den C entsprechenden Ort, kommt dabei ein Punkt C' entsprechendes Ergebnis heraus, und geben wir ihm den Ort D, gelangt er zu D'. Mit anderen Worten: Es liegt in der Natur chaotischer Systeme, daß wir den Ausgang eines Experiments nicht vorhersagen können, *auch dann nicht, wenn wir die Gleichungen kennen, die das System bestimmen*.

In den fünfziger Jahren erkannte der Meteorologe Edward Lorenz als erster diese Tatsache, als er über die Wetterprognose nachdachte. Bisher haben wir uns Chaos mittels der Wasserströmung veranschaulicht, doch in der Natur gibt es eine Vielzahl chaotischer Systeme, und das ihnen zugrundeliegende Prinzip ist jeweils dasselbe wie beim Wasser. Natürlich ist es eine viel schwierigere Aufgabe, das Wetter vorherzusagen als die Position von Holzstücken in einem Fluß, und sei es auch nur wegen der vielen Parameter wie Temperatur, Luftdruck, Windgeschwindigkeit usw., die in die Bestimmung der Wetterverhältnisse an welchem Ort auch immer eingehen. Dennoch können wir eine Analogie zur Wasserströmung herstellen, wenn wir über die Art und Weise nachdenken, in der sich die Temperatur an einem bestimmten Ort im Verlauf der Zeit entwickelt. In Abbildung 13-3 ist eine solche Kurve dargestellt. Zum Zeitpunkt 0 hat die Temperatur den Wert T_1. Sie schwankt dann auf und ab und erreicht vierundzwanzig Stunden später schließlich einen Punkt T_2. Die Ähnlichkeit zwischen der «Strömung» der Temperatur in der Zeit und der Strömung des Wassers in einem Fluß ist offensichtlich, und die sichtbare Ähnlichkeit in den Abbildungen wird durch die mathematische Ähnlichkeit der Gleichungen bestätigt, die diese beiden Kurven beschreiben.

Aufgrund der Ähnlichkeit mit dem Wildbach können wir folgendes behaupten: Wäre die Temperatur zum Zeitpunkt 0 nur *ein wenig anders als* T_1 gewesen, hätte sich die Temperatur einen Tag später von T_2 *erheblich* unterschieden. Das Wetter ist, wie ein turbulenter Fluß, ein chaotisches System; zur wirklichen Wetterprognose an einem bestimmten Ort ist mehr vonnöten als das, was in Abbildung 13-3 dargestellt ist. Dazu müssen wir nicht nur wissen, welches Wetter an diesem Ort derzeit herrscht, sondern auch, wie das Wetter an verschiedenen anderen Orten war. Dies macht die Berechnungen schwieriger, aber sie laufen auf dasselbe hinaus. Die Atmosphäre ist ein chaotisches System, genau wie das Wildwasser.

Lorenz erkannte, daß die Verhältnisse in der Atmosphäre nicht

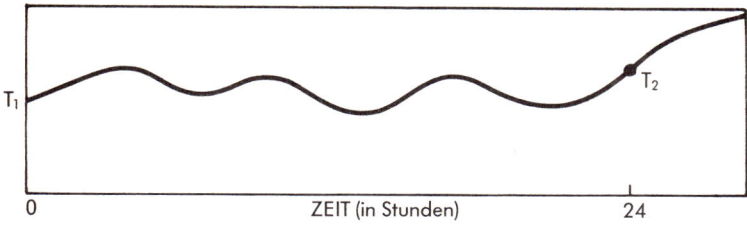

T$_1$

0   ZEIT (in Stunden)   24

Abbildung 13-3

sehr weit in die Zukunft vorhergesagt werden können, und zwar aus genau denselben Gründen, die es uns auch unmöglich machen, den Weg eines Holzstücks im Wildbach vorherzusagen. Um das Wetter zu prognostizieren, benötigen wir nicht nur unendlich genaue Messungen von vielerlei Parametern, sondern diese müßten sich zudem an jedem Punkt im Raum befinden.

Nach diesen Anmerkungen möchte ich betonen, daß es eine gewisse Zeit dauert, bevor sich die chaotische Natur eines Systems manifestiert. Die beiden Holzstücke in Abbildung 13-2 trennen sich nicht sofort; sie entfernen sich langsam voneinander, während sie stromabwärts schwimmen. Ebenso kommt es nicht oft von einer Stunde zur nächsten zu drastischen Veränderungen in der Atmosphäre. Dank dieser relativen Langsamkeit ist es uns überhaupt möglich, das Wetter des nächsten Tages mit einigem Erfolg vorherzusagen. Erst wenn wir eine Langzeitprognose wagen – mit einer Zeitskala von Wochen oder gar Monaten –, wird die chaotische Natur der Atmosphäre offensichtlich, und die Fähigkeit zur Vorhersage schwindet.

Der Wetterdienst veröffentlicht zwar Langzeitprognosen für einen Zeitraum von drei Monaten, doch zu diesen Werten gelangen die Meteorologen nicht, indem sie die derzeitige Wetterlage extrapolieren. Vielmehr stützen sie sich auf ein Verfahren, das auch dem Bauernkalender zugrunde liegt. Eine Menge Informationen über das Wetter in den vergangenen Jahrzehnten wird in die Computer eingespeist, und die Vorhersagen beruhen darauf, wie das Wetter sich verhalten hat, als die Lage der heutigen vergleichbar war. Diese Art der Wetterprognose setzt kein detailliertes Verständnis atmosphärischer Entwicklungen voraus; sie beruht lediglich auf der Fähigkeit, große Datenmengen aus der Vergangenheit zu korrigieren. Sie entspricht dem, was man tut, wenn man viele Holzstücke in den Fluß wirft, abwartet, wohin sie schwimmen, und dann den Kurs eines weiteren Holzstücks vorhersagt, indem man ihn aufgrund des Verhaltens der vorangegangenen Holzstücke schätzt. Diese Technik funktioniert natürlich, aber sie ist nicht sehr zuverlässig. Als ich die Angaben das letzte Mal verglich, kam allerdings der Bauernkalender zu etwas genaueren Ergebnissen als der Wetterdienst mit seiner Langzeitprognose.

Ein weiteres Feld, auf dem die Chaostheorie eine Rolle zu spielen beginnt, ist die Untersuchung von Tier- und Pflanzenpopulationen, die ein anscheinend chaotisches Verhalten zeigen: Eine Spezies vermehrt sich exponentiell, eine andere stirbt aus, eine weitere verharrt im Status quo. Da die Ökologen sich mit einer Erklärung solcher unregelmäßigen Schwankungen schwertaten, haben sie sich entweder dazu entschlossen, dem Beispiel früherer Generationen zu folgen und die Daten nicht zu beachten oder zu behaupten, ein solches Verhalten mache es unmöglich, einfache Gesetze für die Entwicklung von Populationen zu formulieren. Erst vor wenigen Jahren habe ich gehört, wie ein prominenter Ökologe öffentlich behauptete, ein solches Verhalten in den Populationen zeige, daß es so etwas wie ein «Gleichgewicht in der Natur» nicht gebe. Unsere Beobachtungen im Wildwasser lehren uns, daß keine dieser Ansichten stichhaltig ist. In der Natur gibt es zahllose chaotische Systeme, und es sollte uns deshalb nicht überraschen, daß sie auch in Populationen vorkommen. Einem chaotischen Verhalten müssen nicht zwangsläufig komplizierte Naturgesetze zugrunde liegen; später in diesem Kapitel stelle ich ein sehr einfaches «Naturgesetz» vor, das zu Gleichungen mit chaotischen Lösungen führt. Auch die Gesetze, die das Verhalten des Wasserflusses in einer turbulenten Strömung bestimmen, sind im Prinzip recht einfach, und doch führen sie zu einem chaotischeren Verhalten als die beobachteten Tierpopulationen in der Natur. Dies bedeutet, daß man möglicherweise den Populationen biologischer Systeme zugrundeliegende Gesetze entdecken wird, die ähnlich einfach sind, obwohl sie, genau wie jene der Strömungsdynamik, chaotisches Verhalten erzeugen.

Es bleibt die Frage zu klären, warum sich ein System unter bestimmten Bedingungen einfach, unter anderen dagegen chaotisch ver-

hält. Eines der am leichtesten zu beschreibenden Systeme ist vielleicht eine Insektenpopulation, die während des Sommers lebt und
deren Eier den Winter überdauern. In einer solchen Population hängt
die Zahl der Insekten, die im nächsten Sommer ausschlüpfen, von der
Zahl der Insekten ab, die am Ende dieses Sommers leben.

Im einfachsten Fall legt jedes Insektenpärchen eine bestimmte Anzahl Eier, und aus einem Teil der Eier schlüpfen im nächsten Frühjahr
Junge. Gäbe es keine weiteren Aspekte zu berücksichtigen, würde die
Insektenpopulation einem einfachen linearen Verhältnis zwischen
der Anzahl der im nächsten Jahr schlüpfenden und der Anzahl der in
diesem Jahr geschlüpften Jungen folgen. Verdoppelt sich die Anzahl
der Insekten in diesem Frühling, so verdoppelt sich ebenso die Anzahl
der im nächsten Jahr schlüpfenden Insekten.

Wie der britische Nationalökonom Thomas Robert Malthus auf-
zeigte, können Populationen jedoch nicht grenzenlos wachsen. Da die
einer Population zur Verfügung stehenden Nahrungsmittel begrenzt
sind, kann nicht jedes in diesem Jahr geschlüpfte Insekt überleben,
um Eier zu legen, aus denen im folgenden Jahr Junge schlüpfen. Dies
bedeutet im wirklichen Leben, daß eine Verdopplung der jetzt
schlüpfenden Jungen nicht zu einer Verdopplung der im kommenden
Jahr schlüpfenden Jungen führt. Mit anderen Worten, der Einfluß der
Nahrungsmittelversorgung auf die Insekten führt dazu, daß die Beziehung zwischen der Population in diesem und der im kommenden Jahr
nichtlinear ist.*

Die einfachste sich ergebende Situation ist links in Abbildung 13-4
dargestellt. Die Population erreicht ein Gleichgewicht und verharrt
darin. Die Anzahl der Insekten in jeder Generation bleibt gleich, und
von einem Jahr zum nächsten sind keinerlei Schwankungen festzustellen. Solange die Insekten irgendeiner Form der «Geburtenkontrolle»
folgen und nicht allzu viele Eier legen, kann diese Art der Stabilität
aufrechterhalten werden.

Doch eine Geburtenkontrolle ist, wie die Menschheit zu ihrem

---

* Wenn n_1 die Anzahl der jetzt lebenden Insekten und n_2 die Anzahl der im nächsten Jahr schlüpfenden Jungen ist, so lautet die einfache nichtlineare Gleichung,
die beide miteinander in Beziehung setzt:
$$n_2 = E n_2 - C n_1^2$$
wobei E die Anzahl der gelegten Eier und C die Anzahl der Insekten ist, die im
Wettbewerb um die Nahrungsressourcen sterben.

Leidwesen feststellen muß, nur schwer durchzusetzen. Nehmen wir zur Verdeutlichung einmal an, daß die Insekten ein Jahr später eine ungewöhnlich große Menge von Eiern legen. Dies wird unweigerlich dazu führen, daß im Folgejahr zu viele Junge schlüpfen, von denen eine große Zahl sterben wird. Dies wiederum führt zu weniger Eiern im Jahr danach. Doch in jenem Jahr wird die kleine Anzahl geschlüpfter Jungen leichter überleben und viele Eier legen. Es ergibt sich ein Populationsverlauf wie der in der Mitte der Abbildung dargestellte. Große und kleine Populationen wechseln sich von Jahr zu Jahr ab.

Wenn die Anzahl der Eier über die für einen solchen Effekt erforderliche Menge hinaus ansteigt, ergibt sich eine Situation wie in der Abbildung rechts. Eine große Zahl Insekten schlüpft in einem Jahr, doch der heftige Konkurrenzkampf führt dazu, daß die Population drastisch zurückgeht, was zu sehr wenigen Eiern im Folgejahr führt. Dies wiederum hat eine sehr große Population im dritten Jahr zur Folge; doch da es im zweiten Jahr so wenig Insekten gab, erreicht die Population im dritten Jahr nicht das Niveau des ersten Jahres. Daraus resultiert eine Population, die sich in Vierjahres- statt in Zweijahreszyklen entwickelt.

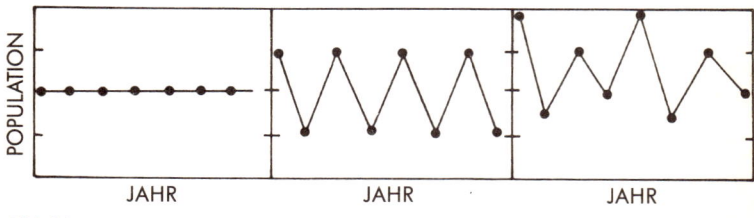

Abbildung 13-4

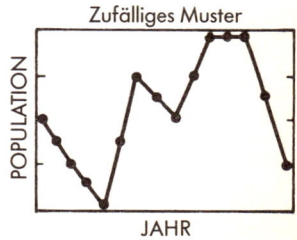

Abbildung 13-5

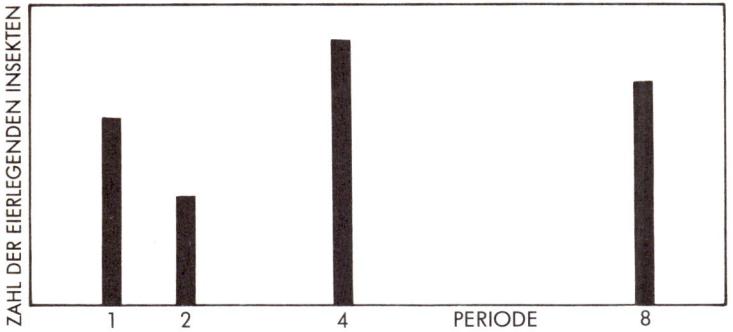

Abbildung 13-6

Übersteigt die Anzahl der Eier jene zu Beginn eines Vierjahreszyklus, begegnen wir einem Zyklus von acht, dann von sechzehn Jahren usw. Schließlich werden die Zyklen so kompliziert, daß sich eine Situation wie die in Abbildung 13-5 gezeigte ergibt. Die Population springt anscheinend völlig willkürlich von Jahr zu Jahr auf und ab.

In dieser Situation beobachten wir eine Population, die sich in einem beliebigen Jahr erheblich von der Population in jedem anderen Jahr unterscheidet: Die Situation ist chaotisch. Dennoch ist das System vollkommen determiniert. Ich kann Ihnen genau sagen, wie viele Insekten es in gleich welchem Jahr gibt, vorausgesetzt, Sie können mir *genau* sagen, wie viele es im Vorjahr gegeben hat, wie viele gestorben sind und wie viele Eier gelegt haben. Irren Sie sich jedoch in Ihren Angaben, und sei es auch nur um ein Ei pro Insekt, so wird es zu einer ganz anderen Entwicklung der Population kommen. Das ist das Wesen des Chaos.

Es gibt eine Art, chaotische Systeme zu betrachten, die sich als recht nützlich erweisen kann. Wir haben gesehen, daß sich eine Insektenpopulation dem Chaos nähert, indem sie eine Serie schwankender Bevölkerungszustände durchläuft. Erst reproduziert sich eine stabile Population jedes Jahr selbst; danach treffen wir auf einen Zweijahres-, dann auf einen Vierjahreszyklus und so weiter. In wirklichen Populationen rechnen wir damit, diese Zyklen miteinander vermischt vorzufinden. Wäre die Anzahl der von einigen Insekten gelegten Eier

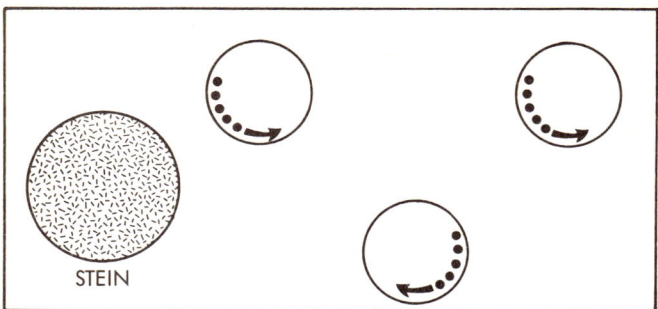

Abbildung 13-7

groß genug, um zum Beispiel einen Achtjahreszyklus in Gang zu setzen, so dürfen wir erwarten, daß andere genug Eier legen, um Vierjahres-, Zweijahres- und Einjahreszyklen auszulösen. Würden wir die Anzahl der eierlegenden Insekten in jedem Zyklus registrieren, erhielten wir eine ähnliche Kurve wie in Abbildung 13-6. Wenn die Zahl der gelegten Eier zunimmt, wären immer mehr Zyklen beteiligt (Sechzehn-, Zweiunddreißig-, Vierundsechzigjahreszyklen usw.), bis schließlich eine Situation erreicht ist, in der alle möglichen Zyklen zugleich vorhanden sind. Dies entspricht dem chaotischen Zustand des Systems, und wir sagen, daß die Insektenpopulation dem *Weg der Periodenverdopplung ins Chaos* gefolgt ist.

Die Phasen, durch die ein Fluß sich der vollständigen Turbulenz nähert, ähneln in vieler Hinsicht dem Weg der Periodenverdopplung ins Chaos. Bei laminaren Strömungen oder den einfachen Wirbeln in Abbildung 13-7 ist die Strömung an jedem beliebigen Punkt stromabwärts in der Zeit konstant. Dies entspricht der konstanten Insektenpopulation in unserem Beispiel. Das Auftauchen der Kármánschen Wirbel (Abbildung 13-8) verursacht eine regelmäßige Zu- und Abnahme der Strömungsgeschwindigkeit. Dies entspricht dem Zweijahreszyklus der Insektenpopulation. Zerfallen die Wirbel stromabwärts in immer kleinere Wirbel, werden immer mehr Zyklen hinzugefügt, bis sich eine vollständige Turbulenz einstellt.

Der dritte Bereich, in dem diese Art von Geschehen beobachtet werden kann, ist die Entwicklung von Konvektionszellen wie denen im kochenden Wasser (siehe erstes Kapitel). Da ein Großteil der Bewegung des Wassers unterhalb der Oberfläche stattfindet, benötigt man eine Spezialausrüstung, um die Vorgänge zu beobachten. Eine typische Experimentalapparatur wird in Abbildung 13-9 gezeigt. Kleine Metallspäne werden in eine kochende Flüssigkeit gegeben, und ein Laser wird eingeschaltet. Indem man das von den (mit dem Wasser bewegten) Metallspänen reflektierte Licht analysiert, kann man auf eine ähnliche Weise auf deren Bewegung schließen wie ein Polizist, der per Radarmessung die Fahrgeschwindigkeit von Automobilen ermittelt.

Die Ergebnisse solcher Experimente lassen sich leicht zusammenfassen. Steigt die Temperatur am Boden der Flüssigkeit, so tauchen Konvektionszellen jenes Typs auf, wie ich ihn im ersten Kapitel ausführlich beschrieben habe. Diese entsprechen der regelmäßigen Strömung einer Flüssigkeit, einer Bewegung mit einer festen Periode, sowie dem Zweijahreszyklus der Insektenpopulation oder den Kármán-Wirbeln in der Strömung. Steigt die Temperatur an, so überlagert sich diesen Konvektionszellen eine andere Bewegung von Konvektionszellen, die halb so schnell rotieren wie die ursprünglichen. Diese Wirbel, die dem Vierjahreszyklus der Insektenpopulation entsprechen, stellen die erste Periodenverdopplung im Konvektionssystem dar. Steigt die Temperatur noch weiter an, so tauchen noch mehr Periodenverdopplungen auf, bis schließlich – wie in den anderen erwähnten Beispielen – das vollständige Chaos erreicht ist.

Zum Schluß dieser Ausführungen über chaotisches Verhalten noch

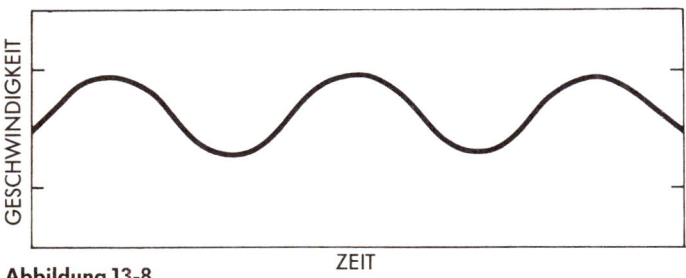

Abbildung 13-8   ZEIT

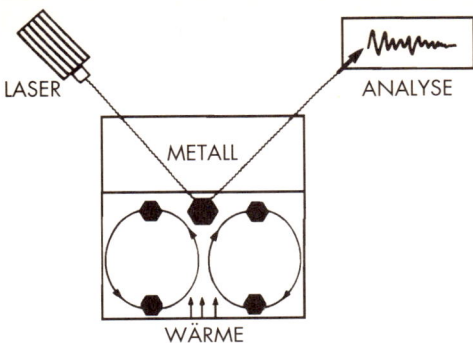

Abbildung 13-9

einige Anmerkungen. Erstens: Obwohl Systeme sehr häufig durch Periodenverdopplung in chaotisches Verhalten driften, ist sie nicht der einzige Weg ins Chaos, der sich in der Natur beobachten läßt. Die anderen sind gleichermaßen vorhersagbar, jedoch etwas komplizierter und schwieriger zu beschreiben. Zweitens: Der tatsächliche Übergang von einem System mit vielen Periodenverdopplungen zu einem vollständig chaotischen Zustand ist sehr viel komplexer und weniger erforscht, als ich angedeutet habe. Doch etwas anderes kann man in einem Pioniergebiet der Naturwissenschaften auch nicht erwarten.

Die Tatsache, daß so verschiedene Systeme wie Insektenpopulationen, Wildbäche und kochende Flüssigkeiten dasselbe charakteristische Verhalten zeigen, wenn sie sich auf einen chaotischen Zustand zubewegen, ist das beste Argument, das ich liefern kann, um zu zeigen, daß die Natur von einer kleinen Anzahl allgemeiner Prinzipien und Gesetze bestimmt wird. Offensichtlich herrscht irgendeine Ordnung – sogar im Chaos.

14 Das Geheimnis der gewundenen Bäume

«Mit links und rechts werden alle Werke
vollbracht,
Und der Schöpfer hat jedes von ihnen einzeln bedacht.»

Choralgesang von Perkins, Gent

Unsere Wanderung sollte der Erkundung dienen. Wir dachten, wir würden nur einer wenig benutzten Abzweigung des Pfads folgen, wohin auch immer er uns führte; doch bevor wir irgendwo angekommen waren, wurde uns klar, daß wir uns auch zu einer Gedankenreise aufgemacht hatten.

Mein Begleiter war mein langjähriger Freund und Physikerkollege Jeff Newmeyer. Er hatte seine Laufbahn als theoretischer Physiker begonnen und sich zunächst in Forschungsarbeiten über magnetische Monopole und die Quantenfeldtheorie gestürzt. Nachdem er festgestellt hatte, daß die Weltentrücktheit dieser Art Naturwissenschaft nicht nach seinem Geschmack war, wechselte er zur Raumfahrtindustrie über, in der Grundlagenforschung, Öffentlichkeitsarbeit und praktische Ingenieurkunst ungemütliche Bettgenossen sind. Unsere Bergwanderung hatte unter anderem den Zweck, Jeff auf Gedanken zu bringen, die nichts mit seiner Rolle als Pressesprecher seiner Firma, die in die Strategic Defense Initiative (SDI) involviert ist, zu tun haben sollten.

Als wir auf dem Bergpfad immer weiter emporgewandert und an der Baumgrenze angekommen waren, wurde der Baumbestand sichtlich dünner. Erst an dieser Stelle fiel uns eine recht ungewöhnliche Erscheinung auf. Ein großer abgestorbener Baum, dessen Rinde im Laufe der Jahre abgefallen war, zeigte uns sein darunterliegendes nacktes Holz. Da in diesem trockenen nördlichen Klima Holz nur langsam verrottet, war der Stamm selbst noch einigermaßen kompakt.

Ein in einer rechtsgängigen Spirale hochgewachsener Baum. Gleitet man mit der rechten Hand die Furchen entlang, wird sie in Richtung Baumwipfel geführt. Custer National Forest, Montana.

Uns fiel auf, daß sich das Holz spiralig (siehe Foto) gewunden hatte, als wäre der Baum wie ein Korkenzieher hochgewachsen, und zwar, wie wir feststellten, in der Richtung einer rechtsgängigen Schraube.

Da die Begriffe rechts- und linksgängig oder -drehend in meinen Ausführungen eine zentrale Rolle spielen, will ich sie hier gleich erläu-

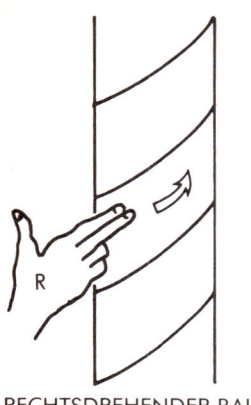 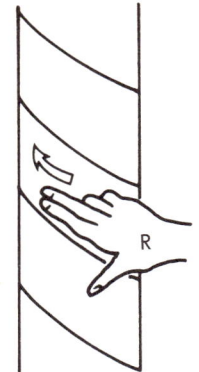

RECHTSDREHENDER BAUM   LINKSDREHENDER BAUM

Abbildung 14-1

tern. Nehmen wir einmal an, Sie legen die Finger Ihrer rechten
Hand, wie in Abbildung 14-1 vorgeführt, auf die Furchen im Holz
und gleiten auf ihnen nach oben. Sie werden bemerken, daß Ihre
Hand sich auf den Baumwipfel zubewegt. Anders gesagt: Legen Sie
Ihre rechte Hand wie dargestellt auf den Stamm, so zeigt Ihr Daumen nach oben. Verliefen die Furchen im Stamm in die entgegengesetzte Richtung, wie in der Abbildung rechts dargestellt, so würde
der Daumen Ihrer rechten Hand nach unten zeigen und hinter Ihrer
Hand hergezogen werden, wenn Sie die Finger zum Baumwipfel
gleiten ließen.

Der Kürze halber bezeichnen wir den in Abbildung 14-1 links dargestellten Baum als «rechtsdrehend» und den rechts dargestellten als
«linksdrehend». Offensichtlich ist diese Unterscheidung wesentlich –
ein Baum ist entweder rechts- oder linksdrehend. In einem anderen
Sinne jedoch spielt sie keine wesentliche Rolle. Rechts- wie linksdrehend Bäume können derselben Art angehören, gleich groß werden
und dieselbe Nische in der Ökologie des Waldes besetzen. Man kann
diese Bäume mit zwei Häusern vergleichen, die in jeder Beziehung
identisch sind, von denen aber das eine rot und das andere blau ge-
strichen ist. Wenn all dies zutrifft, erhebt sich eine wichtige Frage.
Warum macht die Natur sich überhaupt die Mühe, zwei Versionen

desselben Baumes zu schaffen – zwei Versionen, die sich allein dadurch unterscheiden, daß der eine Baum in die rechte und der andere in die linke Richtung gewunden ist? Obwohl uns ein gewöhnlicher gewundener Baum an unserem Bergpfad auf diese Frage aufmerksam gemacht hat, werden wir sehen, daß die Rechts- und Linksdrehung im Universum uns mit einem tiefen Geheimnis konfrontiert.

Doch zurück zu unseren Bäumen. Der erste rechtsdrehende Baum, den wir sahen, rief bei uns nur ein müdes «He, guck mal da» hervor. Als wir jedoch weiter bergan stiegen, stießen wir auf immer mehr gewundene Bäume, und bald fiel uns auf, daß alle rechtsdrehend zu sein schienen. Darauf kamen wir an einen großen Kahlschlag (siehe Foto auf der nächsten Seite). Alle diese Bäume erwiesen sich als rechtsdrehend, und einige waren so weit verrottet, daß wir mit der Hand bis zum Holzkern vordringen konnten. Dabei stellten wir fest, daß die Windungen nicht nur an der Oberfläche vorhanden waren, sondern sich durch das ganze Holz zogen. Also windet sich ein solcher Baum seine ganze Lebensdauer über und nicht erst von einem bestimmten Alter an.

Wir dachten darüber nach, was wohl die Bäume dazu veranlaßt haben könnte, sich so zu winden. Da die gewundenen Bäume nur nahe der Baumgrenze vorhanden zu sein schienen, schlossen wir daraus, daß der Drehwuchs irgend etwas mit der Beanspruchung der Bäume durch die Umwelt zu tun haben müsse, analog dem mißgestalteten Knochenbau bei Tieren, die unter erheblichem Nährstoffmangel gelitten haben. Doch das Wissen, daß die Beanspruchung der Bäume jene Windungen herbeiführt, hilft uns nicht weiter bei der Frage, warum sie sich in einem bestimmten Drehsinn winden.

Wir dachten zuerst an physikalische Wirkungen. Wenn ein Baum zum Beispiel, wie in Abbildung 14-2 dargestellt, in einer Gegend wächst, in welcher der Wind gewöhnlich aus einer Richtung weht, und wenn an einer Stelle des Baumes mehr Zweige sprießen als an der anderen, könnte man annehmen, der Wind übe eine Kraft in der Weise aus, daß der Baum sich windet. Manchmal sieht man nämlich seltsam verformte Bäume in der Nähe von Stränden, wo heftige Winde vom Meer her wehen.

Doch diese Erklärung stimmte einfach nicht mit unseren Beobachtungen überein. Zum einen würde die auf den Baum wirkende Windkraft in Abbildung 14-2 den Baum lediglich teilweise winden können. Würde zum Beispiel ein Baum um ganze 180 Grad gedreht, so wären die meisten Zweige auf die andere Seite des Baums gelangt, und dieselbe Windkraft würde den Baum wieder zurückdrehen. Zum zweiten spricht gegen den Wind als Ursache der Drehung, daß die Verteilung der Zweige an einem Baum mehr oder weniger zufällig ist, so daß es ebenso viele Bäume mit mehr Zweigen an der einen wie solche mit Zweigen an der entgegengesetzten Seite gibt. Falls der Wind die treibende Kraft wäre, so müßte es ebenso viele rechts- wie linksdrehende Bäume geben, eine Schlußfolgerung, die im Widerspruch zu allen Beobachtungen steht.

Aber wie steht es mit der Genetik? Nehmen wir an, daß irgend etwas in den Genen dieser Bäume vorhanden ist, was sie prädisponiert, sich bei großer Beanspruchung nach rechts zu winden. Dabei muß es sich nicht etwa um eine Anpassungsleistung handeln, nach der sich die natürliche Auslese richtet; es könnte ebensogut ein zufälliges

Ein Kahlschlag aus Bäumen mit rechtsgängiger Drehung. Bei der Untersuchung des Holzes stellte sich heraus, daß die Spirale sich durch das ganze Holz hindurchzieht. Custer National Forest, Montana.

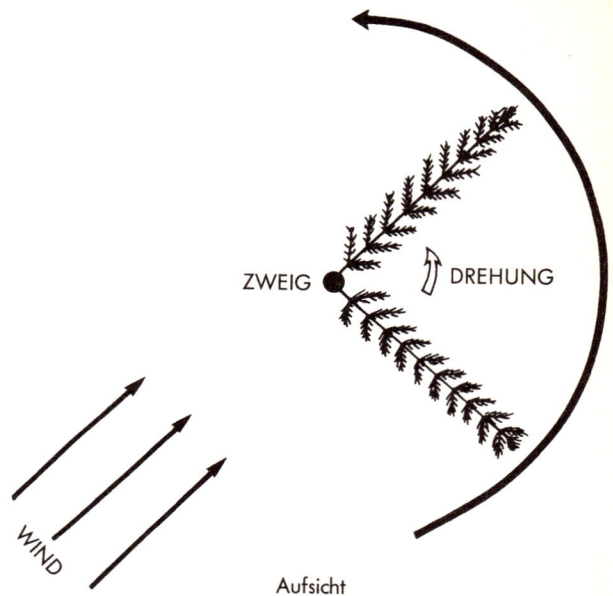

Abbildung 14-2

Merkmal jener Art sein. Selbst wenn rechts- und linksdrehende Bäume in der Population im allgemeinen gleichmäßig verteilt wären, könnte es doch so gewesen sein, daß der erste Baum, der in diesem Tal wuchs, von der rechtsgängigen Sorte gewesen ist, so daß wir ein Ergebnis eines Fortpflanzungsvorgangs aus der Vergangenheit vor Augen haben. Diese Vorstellung schien unsere Frage zu beantworten.

Während wir weiter anstiegen, beglückwünschten wir uns gegenseitig zu unserer eleganten Erklärung des Drehwuchses. Doch bald darauf gelangten wir in ein Gehölz aus alten Bäumen und stießen auf den Riesen, der auf Seite 250 abgebildet ist. Ohne Zweifel, dieser Baum war linksgängig. Während des übrigen Tages sahen wir noch mehrere Exemplare dieses Typs, und wir kamen zu der Schlußfolgerung, daß linksdrehende Bäume etwa zwei bis drei Prozent dieser Population ausmachten.

Das Baumproblem war nun noch schwieriger geworden. Wir mußten uns nicht nur fragen, wie die Natur dazu gekommen war, zwischen rechts- und linksdrehenden Bäumen zu unterscheiden, sondern darüber hinaus klären, warum fast sämtliche Bäume rechtsgängig waren und sich nur eine kleine Minderheit im Gegensinn drehte. Diese Frage ließe sich einfacher beantworten, wenn die Verteilung gleichmäßiger wäre; doch was tun, wenn eine allgemeine Regel gilt, die hin und wieder eine Ausnahme zuläßt?

Während unserer Bergwanderung hatten wir keine weiteren Ideen zu unserer Frage, so daß ich mich nach meiner Rückkehr bei der Forstverwaltung erkundigte. Jeder, dem ich davon erzählte, wußte, daß es solche Bäume in der Nähe der Baumgrenze gab, doch keiner von ihnen konnte das Rätsel lösen, warum sie sich rechts oder links herum drehten. Nach wie vor neugierig, stellte ich meine Frage, wann immer ich jemandem begegnete, der das Wachstum der Bäume oder anderer Pflanzen studierte. Die Antwort war stets dieselbe. Solche Bäume seien in der Nähe der Baumgrenze anzutreffen, wo sie an der Grenze ihres Verbreitungsgebietes wüchsen. Die besondere Beanspruchung des Organismus führe vermutlich zu jenem abnormen Wuchs; doch abgesehen von einigen Bemerkungen über die Rolle des Windes und einem scherzhaft gemeinten Hinweis auf die Drehung der Erde konnte niemand unter denen, die ich befragte, mir irgendeine Erklärung für den Drehsinn liefern.

Offen gestanden, ich war über diesen Ausgang meiner Befragung erfreut. Es gibt so viele Dinge, die noch nicht erklärt worden sind. Ein kleines Geheimnis hier und da schadet niemandem, außer vielleicht der Würde eines Naturwissenschaftlers. Unser Wissen, daß es Phänomene gibt, die wir nicht begreifen, schützt uns davor, überheblich zu werden.

Als ich der Frage der gewundenen Bäume weiter nachspürte, entdeckte ich in der Natur eine Reihe weiterer rechts- versus linksdrehende Erscheinungen. In England zum Beispiel glaubt man, daß die Geißblattgewächse in einer rechtsgängigen Spirale an einem Baum hochklettern. Ein rascher Blick in meinen Garten in Virginia überzeugte mich jedoch davon, daß – wie auch immer diese englischen Klettersträucher sich emporwinden – ihre amerikanischen Pendants an einem Baum hochranken, wie es ihnen gerade paßt.

Ähnlich verhält es sich, so habe ich gelesen, mit den vielen Millionen Fledermäusen, die in den Carlsbad Caverns in New Mexiko le-

Ein einzigartiger Ort. Jeff Newmeyer steht neben unserem linksdrehenden Baumgiganten, der in einsamer Pracht inmitten eines rechtsdrehenden Gehölzes steht. Absarokee Wilderness Area, Montana.

ben. Wenn sie nachts ihre Höhlen verlassen, so steigen sie in einer rechtsgängigen Schraube empor. Dasselbe habe ich bei den Falken bemerkt, die sich von den thermischen Strömungen aufwärts tragen lassen (siehe erstes Kapitel). Sie scheinen mit den Aufwinden immer rechtsherum zu gleiten. Warum es sich in beiden Fällen so verhält, weiß man nicht, doch ist es für die Fledermäuse wie für die Falken von offensichtlichem Vorteil, wenn alle sich in ein und derselben Richtung fortbewegen – dadurch vermeidet man Zusammenstöße. Nach wie vor jedoch besteht die Frage, weshalb die rechtsgängige Spirale gegenüber der linksgängigen einen solchen Vorzug genießt. Ist irgendein obskures Naturgesetz dafür verantwortlich oder ist es purer Zufall, wie etwa die Tatsache, daß in den meisten Ländern der Welt der Rechtsverkehr gilt?*

Das vielleicht verblüffendste Beispiel für Drehungen in der Natur ist aber nicht das Wachstum und das Verhalten lebender Systeme, sondern die Struktur der Moleküle, ohne die Leben unmöglich wäre. Viele haben bereits von der «Doppelhelix» gehört, der Form des DNS-Moleküls, das sämtliche genetischen Informationen enthält. Es liegt nahe zu fragen, ob die Spiralen dieser Moleküle rechts- oder linksgängig sind und ob der Drehsinn der Windungen bei allen Lebewesen identisch ist.

Die Antwort: Nicht nur das DNS-Molekül, sondern sämtliche Moleküle in den lebenden Systemen auf der Erde bis hin zu den Aminosäuren sind rechtsgängige Spiralen. Das ist wahrlich verblüffend, denn bringt man im Labor eine Reihe von Aminosäuren zusammen, so erhält man eine annähernd gleiche Anzahl rechts- wie linksdrehender Moleküle. Das gleiche gilt für Aminosäuren, die man in Meteoriten vorfindet – von jeder Molekülsorte ist die gleiche Anzahl vorhanden. Erst wenn man sich lebenden Systemen zuwendet, stößt man auf die Bevorzugung rechtsgängiger Spiralen.

Nach unseren derzeit geltenden Vorstellungen vom Ursprung des Lebens auf der Erde sind durch die Einwirkung der ultravioletten Sonnenstrahlen auf Methan, Ammoniak und Kohlendioxid, aus denen sich die frühe Atmosphäre der Erde zusammensetzte, Aminosäuren entstanden, die sich in den Meeren ansammelten. Wir sind uns über diesen Schritt auf dem Weg zum Leben sicherer als über irgendeinen anderen, weil wir ihn in unseren Labors leicht reproduzieren

---

* Als ich in England studierte, geriet ich in eine typische Diskussion von Studenten über die britische Gepflogenheit des Linksverkehrs. Ich gebe hier einen der genannten Gründe ohne jeden Kommentar weiter. «Wenn ein Höhlenmensch in eine Höhle trat, wo ein grimmiges Raubtier auf ihn lauern konnte», so sagte man mir, «drehte er sich natürlich so, daß seine rechte, waffentragende Hand zur Höhle hin, seine linke Seite mit dem verwundbaren Herzen aber zur Wand zeigte. Seitdem haben alle zivilisierten Völker dem Linksverkehr den Vorzug gegeben.»

können. Nach einer (im geologischen Maßstab) kurzen Zeit war aus den Meeren eine Ursuppe aus Aminosäuren geworden, und diese Säuren initiierten den langen Prozeß chemischer Reaktionen, der schließlich zu den komplexeren Molekülen führte.

Das Problem ist nun folgendes: Nichts spricht dagegen, daß diese Ursuppe aus einer annähernd gleichen Menge rechts- und linksdrehender Aminosäuren bestanden hat, und das gleiche gilt für die Proteine und die anderen Moleküle, zu denen sich diese elementaren Bausteine zusammensetzten. Weshalb bestehen dann aber lebende Systeme, die sich aus diesem urzeitlichen Eintopf entwickelten, nur aus rechtsdrehenden Molekülen?

Über die Ursprünge des Lebens wissen wir nicht genug, um auf diese Frage eine endgültige Antwort zu geben, doch es gibt eine mögliche Erklärung, die ich besonders reizvoll finde. Obwohl wir im Labor die Schritte, die vom ersten primitiven reproduktionsfähigen System ausgingen, nicht nachvollziehen können, so wissen wir doch, daß es bereits einfache Zellen gab, bevor die Erde eine Milliarde Jahre alt geworden war. Vergegenwärtigen wir uns, welche Situation sich beim Auftauchen einer Zelle im ersten Gezeitenbecken ergab.

Vermutlich war das Becken warm. Das wiederholte Vorrücken des Ozeans füllte seinen Vorrat an Aminosäuren wieder auf, während die Verdampfung dazu führte, daß die Suppe zu einer reichhaltigen Brühe zusammenkochte. Vor den ultravioletten Sonnenstrahlen geschützt, liefen tief unten im Becken allerlei chemische Reaktionen ab. Durch einen Prozeß, den wir immer noch nicht recht verstehen, war schließlich ein Konglomerat organischer Moleküle in der Lage, sich selbst abzuscheiden, indem sie einfachere Moleküle aus ihrer Umgebung aufnahmen und ihr eigenes spezifisches Muster atomarer Anordnung reproduzierten. Die erste Zelle war geboren.

Da diese Zelle in einer Mischung auftauchte, die aus gleichen Anteilen rechts- wie linksdrehender Moleküle bestand, gab es eine jeweils fünfzigprozentige Wahrscheinlichkeit für eine der beiden Drehrichtungen. Nehmen wir einmal an, daß die neue Zelle rechtsgängig organisiert war. Sie ernährte sich dann von der Brühe im Becken, wobei sie den Großteil der verfügbaren Nährstoffe rasch in Kopien ihrer selbst verwandelte. Einige davon wurden dann in den Ozean geschwemmt, und manche dieser Pioniere trafen auf andere Konzentrationen von Nährstoffen, von denen sie sich ernährten. In relativ kurzer Zeit waren die Meere angefüllt mit rechtsdrehenden Zellen. Wenn sich höhere Lebensformen entwickelten, die sich von den primitiven Zellen ernährten, so trugen diese in ihrem genetischen Material die Erinnerung an die rechtsdrehenden Moleküle ihrer Vorfahren. Entstand unterdessen zufällig irgendwo eine linksdrehende Zelle, war sie mit einer feindlichen Welt konfrontiert, in der die Vorräte bald von ihren rechtsdrehenden Konkurrenten aufgezehrt waren. Zudem hatten die rechtsdrehenden Zellen schon seit geraumer Zeit miteinander konkurriert, und die Gesetze der natürlichen Auslese hatten inzwischen dazu geführt, daß sie sehr viel widerstandsfähiger geworden waren als zu Beginn. Die linksdrehenden Zellen hatten angesichts der Lage überhaupt keine Chance. Die zuerst vorhandenen Zellen waren ihnen um einen nicht mehr einholbaren Vorsprung voraus.

Im Rahmen dieses Modells sind die rechtsdrehenden Moleküle in den lebenden Organismen auf der Erde nur ein Zufallsprodukt. Es hätte sich ebensogut das gegenteilige Ergebnis einstellen können. Unsere Frage verweist uns also auf die zufällige Ansammlung organischer Moleküle in diesem ersten Gezeitenbecken.

Aus diesen Betrachtungen geht hervor, daß die Art der Drehung in der Natur alles andere als eine ungewöhnliche Erscheinung ist. Die gewundenen Bäume, die mich auf meiner Bergwanderung verwirrt hatten, sind nur ein Beispiel unter tausenden für die natürliche Bevorzugung von rechts- oder linksgängigen Strukturen in der Natur. In den meisten Fällen scheint der Drehsinn zufällig zu sein und nichts mit Anpassung oder Überleben zu tun zu haben.

Die Art der Drehung, so wie ich sie hier beschrieben habe, ist nur eine der Erscheinungsformen eines Phänomens in der Natur, das die Physiker als «Symmetrie» bezeichnen. Der Begriff der Symmetrie ist leicht zu verstehen, wenn man sich vorstellt, daß man einen Gegenstand direkt und gleich darauf in einem Spiegel ansieht. Wächst ein Baum gerade, also ohne Windung, spielt es keine Rolle, auf welche Weise man ihn betrachtet – der Baum bleibt derselbe. Ein Physiker würde sagen: Der gerade gewachsene Baum verhält sich bei einer Spiegelung invariant. Nimmt man dagegen einen rechtsdrehenden Baum, so erscheint er im Spiegel als linksgängig. Wir sagen, das Bild ist spiegelverkehrt oder invertiert. Ein anderes Wort, um das Verhalten gespiegelter Objekte zu bezeichnen, lautet «Parität». Ein gerade gewachsener Baum, der beim direkten Anblick wie auch im Spiegelbild gleich erscheint, hat, wie wir sagen, eine positive Parität, während Bäume mit Drehwuchs, bei denen links und rechts in der Spiegelung vertauscht werden, eine negative Parität besitzen.

Situationen, in denen die Parität erhalten bleibt, sind für Physiker, die Symmetrien erforschen, von größtem Interesse. Nehmen wir zum Beispiel an, es gebe keinen Unterschied zwischen rechts- und linksdrehenden Bäumen hinsichtlich der Holzmengen, die man zu erhalten hofft. Stellen wir uns weiter vor, daß sich der Besitzer einer Sägerei Dias mit Luftaufnahmen des Waldes ansieht und sich dabei überlegt, wie er das Holz am besten schlagen läßt. Würde es für ihn eine Rolle spielen, ob die Dias richtig oder falsch herum in den Projektor eingelegt worden sind?

Die Antwort auf diese Frage lautet eindeutig: nein. Da sowohl rechts- wie linksdrehende Bäume dieselbe Menge Nutzholz ergeben, interessiert den Unternehmer allein die Gesamtzahl der Bäume. Und da die richtig wie auch die falsch eingelegten Dias ihm dieselbe Information über den Ertrag des Waldes liefern, interessiert er sich nicht dafür, wie herum ein Dia im Projektor steckt. In der Sprache der Physiker ist der Gesamtertrag an Nutzholz unter der Paritätsinversion invariant.

Es gibt eine weitere Situation, in der wir derselben Invarianz begegnen können. Nehmen wir einmal an, daß rechts- und linksdrehende Bäume gleich häufig vorkommen, was der Fall wäre, wenn der Drehsinn der Windung eine zufällige Eigenschaft eines jeden Baumes wäre. In diesem Fall könnte man sich ein Dia vom Wald ansehen und die Anzahl der Bäume jeder der beiden Arten zählen. Diese Situation wäre unter der Paritätsinversion ebenfalls invariant, wie man leicht erkennt, wenn man die richtig und falsch eingelegten Diapositive dieses Waldes miteinander vergleicht. Es würde sofort auffallen, daß ein linksdrehender Baum auf einem Dia einem rechtsdrehenden auf einem anderen entspräche, doch auf jedem Dia wären die beiden Arten in gleicher Stückzahl vorhanden. Bei diesem Beispiel sagen wir, daß Parität eine gute Symmetrie für den Wald ist.

Für den echten Wald hingegen, durch den wir gewandert sind, gilt diese Aussage nicht. Fast alle Bäume waren rechtsgängig und nur wenige Exemplare von der linksgängigen Art. Die falsch eingelegten Dias würden einen Wald mit linksdrehenden Bäumen und wenigen Exemplaren der rechtsgängigen Art zeigen, und wir könnten leicht zwischen der direkt wahrgenommenen und der gespiegelten Situation unterscheiden. Ein Physiker würde sagen, daß in unserem echten Wald die Symmetrie gebrochen ist oder daß der Wald einen Symmetriebruch aufweist.

Der Grund für unsere Überraschung bei der Bergwanderung, auf eine gebrochene Symmetrie zu treffen, lag in unserer Erwartung, daß der Drehsinn der Windung unter den Exemplaren der Baumpopulation zufällig verteilt sei. Mit anderen Worten, wir erwarteten, daß der Wald unter der Paritätsinversion invariant sei. Beobachtungen in vielen Bereichen der Natur zeigen, daß diese Erwartung für lebende Systeme und selbst für die Moleküle, aus denen sie aufgebaut sind, nicht zutrifft. Aufgrund dieses Sachverhalts hätten wir über das, was wir vorfanden, nicht überrascht sein dürfen. Vielmehr müßten wir überrascht sein, wenn die Dinge anders lägen.

Aus der Sicht eines Physikers stellt sich die aufreizende Frage, warum die Parität in der Natur so oft verletzt wird. Uns ist bekannt, daß alles aus Atomen besteht, und wir wissen, daß die einfachsten Atome so geartet sind wie die gerade gewachsenen Bäume in unserem Beispiel: ob direkt oder im Spiegel betrachtet, sie scheinen dieselben zu sein. Noch wichtiger ist es zu wissen, daß die elektrische Kraft, die die Wechselwirkung zwischen zwei Atomen bestimmt, keinen Unterschied zwischen rechts und links macht; sie ist, in der von mir eingeführten Sprachregelung, unter der Paritätsinversion invariant. Wie können dann invariante Kräfte, die auf invariante Atome einwirken, etwas in der Art der DNS-Moleküle oder gewundenen Bäume erzeugen, die alles andere als invariant sind?

Während Sie sich darüber den Kopf zerbrechen, will ich noch schnell eine weitere gebrochene Symmetrie in der Natur anführen – die Symmetrie zwischen Materie und Antimaterie. Ausgehend von einem 1932 durchgeführten Experiment haben Physiker entdeckt, daß es möglich ist, für jedes der Teilchen, aus denen gewöhnliche Materie besteht, ein anderes Teilchen mit derselben Masse, aber entgegensetzter Ladung zu erzeugen. Das Elektron ist zum Beispiel negativ geladen. Sein Antiteilchen, Positron genannt, hat die gleiche Masse wie ein Elektron, aber eine positive Ladung. Wenn Teilchen und Antiteilchen zusammentreffen, kommt es zu einem Annihilation oder Paarvernichtung genannten Vorgang, bei dem die Energie der beiden Teilchen in Strahlung oder andere Teilchen umgewandelt wird.

Wie bei der Parität sind die Naturgesetze anscheinend so geartet, daß sie auf der elementarsten Ebene unter der Überführung von Teilchen in Antiteilchen invariant sind. Eine solche Überführung, in der Sprache der Physik «Ladungskonjugation» genannt, entspricht der Inversion von rechts und links beim Spiegelbild. Die offensichtliche Frage ist: Wenn die Natur bei dieser Art des Austausches invariant zu sein scheint, weshalb besteht die Erde dann vollständig aus Materie ohne die geringste Beigabe von Antimaterie? Diese Frage entspricht natürlich genau unserem Problem, wieso die paritätsinvarianten Atome und Kräfte die rechtsdrehenden Bäume, die wir gesehen haben, zustande bringen konnten?

Das Problem der Antimaterie hat jahrzehntelang die Aufmerksamkeit von Physikern und Astronomen auf sich gezogen. Wir wissen, daß die Erde vollständig aus Materie besteht – irgendwelche Antimaterie-Teilchen, die je existiert haben, sind längst durch Annihilation vernichtet worden. Auch Meteoriten, die aus anderen Teilen des Sonnensystems zu uns gekommen sind, bestehen allein aus gewöhnlicher Materie. Wir sind zu der Aussage berechtigt, daß unser Sonnensystem überwiegend Materie enthält.

Dieselbe Aussage gilt für die Milchstraße und nahe Galaxien. Kosmische Strahlen werden von Sternen im ganzen Weltraum emittiert, und sie regnen ständig auf die Erde nieder. Die meisten dieser Teilchen stammen von Sternen in unserer Galaxis, doch ein kleiner Anteil gelangt aus anderen Galaxien zu uns. Untersuchen wir die kosmische Strahlung, so stellen wir fest, daß sie fast vollständig aus Materieteilchen besteht, und die geringen Beimischungen von Antimaterie-Teilchen, die wir vorfinden, entstehen bei Kollisionen kosmischer Strahlen in den Tiefen des Weltraums.

Eine Zeitlang dachten die Astronomen, das Universum enthalte gleiche Anteile an Materie und Antimaterie, wobei die Antimaterie irgendwie von der Materie isoliert worden sei. Träfe dies zu, dann würde die Paarvernichtung nur an den Grenzen der Gebiete aus Materie und Antimaterie auftreten. In solch einem Fall würden die Annihilationsgebiete reichlich Röntgenstrahlen erzeugen, die wir mit Hilfe der Röntgenastronomie (siehe zehntes Kapitel) sofort hätten sichten müssen. Doch es wurde keine Röntgenstrahlung gemessen, und die einzige Schlußfolgerung, die wir aus dieser Tatsache ziehen können, lautet: Trotz der offensichtlichen Symmetrie der Naturgesetze bei der

Überführung von Teilchen in Antiteilchen erweist sich die Symmetrie des gegenwärtigen Universums als in hohem Maße gebrochen.

Das Studium der gebrochenen Symmetrien war einer der fruchtbarsten und dynamischsten physikalischen Forschungszweige der siebziger Jahre. Ein Aspekt der gebrochenen Symmetrie, verkörpert durch die gewundenen Bäume und die Paritätsinversion, ist bereits eine Zeitlang bekannt, wenn auch dessen volle Bedeutung erst vor kurzem allgemein anerkannt wurde. Ein anderer Aspekt, verkörpert durch das Antimaterie-Problem, wurde erst gegen Ende der siebziger Jahre ergründet. Der Schlüssel zum Verständnis beider Problemkomplexe liegt in unserer fast grenzenlosen Fähigkeit, an dem Bild des Universums festzuhalten, an das wir glauben wollen.

Ich will ein Beispiel anführen. Als ich danach fragte, wieso ein DNS-Molekül in einem bestimmten Drehsinn gewunden sein kann, wenn die Atome, aus denen es besteht, und die Kräfte, die es zusammenhalten, keinen solchen Drehsinn haben, bin ich von einer stillschweigenden Annahme ausgegangen: Wenn die elementaren Bestandteile und die Kräfte unter der Paritätsinversion invariant sind, dann muß die von diesen Kräften aus diesen Bestandteilen zusammengesetzte Entität dieselbe Eigenschaft besitzen. Doch worauf beruhte der Glaube, diese Annahme sei gültig? Für mich war es «nur so ein Gefühl», sonst nichts.

Es gibt mindestens ein bekanntes Beispiel dafür, daß diese Annahme, diese Erwartung, wie Dinge sein müssen, falsch ist. Man stelle sich eine gewöhnliche Roulettscheibe vor, deren Fächer weiß überstrichen sind, so daß man die Zahlen nicht mehr sehen kann. Diese Scheibe sieht im Spiegelbild nicht anders aus als bei direkter Betrachtung. Genauso ist die kleine Metallkugel, die im Innern des Rouletts rollt, unter der Paritätsinversion invariant. Wird die Scheibe gedreht und die Kugel gerollt, sind auch sämtliche beteiligte Kräfte unter der Paritätsinversion invariant. Nach einer Weile rollt die Kugel in eines der Fächer, und die Scheibe kommt zum Stillstand.

Sowie die Kugel vom Zentrum wegrollt, ist das System unter der Paritätsinversion nicht mehr invariant. Befindet sich die Kugel auf der rechten Seite der Scheibe, wenn wir sie direkt beobachten, so befindet sie sich im Spiegelbild links.

Diesem Beispiel entnehmen wir, daß unsere Erwartung, invariante Bestandteile und invariante Kräfte führten immer zu invarianten

Endergebnissen, alles in allem naiv ist. Die Natur verhält sich eben nicht gemäß unserem Bild von ihr, so sehr wir daran auch glauben mögen. Sie liefert viele Beispiele für diese Art gebrochener Symmetrie, und selbst wenn alle in der Natur vorkommenden Kräfte unter der Paritätsinversion invariant wären (was nicht der Fall ist), so wäre das DNS-Molekül noch immer eine rechtsgängige Schraube.

Die Erklärung des Symmetriebruches zwischen Materie und Antimaterie ist nicht annähernd so einfach und offensichtlich wie die des Drehsinns. Die Vorstellung, daß die Natur dieselbe sein müsse, wenn Teilchen in Antiteilchen überführt werden, ist nicht naheliegend – kein Gefühl sagt einem, daß sie stimmt. In der Frühzeit der Teilchenphysik traf es sich einfach, daß alle beobachteten Reaktionen diese invariante Eigenschaft besaßen. Die Überzeugung, daß die Symmetrie universal sein müsse, schlich sich dann in den Wissensbestand der Physik ein, ohne daß man sie einer rigorosen Überprüfung unterzogen hätte.*

Die beiden Physiker James Cronin und Val Fitch aus Princeton veröffentlichten 1964 die Ergebnisse einer Experimentalreihe, auf deren Grundlage schließlich der Nachweis gelang, daß die Symmetrie zwischen Materie und Antimaterie – von der jeder annahm, sie sei in der Natur universal – gebrochen ist, wenn es sich auch nur um eine schwache Verletzung der Invarianz handelt. Die beiden hatten festgestellt, daß beim Zerfall der Kaonen, Teilchen aus der Familie der Mesonen, etwas mehr Positronen als Elektronen erzeugt werden.

Ich glaube, daß dieser Nachweis des schwachen Symmetriebruchs durch Fitch und Cronin (für den beide 1980 den Nobelpreis erhielten) gewisse Analogien zu unserer Entdeckung der gelegentlich anzutreffenden linksdrehenden Bäume in den Bergen aufweist. Beide Beobachtungen zeigen, daß die Natur längst nicht so symmetrisch ist, wie wir dies auf den ersten Blick vermuten.

Unter der Annahme, daß das Universum immer so war, wie wir es heute sehen, kann der von Fitch und Cronin entdeckte winzige Effekt natürlich unmöglich das beobachtete Überwiegen der Materie gegen-

---

* Fast dasselbe geschah mit der Vorstellung, daß die elementaren Kräfte unter der Paritätsversion invariant seien. Die Geschichte vom «Sündenfall der Parität» schildert Martin Gardner in seinem Buch *The Ambidextrous Universe* (Charles Scribner's Sons, New York 1979).

über der Antimaterie erklären. In der Frühphase des Urknalls jedoch, als die Temperatur sehr viel höher waren als jetzt, reagierte das Universum viel empfindlicher auf kleine symmetriebrechende Wirkungen als etwa in heutiger Zeit. Die Situation ist ähnlich wie bei der Entwicklung des menschlichen Lebens: eine Zellteilung nach der Befruchtung kann einen entscheidenden Einfluß auf die Entwicklung des Körpers haben, während eine Zellteilung bei einem Erwachsenen kaum eine Rolle spielt.

Wir glauben, daß sich im frühen Universum folgendes abgespielt hat: Etwa 10^{-35} Sekunden nach dem Beginn der Expansion waren ebenso viele Teilchen wie Antiteilchen vorhanden. Zu diesem Zeitpunkt spielte die von Fitch und Cronin beobachtete Asymmetrie eine entscheidende Rolle. Obwohl anfangs gleiche Mengen Teilchen wie Antiteilchen vorhanden waren, führte der beginnende Zerfall der Teilchen zu einer Situation, in der etwas mehr Materie als Antimaterie existierte. Vielleicht gab es pro Milliarde Antiprotonen genau eine Milliarde plus ein Proton. Im Verlauf der Zeit stießen Protonen und Antiprotonen zusammen und vernichteten sich so lange, bis in der gegenwärtigen Ära jeweils nur jenes eine Proton übrigblieb, das während der ersten Sekunden nach dem Urknall beim Zerfall entstand.

Es sieht also so aus, als müßten wir uns bei der Beobachtung der Natur darüber im klaren sein, daß Symmetrien vorhanden sind; doch ebenso sollten wir uns der Tatsache bewußt sein, daß die interessantesten Lektionen zu lernen sind, wenn man beobachtet, was geschieht, wenn die Symmetrie gebrochen wird. Ob diese symmetriebrechenden Wirkungen auf der makroskopischen Ebene ablaufen, wie im Fall der Bäume, oder auf der Ebene der Elementarteilchen, wie im Fall der Antimaterie, stets spielten sie eine wichtige Rolle bei der Formung des Universums, in dem wir leben.

Register